U0313946

课堂实录

中文版 AutoCAD 服装设计课堂实录

陈志民 / 编著

清华大学出版社

北京

内容简介

本书是一本讲解使用AutoCAD进行各种服装结构设计的专业教材。借助AutoCAD强大的编辑功能，重点讲解现代服装结构设计原理及其变化方式，使读者能快速掌握AutoCAD 2014的绘图方法和技巧，为服装结构设计服务。

全书通过62个经典案例，以基本型结构为基础，在此之上进行变化和利用来进行不同款式服装的结构设计。其中除了讲解女装和男装多种不同款式服装的结构设计外，还对衣领、袖子等结构设计进行了单独深入的讲解。其中涵盖了衬衫、夹克、大衣、礼服等结构的设计与绘制。

本书提供多媒体教学光盘，包含了相关实例共500多分钟的高清语音视频讲解，全面提高读者的学习效率和兴趣。

本书内容全面，实例丰富，可操作性强，既可作为大学相关专业的教材，也适用于广大服装设计从业人员与服装设计爱好者自学和参考。

图书在版编目(CIP)数据

中文版AutoCAD服装设计课堂实录 / 陈志民编著. —北京：清华大学出版社，2015
（课堂实录）
ISBN 978-7-302-40428-6

Ⅰ. ①中… Ⅱ. ①陈… Ⅲ. ①服装设计－计算机辅助设计－AutoCAD软件 Ⅳ. ①TS941.26

中国版本图书馆CIP数据核字（2015）第122765号

责任编辑：陈绿春
封面设计：潘国文
责任校对：徐俊伟
责任印制：王静怡

出版发行：清华大学出版社
网　　址：http://www.tup.com.cn，http://www.wqbook.com
地　　址：北京清华大学学研大厦A座　　邮　　编：100084
社 总 机：010-62770175　　邮　　购：010-62786544
投稿与读者服务：010-62776969，c-service@tup.tsinghua.edu.cn
质 量 反 馈：010-62772015，zhiliang@tup.tsinghua.edu.cn
印 刷 者：北京富博印刷有限公司
装 订 者：北京市密云县京文制本装订厂
经　　销：全国新华书店
开　　本：188mm×260mm　　印　张：12.5　　字　数：348千字
(附DVD1张)
版　　次：2015年10月第1版　　印　次：2015年10月第1次印刷
印　　数：1～3500
定　　价：39.00元

产品编号：061938-01

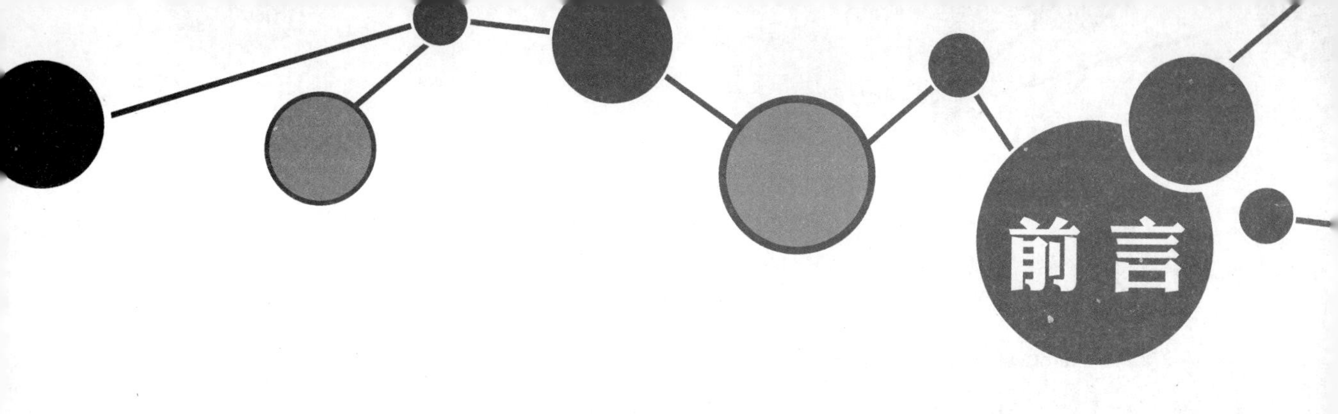

AutoCAD的全称是Auto Computer Aided Design（计算机辅助设计），作为一款通用的计算机辅助设计软件，它可以帮助用户在统一的环境下灵活地完成概念和细节设计，并在一个环境下创作、管理和分享设计作品，所以十分适合广大普通用户使用。AutoCAD目前已经成为世界上应用最广的CAD软件，市场占有率居世界第一。

随着计算机技术的发展，使用AutoCAD进行服装结构设计已经成为一个趋势。这款软件可以完全表达服装结构、尺寸等细节，样衣工人可以一目了然地了解到服装的结构，从而进行裁剪、制作。

本书按照数字化服装设计师的知识结构要求，对AutoCAD 2014软件进行了简要的系统介绍。深入地讲解了利用AutoCAD 2014绘制服装结构，以及衣领和袖子等局部结构设计和变化的方法与技巧。让读者在学习AutoCAD 2014软件的同时，深入了解到服装的结构设计技巧与变化。

本书特色

与同类书相比，本书具有以下特点。

（1）完善的知识体系

本书从AutoCAD基础知识讲起，从简单到复杂，循序渐进地介绍了AutoCAD的基本操作、绘图工具和各类服装结构图的绘制思路和方法。

（2）丰富的经典案例

本书所有案例针对初、中级用户量身定制。针对每节所学的知识点，将经典案例以课堂举例的方式穿插其中，与知识点相辅相成。

（3）实时的知识点提醒

AutoCAD绘图和服装结构设计的一些方法和技巧点拨贯穿全书，使读者在实际运用中更加得心应手。

（4）实用的行业案例

本书涉及的服装结构设计案例类型包括女上装类结构设计、裙装类结构设计、裤装类结构设计、男装类结构设计，以及衣领变化结构设计和袖子变化结构设计，读者可以从中积累相关经验，以快速了解行业要求。

（5）手把手的教学视频

本书配套光盘收录全书所有实例的高清语音视频教学，读者可以在家享受专家课堂式的讲解，成倍提高学习兴趣和效率。

本书内容

本书共14课，主要内容如下。

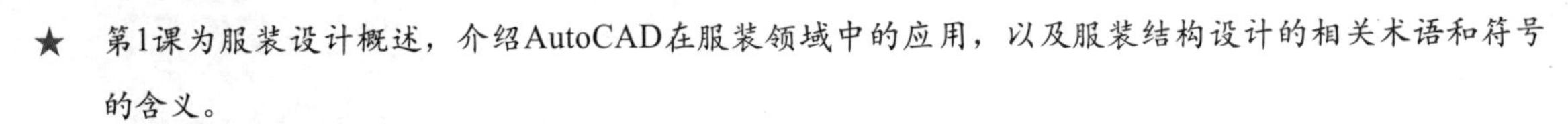

- ★ 第1课为服装设计概述，介绍AutoCAD在服装领域中的应用，以及服装结构设计的相关术语和符号的含义。
- ★ 第2课讲解AutoCAD 的基础知识和基本操作。
- ★ 第3课讲解AutoCAD 2014中的基本绘图工具和修改工具。
- ★ 第4课讲解AutoCAD服装结构设计与绘制。
- ★ 第5课讲解女上装结构设计与绘制。
- ★ 第6课讲解AutoCAD裙装结构设计与绘制。
- ★ 第7课讲解AutoCAD女士时装结构设计与绘制。
- ★ 第8课讲解AutoCAD裤装结构设计与绘制。
- ★ 第9课讲解AutoCAD男装结构设计与绘制。
- ★ 第10课讲解AutoCAD服装衣领设计与绘制。
- ★ 第11课讲解AutoCAD袖子设计与绘制。
- ★ 第12课讲解纸样的放缝和标注。

本书作者

本书由陈志民主编，参加编写的还有：陈运炳、申玉秀、李红萍、李红艺、李红术、陈云香、陈文香、陈军云、彭斌全、林小群、刘清平、钟睦、刘里锋、朱海涛、廖博、喻文明、易盛、陈晶、张绍华、黄柯、何凯、黄华、陈文轶、杨少波、杨芳、刘有良、刘珊、赵祖欣、齐慧明、胡莹君等。

由于作者水平有限，书中欠妥、疏漏之处在所难免。在感谢您选择本书的同时，也希望您能够把对本书的意见和建议告诉我们。

读者服务邮箱:lushanbook@qq.com。

作者

目录

第1课 AutoCAD服装设计概述

1.1 AutoCAD在服装领域中的应用 2
1.1.1 AutoCAD应用于服装结构设计上的优点 2
1.1.2 在计算机内储存尺寸样板和纸样信息 2
1.2 服装行业应用CAD技术的重要性 2
1.3 使用AutoCAD进行纸样设计的优势 2
1.4 本书中的术语和符号 3
1.4.1 关于服装各部位的代号和术语 3
1.4.2 服装常用的制图符号 4
1.5 结构制图的规格及参考尺寸 5
1.5.1 体型的分类 5
1.5.2 服装号型和体型分类数据 6
1.6 本课小结 9

第2课 AutoCAD基础知识

2.1 AutoCAD基本功能 11
2.1.1 绘图功能 11
2.1.2 修改功能 11
2.1.3 图形输出功能 11
2.1.4 二次开发功能 11
2.2 工作空间 11
2.2.1 AutoCAD经典空间 11
2.2.2 草图与注释空间 11
2.2.3 三维基础空间 12
2.2.4 三维建模空间 12
2.2.5 选择工作空间 13
2.3 AutoCAD 2014的工作界面 14
2.3.1 标题栏 14
2.3.2 菜单栏 14
2.3.3 快速访问工具栏 15
2.4 AutoCAD的命令调用 15
2.4.1 命令的执行方式和输入 15
2.4.2 命令的撤销和重做 16
2.5 AutoCAD 2014绘图环境基本设置 16
2.5.1 系统参数设置 16
2.5.2 绘图单位设置 17
2.6 AutoCAD 2014文件的管理 17
2.6.1 新建图形文件 17
2.6.2 打开图形文件 17
2.6.3 保存图形文件 18
2.7 本课小结 18

第3课 基本绘图工具和修改工具

3.1 基本绘图工具 20
3.1.1 绘制点命令 20
3.1.2 绘制直线命令 21
3.1.3 绘制圆类命令 22
3.1.4 绘制矩形和正多边形命令 23
3.1.5 绘制样条曲线命令 24
3.2 基本修改工具 25
3.2.1 删除 25
3.2.2 复制 25
3.2.3 镜像 26
3.2.4 偏移 26
3.2.5 平移 26
3.2.6 旋转 27
3.2.7 修剪 27
3.2.8 延伸 27
3.2.9 打断于点 28
3.2.10 合并 28
3.2.11 圆角 28
3.3 本课小结 29

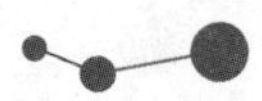

第4课 AutoCAD服装结构设计与绘制

4.1 文化式女装衣身的原型结构设计与绘制......31
4.1.1 创建规格尺寸表......31
4.1.2 文化式女装衣身原型的结构制图......32
4.1.3 标注图形......34
4.2 文化式女装衣身原型的省道设计与绘制......35
4.2.1 将袖窿省转移成腋下省......36
4.2.2 将袖窿省转移成肩省......37
4.2.3 将袖窿省转移成领口省......38
4.2.4 将胸省、腰省转移到分割线处......38
4.3 文化式女装衣身原型的褶裥设计......41
4.4 本课小结......43

第5课 AutoCAD女上装结构设计与绘制

5.1 女上装的结构设计要点......45
5.2 女士衬衫结构制图与样板......45
5.3 女士时装衬衣的变化形式2~4款......50
5.4 本课小结......52
5.5 课后练习......52
5.5.1 练习一：进行无袖休闲衬衫结构绘制......52
5.5.2 练习二：进行连身袖衬衫结构绘制......53

第6课 AutoCAD裙装结构设计与绘制

6.1 裙子结构分类......55
6.2 裙子结构制图与样板......55
6.2.1 绘制直筒裙结构图......55
6.2.2 绘制半身紧裙结构图（一个省道）......57
6.3 裙装变化结构图......58
6.3.1 圆弧裙结构图......58
6.3.2 带分割线裙结构图......59
6.3.3 褶裥裙结构图......61
6.4 时装裙结构设计2~4款......62
6.5 本课小结......69
6.6 课后练习......70
6.6.1 练习一：进行百褶裙结构绘制......70
6.6.2 练习二：对变化时装裙进行结构绘制......70

第7课 AutoCAD女士时装结构设计与绘制

7.1 连衣裙结构设计......72
7.1.1 款式（一）：长袖连衣裙......72
7.1.2 款式（二）：插肩袖连衣裙......80
7.2 女装外套结构设计......86
7.2.1 款式（一）：西装马甲......86
7.2.2 款式（二）：双排扣大衣......91
7.2.3 款式（三）：插肩袖大衣......96
7.3 女士晚礼服结构设计......97
7.3.1 款式（一）：抹胸礼服......97
7.3.2 款式（二）：无袖斜襟旗袍......101
7.4 本课小结......104
7.5 课后练习......105
7.5.1 练习一：进行无袖连衣裙结构绘制......105
7.5.2 练习二：进行变化款式连衣裙结构绘制......105

第8课 AutoCAD裤装结构设计与绘制

8.1 裤装的结构设计要点......107
8.1.1 女装长裤的结构制图......107
8.1.2 阔腿裤的结构制图......115
8.1.3 短裤的结构制图......118
8.2 变化型裤子结构制图......123

8.3 本课小结 124
8.4 课后练习 125
8.4.1 练习一：进行裙裤结构绘制 125
8.4.2 练习二：进行变化时装裤结构绘制 125

第9课 AutoCAD男装结构设计与绘制

9.1 男士休闲衬衫结构设计 127
9.1.1 男士休闲衬衫款式图 127
9.1.2 绘制男士衬衫结构图 127
9.2 男士夹克结构设计 132
9.2.1 男士夹克款式图 132
9.2.2 绘制男士夹克结构图 132
9.3 男士西装结构设计 134
9.3.1 男士西装款式图 134
9.3.2 绘制男士西装结构图 134
9.4 男士双排扣风衣结构设计 140
9.4.1 男士双排扣风衣款式图 140
9.4.2 绘制男士双排扣风衣结构图 140
9.5 男士西裤结构设计 144
9.5.1 男士西裤款式图 144
9.5.2 绘制男士西裤结构图 144
9.6 本课小结 147
9.7 课后练习 147
9.7.1 练习一：进行男士西装马甲结构绘制 147
9.7.2 练习二：进行男士双排扣大衣结构绘制 147

第10课 AutoCAD服装衣领设计与绘制

10.1 衣领的结构设计要点 150
10.2 不同款式衣领结构制图 150
10.2.1 立领结构设计 150
10.2.2 平翻领结构图绘制 151
10.2.3 荷叶型扁领 152
10.2.4 青果领结构绘制 153
10.2.5 枪驳领结构绘制 154
10.3 本课小结 156
10.4 课后练习 156
10.4.1 练习一：进行连身领结构绘制 156
10.4.2 练习二：进行变化立领结构绘制 157

第11课 AutoCAD袖子的结构设计与绘制

11.1 袖子的结构设计要点 159
11.2 合体袖 159
11.2.1 合体一片袖 159
11.2.2 省缝变体袖 161
11.2.3 断缝变体袖 163
11.2.4 肩泡合体袖 165
11.3 宽松袖体 167
11.3.1 款式（一）：自然褶宽松袖体 167
11.3.2 款式（二）：灯笼袖 169
11.4 连身袖体 170
11.4.1 一般插肩袖结构图设计 170
11.4.2 蝙蝠袖结构图设计 173
11.5 连身袖变化款式结构图（2~3款） 175
11.6 本课小结 178
11.7 课后练习 178

第12课 纸样的放缝和标注

12.1 放缝 180
12.1.1 女士衬衣放缝 180
12.1.2 男士西装放缝 181
12.2 纸样的放码 183
12.2.1 放码的依据 183
12.2.2 女士衬衫结构放码 184
12.2.3 男士西装结构放码 186
12.2.4 男士西裤结构放码 188

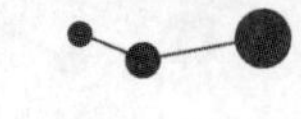

12.3 纸样中的文字标注 190
12.4 本课小结 190
12.5 课后练习 190
12.5.1 练习一：对女士双排扣大衣进行放缝 190
12.5.2 练习二：对女士西装马甲进行放码 191

第1课 AutoCAD服装设计概述

AutoCAD是由美国Autodesk公司20世纪80年代初开发的计算机辅助设计绘图与设计软件包。AutoCAD是一套功能强大的制图软件，在服装、建筑、机械等很多领域都被广泛地应用和开发。在国外，服装CAD的普及率已高达80%~90%。它提供了丰富的基本绘图实体，具有完善的图形绘制功能。并且提供了各种修改工具，具有强大的图形编辑功能。

现在AutoCAD技术在服装领域的应用将日益广泛，成为推动服装行业科技进步，加快经济发展的决定力量。

【本课知识】

★ 了解AutoCAD在服装结构设计应用中的优点

★ 服装各部位的代号和术语

★ 讲解服装结构设计中的常用制图符号

★ 分析服装号型和体型的分类数据

1.1 AutoCAD在服装领域中的应用

服装结构设计涉及大量的绘图和制图，传统的手工绘制图样已经不能满足服装生产多品种的发展需求。而随着科学技术的发展，计算机辅助服装设计涵盖结构设计、款式设计和工艺设计等各个方面，计算机辅助服装师设计软件分通用软件和专业软件，而AutoCAD就是一款通用软件。

AutoCAD经过多年的不断完善，现在已经开发了强有力的绘图工具，它具有价格合理、易于掌握、使用方便、体系结构开放等优点。而随着AutoCAD技术的快速发展，它在服装领域的使用，可以实现的功能相当于普通系统耗资20倍所实现的功能。

1.1.1 AutoCAD应用于服装结构设计上的优点

1. 精确性和快速性

AutoCAD能够精确到0.04mm和小数点后8位。还能在短时间内制作出比例和图样，使设计者在几秒内完成修改、重复等设计。

2. 更清洁高效的绘图

使用AutoCAD进行结构设计，无论进行多少次修改都能保证纸样的干净整洁，这样就减少了作品中出现的错误和误差。而利用AutoCAD进行结构设计，可以绘制出原物一般大小的尺寸，这样的图既可以用来标注，又可以马上标出任何一个部位的长度。

1.1.2 在计算机内储存尺寸样板和纸样信息

AutoCAD能够通过手工输入在工作空间储存成千上百条的图案信息。而被储存的信息可以立刻被调出使用无数次。

1.2 服装行业应用CAD技术的重要性

中国加入世贸组织后，服装业迎来了更多的机遇，同时也带来了更加激烈的国际化竞争。随着科技日新月异的发展，服装作为传统的手艺已经被高科技的现代化设备取代。服装CAD是计算机技术与纺织服装工业结合的产物，CAD技术在提高设计工作效率、降低设计成本、提高设计质量等方面发挥了显著的作用，所以CA系统是企业提高自身素质、增强创新能力和市场竞争力的有效工具。

1.3 使用AutoCAD进行纸样设计的优势

服装纸样设计主要研究服装纸样设计原理和技术，并创造性地解决服装从立体到平面、再从平面到立体结构的转变，它与服装制作工艺及成衣技术紧密衔接，是实现设计思想的根本手段，作为服装设计到成衣的中间环节，它不仅具有较高的技术含量，也完成服装设计过程的再创造、再设计。因此，服装结构设计能力是服装设计师必备的专业素质之一。

利用AutoCAD提供的工具，能够快速而准确地进行服装样片和放码设计。用电脑来进行服装结构设计摒弃了传统设计的手绘方式，通过CAD软件，不但可以使用各种工具轻松、准确地绘制结构图，还可以使用复制、粘贴和删除等工具很方便地对图样进行修改。使用CAD绘制结构图可增强画图的准确性，计算机画图如果出现错误，它可以用皮尺工具准确地测量并告诉你，准确性精确到100%。AutoCAD软件可以帮助我们高效、精准、快捷地完成结构制图。

1.4 本书中的术语和符号

1.4.1 关于服装各部位的代号和术语

在进行服装结构制图时，制图中所使用的各种线条、符号、代号是服装专业中所运用的共同语言，也是必须遵守的共同语言，每一种制图符号、代号都表示了某一种用途和相关的内容。

服装部位代号是为了方便制图标注，在制图过程中表达以及总体规格设计。部位代号是用来表示人体各主要测量部位，如表1-1所示。国际上以该部位的英文单词的第一个字母为代号，以便于统一规范。

表1-1 服装制图代号表

部位名称	代号	部位名称	代号
衣长	L	臀围线	HL
裤长	L	中臀围线	MHL
裙长	L	袖肘线	EL
袖长	L	袖窿长	AH
胸围	B	肩端点	SP
腰围	W	前颈点	FHP
臀围	H	后颈点	HNP
领围	N	侧颈点	SNP
肩宽	S	胸高点	BP
胸围线	BL	袖肘点	EP

服装各部位的术语

统一服装结构制图中零部件、线条、各部位的名称，使各种名称规范化、标准化，以利于交流，具体如图1-1和图1-2所示。

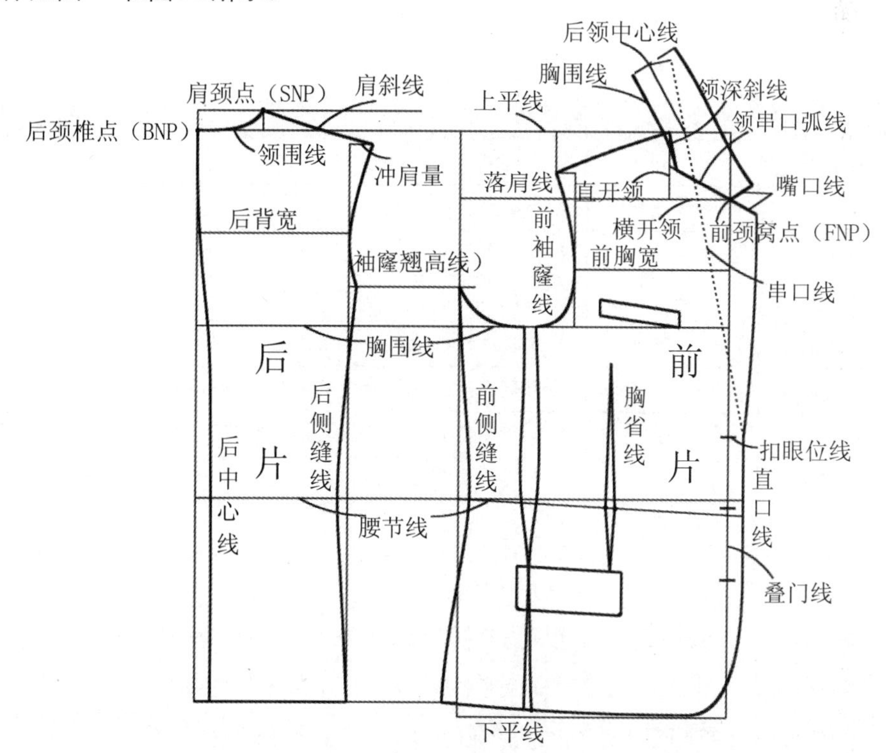

图1-1 前后片各部位名称

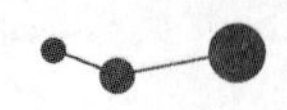

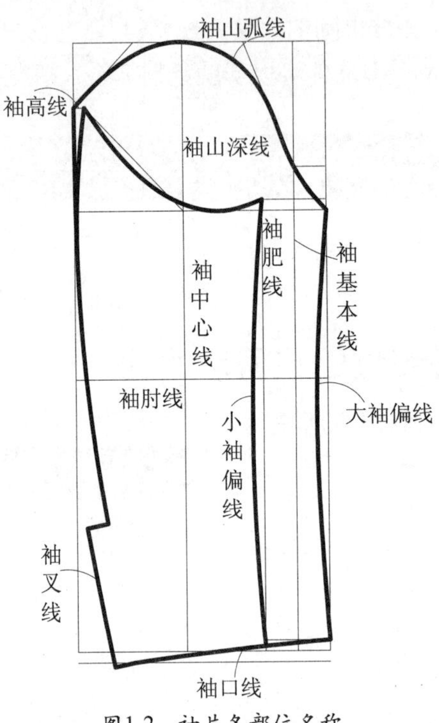

图1-2　袖片各部位名称

1.4.2 服装常用的制图符号

纸样绘制符号主要用于服装的工业化生产，它不同于单件制作，必须是在一定批量的要求下完成的，因此需要确定纸样绘制符号的通用性用以指导生产，检验产品。另外，就纸样设计本身的方便和识图的需要也应采用专用的符号，是为了使结构图统一规范，便于识别，同时是避免识别图产生差错而统一规定的标记。

以下介绍一些常用的制图符号，见表1-2。

表1-2 常用制图符号

序号	名　称	表示符号	使 用 说 明
1	细实线		表示制图的基础线
2	粗实线		表示制图的轮廓线
3	等分线		用于将某一部位划分为若干相等距离的线段
4	点划线		表示衣片相连接，不可裁开的线条
5	双点划线		表示裁片的折边部位，使用时两端均应是长线
6	虚线		用于表示背面的轮廓线和部位辑缝线的线条
7	距离线		表示裁片某一部位两点之间的距离，箭头指示到部位的轮廓线
8	省道线		表示裁片需要收取省道的位置与形状，一般用粗实线表示
9	褶位线		表示需要采用收褶工艺，用缩缝号或褶位线符号表示
10	褶位线		表示衣片需要折叠进去的部分，斜线方向表示褶裥的折叠方向
11	塔克线		表示衣片需要缉塔克的梗起部分，虚线表示辑明线的线迹
12	净样线		表示裁片属于净尺寸，不包括缝份在内
13	毛样线		表示裁片的尺寸已经包括缝份在内

（续表）

序号	名 称	表示符号	使 用 说 明
14	经向线	↕	表示服装面料经向的标记，符号的设置应与布料的经纱平行
15	顺向线		表示服装材料的表面毛绒顺向的标记，箭头方向应与毛绒的顺向相同
16	正面号	□	用于指示服装面料正面的符号
17	反面号	⊠	用于指示服装面料反面的符号
18	对条号	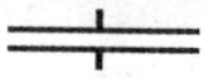	表示相关裁片之间条纹应一致的标记，符号的纵横线应当对应于条纹
19	对花号		表示相关裁片之间应当对齐纹样的标记
20	对格号	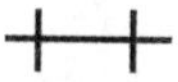	表示相关裁片之间应当对格的标记，符号的横纵线应当对应于条格
21	剖面线		表示部位结构剖面的标记
22	拼接号		表示相邻衣片之间需要拼接的标记
23	省略号	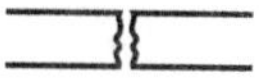	省略衣片某一部位的标记，常用于长度较大而结构图中有无法全部画出的部位
24	否定号	×	用于将制图中错误线条作废的标记
25	缩缝号		表示裁片某一部位需要用缝线抽缩的标记
26	拉伸号		表示裁片的某一部位需要熨烫拉伸的标记
27	同寸号	◎●▲	表示相邻裁片的尺寸大小相同，根据使用次数，可以分别选用图示中的各种标记
28	重叠号		表示相关衣片交叉重叠部位的标记
29	罗纹号		表示衣服的下摆、袖口等部位需要装罗纹边的标记
30	明线号		表示服装表面需要辑明线的标记，实线表示衣片的轮廓线，虚线表示明线的线迹
31	扣眼位		表示服装扣眼位置及大小的标记
32	纽扣位	⊗	表示服装上纽扣位置的标记，交叉线的交点是缝线的位置
33	刀口位		在相关衣片需要对位的部位所做的标记，开口一侧在衣片的轮廓线上
34	直角号		表示衣片此处呈直角

1.5 结构制图的规格及参考尺寸

用服装号型表示服装规格，是全国统一的服装标示，易懂易记，使用方便，消费者只需记住自己的身高和胸、腰围即可买到合体的服装。按照号型系列标准生产的服装，造型合体，规格齐全，只需合理安排各号型规格生产的比例，即可满足消费者的穿衣需求。

1.5.1 体型的分类

服装号型定义是根据正常人体的规律和使用需要，选出最有代表性的部位，经合理归并设

置的。“号”指高度，以厘米表示人体的身高，是设计服装长度的依据；“型”指围度，以厘米表示人体胸围或腰围，是设计服装围度的依据。人体体形也属于“型”的范围，以胸腰落差为依据把人体划分成：Y、A、B、C 4种体形。

为了操作和计算方便，我国新型号标准剔除了5-3系列，在规格上由4种体型分类代表体型的适应范围，见表1-3。

表1-3 体型分类代号的使用范围

型号 / 性别	Y	A	B	C
成年女性	19-24	14-18	9-13	4-8
成年男性	17-22	12-16	7-11	2-6

1.5.2 服装号型和体型分类数据

根据号、型和体型分类数据，可以得到不同规格的全部信息。例如160/84A的规格，160表示适用于身高158~162cm的人；84表示适用于胸围在82~85cm的人；A表示适用于胸腰围差在14~18cm的人。

服装的规格以号型系列表示。号型是以各体型的中间标准体为中心，向两边依次递增或递减。其中，身高以5cm为一个规格裆差；胸围以4cm为一个规格裆差；腰围以2cm或4cm为一个规格裆差，身高与胸围、腰围搭配分别组成5-4和5-2号型系列。

（1）成年女性号型系列控制部位数值，见表1-4、表1-5、表1-6、表1-7。

表1-4 5-4/5-2 Y号型系列控制部位数据表 （单位：cm）

部位	Y 数值													
身高	145		150		155		160		165		170		175	
颈椎点高	124.0		128.0		132.0		136.0		140.0		144.0		148.0	
坐姿颈椎点高	56.5		58.5		60.5		62.5		64.5		66.5		68.5	
全臂长	46.0		47.5		49.0		50.5		52.0		53.5		55.0	
腰围高	89.0		92.0		95.0		98.0		101.0		104.0		107.0	
胸围	72		76		80		84		88		92		96	
颈围	31.0		31.8		32.6		33.4		34.2		35.0		35.8	
总肩宽	37.0		38.0		39.0		40.0		41.0		42.0		43.0	
腰围	50	52	54	56	58	60	62	64	66	68	70	72	74	76
臀围	77.4	79.2	81.0	82.8	84.6	86.4	88.2	90.0	91.8	93.6	95.4	97.2	99.0	100.8

表1-5 5-4/5-2 A号型系列控制部位数据表 （单位：cm）

部位	A 数值						
身高	145	150	155	160	165	170	175
颈椎点高	124.0	128.0	132.0	136.0	140.0	144.0	148.0
坐姿颈椎点高	56.5	58.5	60.5	62.5	64.5	66.5	68.5
全臂长	46.0	47.5	49.0	50.5	52.0	53.5	55.0

（续表）

A							
部位	数值						
腰围高	89.0	92.0	95.0	98.0	101.0	104.0	107.0
胸围	72	76	80	84	88	92	96
颈围	31.2	32.0	32.8	33.6	34.4	35.2	36.0
总肩宽	36.4	37.4	38.4	39.4	40.4	41.4	42.4

部位														
腰围	54	56	58	60	62	64	66	68	70	72	74	76	78	80
臀围	77.4	79.2	81.0	82.8	84.6	86.4	88.2	90.0	91.8	93.6	95.4	97.2	99.0	100.8

表1-6 5-4/5-2 B号型系列控制部位数据表

（单位：cm）

B							
部位	数值						
身高	145	150	155	160	165	170	175
颈椎点高	124.5	128.5	132.5	136.5	140.5	144.5	148.5
坐姿颈椎点高	57.0	59.0	61.0	63.0	65.0	67.0	69.0
全臂长	46.0	47.5	49.0	50.5	52.0	53.5	55.0
腰围高	89.0	92.0	95.0	98.0	101.0	104.0	107.0

部位										
胸围	68	72	76	80	84	88	92	96	100	104
颈围	30.6	31.4	32.2	33.2	33.8	34.6	35.4	36.2	37.0	37.8
总肩宽	34.8	35.8	36.8	37.8	38.8	39.8	40.8	41.8	42.8	43.8

部位																				
腰围	56	58	60	62	64	66	68	70	72	74	76	78	80	82	84	86	88	90	92	94
臀围	78.4	80.0	81.6	83.2	84.8	86.4	88.0	89.6	91.2	92.8	94.4	96.0	97.6	99.2	100.8	102.4	104.0	105.6	107.2	108.8

表1-7 5-4/5-2 C号型系列控制部位数据表

（单位：cm）

C							
部位	数值						
身高	145	150	155	160	165	170	175
颈椎点高	124.0	128.0	132.0	136.0	140.0	144.0	148.0
坐姿颈椎点高	56.5	58.5	60.5	62.5	64.5	66.5	68.5
全臂长	46.0	47.5	49.0	50.5	52.0	53.5	55.0
腰围高	89.0	92.0	95.0	98.0	101.0	104.0	107.0
胸围	72	76	80	84	92	100	104
颈围	31.6	32.4	33.2	34.0	35.6	37.2	38.0
总肩宽	35.2	36.2	37.2	38.2	40.2	42.2	43.2

部位														
腰围	64	66	68	70	74	76	80	84	86	88	92	94	98	102
臀围	81.6	83.2	84.8	86.4	89.6	91.2	94.4	97.6	99.2	100.8	104.0	105.6	108.8	112.0

（2）成年男性号型系列控制部位数值，见表1-8、表1-9、表1-10、表1-11。

表1-8 5-4/5-2 Y号型系列控制部位数据表 （单位：cm）

Y														
部位	数值													
身高	155		160		165		170		175		180		185	
颈椎点高	133.0		137.0		141.0		145.0		149.0		153.0		157.0	
坐姿颈椎点高	60.5		62.5		64.5		66.5		68.5		70.5		72.5	
全臂长	51.0		52.5		54.0		55.5		57.0		58.5		60.0	
腰围高	94.0		97.0		100.0		103.0		106.0		109.0		112.0	
胸围	76		80		84		88		92		96		100	
颈围	33.4		34.4		35.4		36.4		37.4		38.4		39.4	
总肩宽	40.4		41.6		42.8		44.0		45.2		46.4		47.6	
腰围	56	58	60	62	64	66	68	70	72	74	76	78	80	82
臀围	78.8	80.4	82.0	83.6	85.2	86.8	88.4	90.0	91.6	93.2	94.8	96.4	98.0	99.6

表1-9 5-4/5-2 A号型系列控制部位数据表 （单位：cm）

A														
部位	数值													
身高	155		160		165		170		175		180		185	
颈椎点高	133.0		137.0		141.0		145.0		149.0		153.0		157.0	
坐姿颈椎点高	60.5		62.5		64.5		66.5		68.5		70.5		72.5	
全臂长	51.0		52.5		54.0		55.5		57.0		58.5		60.0	
腰围高	93.5		96.5		99.5		102.5		105.5		108.5		111.5	
胸围	76		80		84		88		92		96		100	
颈围	33.8		34.8		35.8		36.8		37.8		38.8		39.8	
总肩宽	40.0		41.2		42.4		43.6		44.8		46.0		47.2	
腰围	60	62	64	66	68	70	72	74	76	78	80	82	84	86
臀围	78.8	80.4	82.0	83.6	85.2	86.8	88.4	90.0	91.6	93.2	94.8	96.4	98.0	99.6

表1-10 5-4/5-2 B号型系列控制部位数据表 （单位：cm）

B														
部位	数值													
身高	155		160		165		170		175		180		185	
颈椎点高	133.5		137.5		141.5		145.5		149.5		153.5		157.5	
坐姿颈椎点高	61		63		65		67		69		71		73	
全臂长	51.0		52.5		54.0		55.5		57.0		58.5		60.0	
腰围高	93		96		99		102		105		108		111	
胸围	76		80		84		88		92		96		100	
颈围	34.2		35.2		36.2		37.2		39.2		40.2		41.2	
总肩宽	39.6		40.8		42.0		43.2		45.6		46.8		49.2	
腰围	66	68	70	72	74	76	78	82	84	88	90	94	96	100
臀围	82.4	83.8	85.2	86.6	88	89.4	90.8	93.6	95	97.8	99.2	102	103.4	106.2

表1-11 5-4/5-2 C号型系列控制部位数据表 （单位：cm）

C														
部位	数值													
身高	155		160		165		170		175		180		185	
颈椎点高	134		138		142		146		150		154		158	
坐姿颈椎点高	61.5		63.5		65.5		67.5		69.5		71.5		73.5	
全臂长	51.0		52.5		54.0		55.5		57.0		58.5		60.0	
腰围高	93		96		99		102		105		108		111	
胸围	76		80		84		88		92		96		100	
颈围	34.2		35.2		36.2		37.2		39.2		40.2		41.2	
总肩宽	39.6		40.8		42.0		43.2		45.6		46.8		49.2	
腰围	66	68	70	72	74	76	78	82	84	88	90	94	96	100
臀围	82.4	83.8	85.2	86.6	88	89.4	90.8	93.6	95	97.8	99.2	102	103.4	106.2

1.6 本课小结

本课主要讲解了AutoCAD在服装设计中的地位，以及关于服装结构制图中的各部位专业术语、代号和服装各号型的各部位数据表。

通过这些资料让读者深入了解服装结构，以及服装的构成与人体结构之间的关系，让读者在制图中能灵活地运用这些专业术语、代号，以及各部位数据。同时了解现代服装工业的发展状况，了解随着科技的高速发展，统一的服装号型和编码的重要意义。

第2课 AutoCAD基础知识

AutoCAD是由美国Autodesk公司开发的通用计算机辅助设计软件，用于二维绘图、详细绘图、设计文档和基本三维设计。

AutoCAD具有良好的用户界面，通过交互式菜单或命令方式便可以进行各种操作。它能够以多种方式创建直线、圆、椭圆、多边形、样条曲线等基本图形对象，还具有强大的编辑功能，可以移动、旋转、阵列、拉伸、延长、修剪、缩放对象等。

【本课知识】

★ 了解AutoCAD的基础功能

★ 图解AutoCAD的工作界面

★ 讲解AutoCAD命令的调用方式

★ 了解文件的基本操作

2.1 AutoCAD基本功能

AutoCAD 2014与以往版本相比，又增添了许多强大的功能，其基本的功能包括了绘图功能、编辑和修改功能、图形输出功能和二次开发功能。

2.1.1 绘图功能

在AutoCAD的绘图菜单栏中包含了丰富的绘图命令，使用这些命令可以方便快捷地绘制出各种基本二维对象，如直线、构造线、圆、圆弧、椭圆、矩形、等边多边形，以及样条曲线和多段线等。

2.1.2 修改功能

在AutoCAD的“修改”工具栏中包含了平移、复制、旋转、阵列、修剪等修改命令，可以使用这些命令对已存在的基本图形进行相应的修改和编辑，从而绘制出更精准、复杂的图形。

2.1.3 图形输出功能

AutoCAD 2014图形输出功能主要包括了屏幕显示、打印，以及保存到Autodesk 360等几种形式。还可以将不同格式的图形导入AutoCAD中，将图形中的信息转化为AutoCAD图形对象，或者将AutoCAD的图形输出为其他格式，如图元文件、位图文件、AutoCAD文件等。

2.1.4 二次开发功能

AutoCAD自带的AutoLISP语言可以让用户进行二次开发，通过DXF、IGES等图形数据接口，可以实现AutoCAD和其他系统的集成。

2.2 工作空间

AutoCAD 2014给用户提供了4种不同的工作空间：AutoCAD经典、草图与注释、三维基础和三维建模。用户可以根据自身需要自行更换工作空间。AutoCAD 2014的默认工作空间为草图与注释空间。下面对4种工作空间的特点及其切换方法进行讲解。

2.2.1 AutoCAD经典空间

AutoCAD的经典空间如图2-1所示。AutoCAD的经典空间，沿用了以前的绘图习惯和操作方法，在界面的左右两侧分别显示绘图工具和修改工具，该工作界面界面的主要特点是显示菜单栏和工具栏，用户可以通过选择菜单栏中的命令，或者工具栏中的工具按钮，调用所需的命令。

2.2.2 草图与注释空间

草图与注释工作空间如图2-2所示。AutoCAD 2014的默认空间即为草图与注释空间，此空间用功能区替代了菜单栏和工具栏。功能区包含了最常用的二维图形的绘制、编辑和标注命

令，当需要调用某一个命令时，需要先切换到功能区下的相应面板，然后单击面板中的按钮。因此该工作空间非常适合绘制和编辑二维图形时使用。

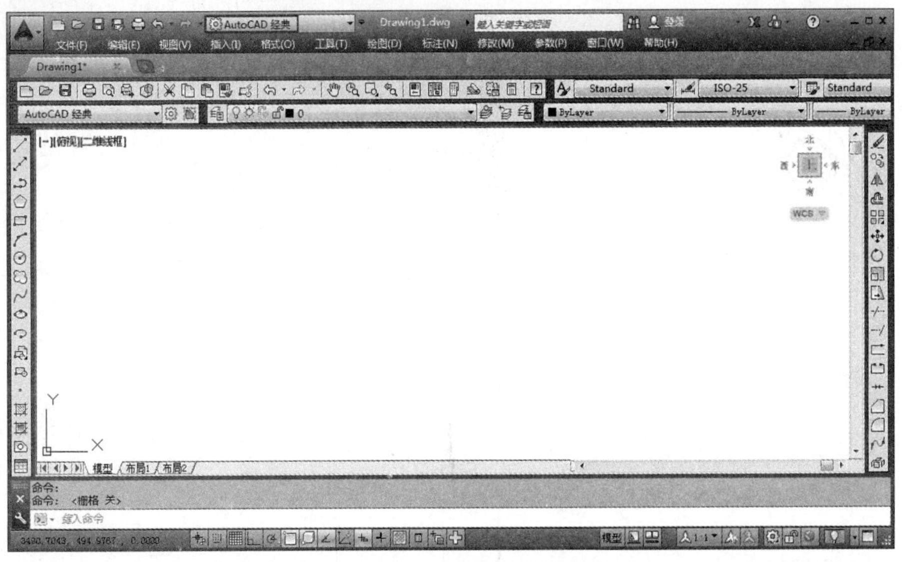

图2-1 AutoCAD 2014经典空间

图2-2 AutoCAD 2014草图与注释空间

2.2.3 三维基础空间

三维基础工作空间如图2-3所示。三维基础空间与草图与注释空间相类似，用功能区代替了菜单栏和工具栏。工具栏包含了常用的三维图形的绘制、编辑命令，使用此空间能够非常方便地调用三维基本建模功能，创建出简单的三维实体模型。

2.2.4 三维建模空间

三维建模工作空间如图2-4所示。三维建模空间适合创建、编辑复杂的三维模型，其功能区包含了“三维建模”、“视觉样式”、“光源”、“材质”、“渲染”和“导航”等面板。

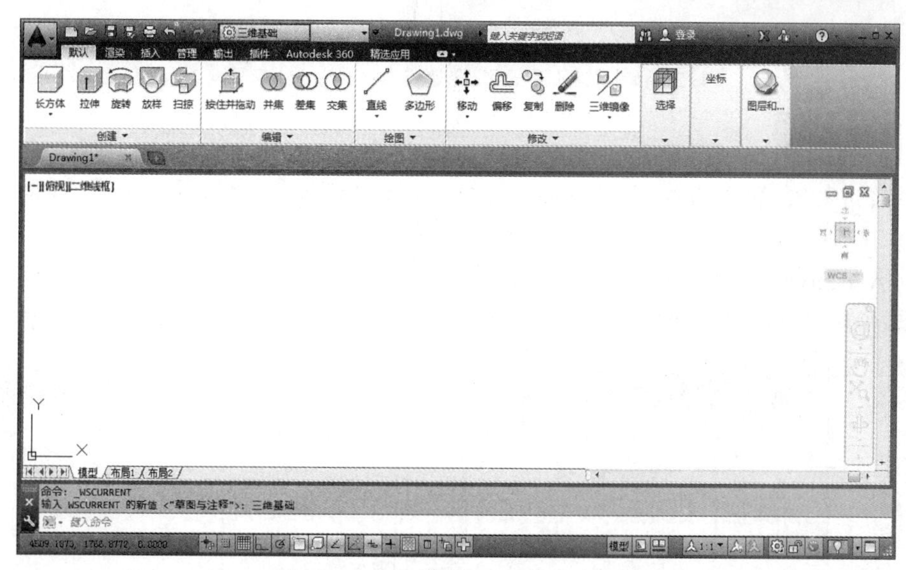

图2-3　AutoCAD 2014三维基础空间

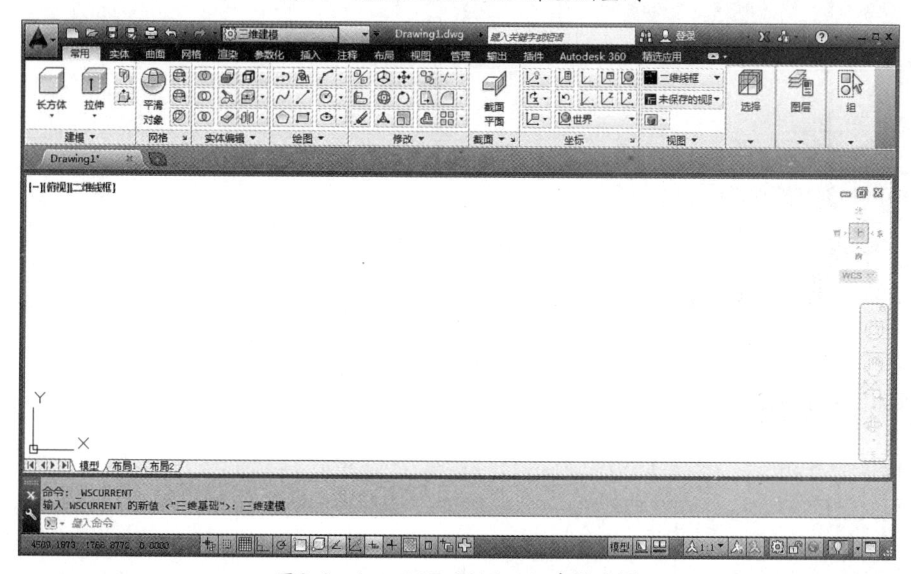

图2-4　AutoCAD 2014三维建模空间

2.2.5　选择工作空间

切换工作空间的方法有如下几种。

★　在菜单栏中执行【工具/工作空间【命令，在弹出的快捷菜单中选择相应的工作空间，如图2-5所示。

★　在状态栏中单击【切换工作空间】按钮，则弹出一个快捷菜单，如图2-6所示，即可进行工作空间切换。

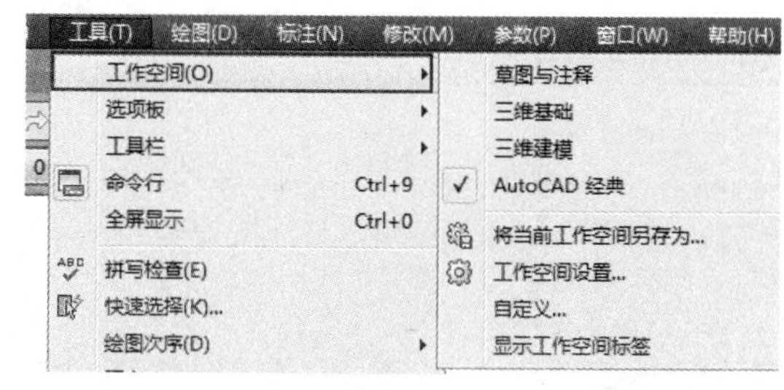

图2-5　通过菜单栏选择工作空间

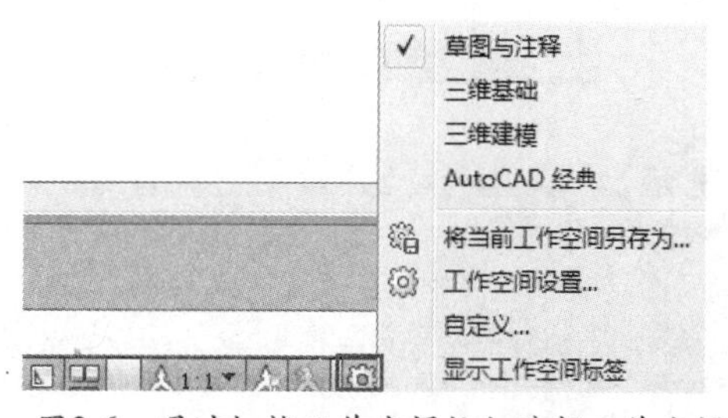

图2-6　通过切换工作空间按钮选择工作空间

2.3 AutoCAD 2014的工作界面

启动AutoCAD 2014，进入图2-7所示的工作空间与界面，该空间为软件默认的【草图与注释】空间，此空间提供强大的功能区，非常方便初学者的使用。

AutoCAD 2014的工作界面包括了标题栏、菜单栏、工具栏、快速访问工具栏、交互信息工具栏、标签栏、功能区、绘图区、光标、坐标系、命令行、状态栏、布局标签、滚动条等。

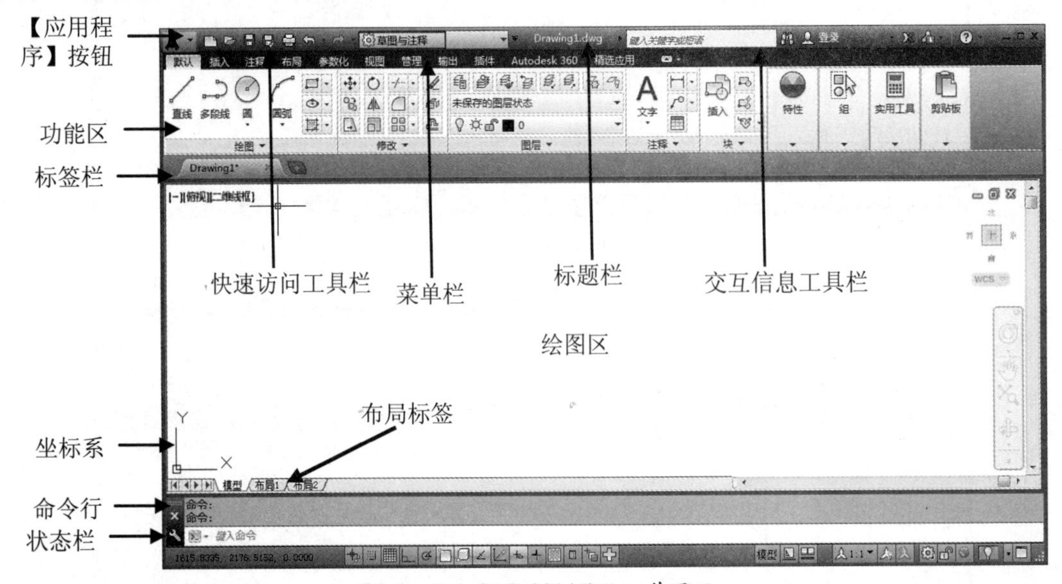

图2-7　AutoCAD 2014默认工作界面

2.3.1　标题栏

标题栏位于AutoCAD界面的最上方，它显示着系统正在运行的应用程序和用户打开图形文件的信息，如图2-8所示。首次启动AutoCAD时，标题栏上显示的是AutoCAD启动时创建并打开的图形文件名Drawing1.dwg，在结束绘图保存文件时，可以对其进行重命名。

图2-8　AutoCAD 2014标题栏

2.3.2　菜单栏

菜单栏只有在AutoCAD经典工作界面才会显示出来，其默认有12个菜单选项，几乎包含了AutoCAD的所有绘图和编辑命令，如图2-9所示。只需要单击菜单栏上的单项菜单按钮，即可打开相对应的下拉菜单，或按Alt+菜单选项后所带的字母，如Alt+T，则会弹出工具选项的下拉菜单。

文件(F)　编辑(E)　视图(V)　插入(I)　格式(O)　工具(T)　绘图(D)　标注(N)　修改(M)　参数(P)　窗口(W)　帮助(H)

图2-9　AutoCAD 2014菜单栏

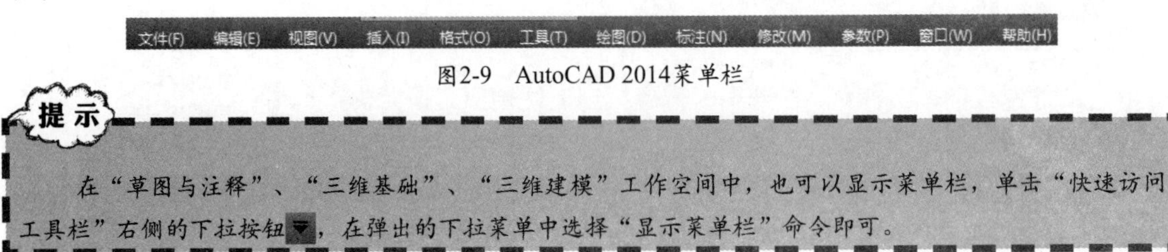

提 示

在“草图与注释”、“三维基础”、“三维建模”工作空间中，也可以显示菜单栏，单击“快速访问工具栏”右侧的下拉按钮，在弹出的下拉菜单中选择“显示菜单栏”命令即可。

2.3.3 快速访问工具栏

快速访问工具栏位于标题栏的左上角。在默认状态下，其包含了“新建”、“打开”、“保存”、“另存为”、“打印”、“重做”以及“放弃”7个最常用的快捷按钮在内，以方便用户的使用，如图2-10所示。

图2-10 AutoCAD 2014快速访问工具栏

在快速访问工具栏右侧为“工作空间列表”，用于切换AutoCAD 2014工作空间，如图2-11所示。用户可以单击快速访问工具栏右侧的按钮，在弹出的快捷菜单中选择增加或删除按钮，如图2-12所示。也可以直接用右键单击要删除的按钮，然后选择“从快速访问工具栏中删除”命令，如图2-13所示。如果要添加按钮，方法相同，直接用右键单击要添加的按钮，选择“添加到快速访问工具栏”命令即可，如图2-14所示。

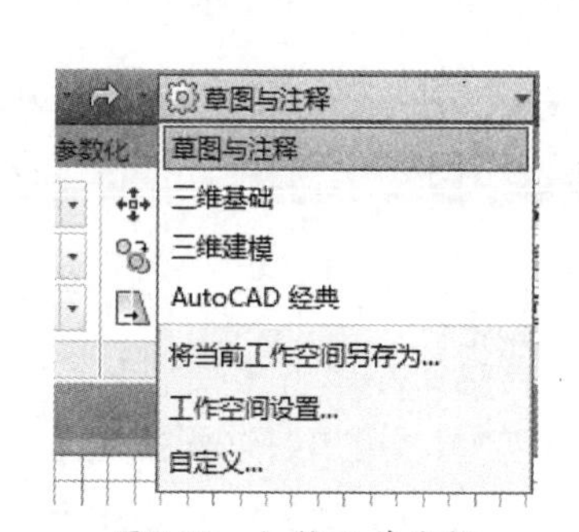

图2-11 切换工作空间

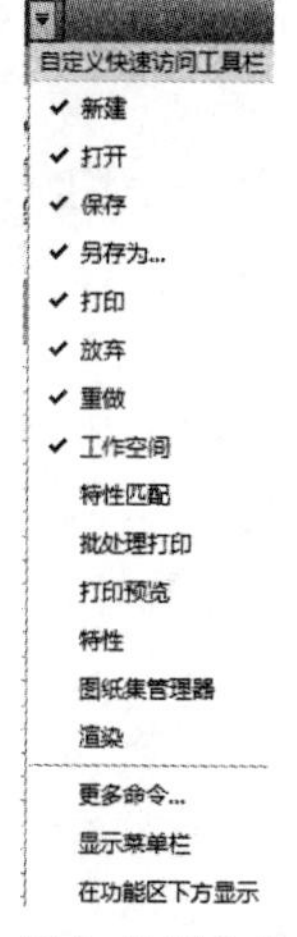

图2-12 添加或删除快速访问按钮

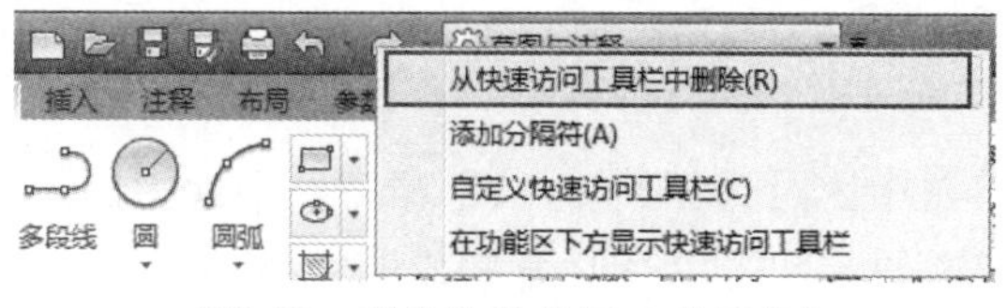

图2-13 删除快速访问工具栏按钮

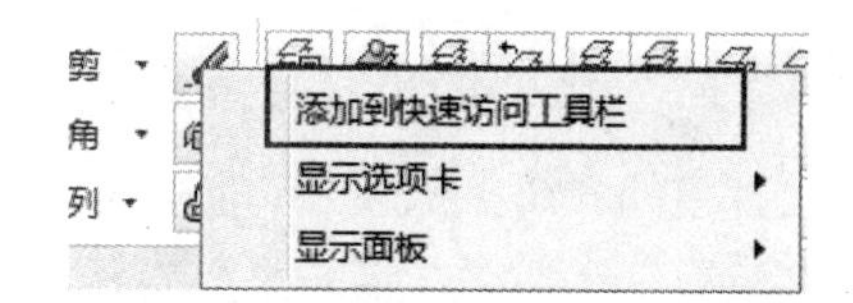

图2-14 添加快速访问工具栏按钮

2.4 AutoCAD的命令调用

AutoCAD调用命令的方式非常灵活，主要采用键盘和鼠标结合的命令输入方式，可以通过键盘输入命令和参数，也可以通过鼠标执行工具栏中的命令、选择对象、捕捉关键点和拾取点等。

2.4.1 命令的执行方式和输入

1. **通过功能区执行命令**

在默认“草图与注释”工作空间中，功能区列出了AutoCAD的常用工具按钮。在功能区中，单击直线工具按钮╱，在绘图区即可绘制直线图形。

2. **通过工具栏执行命令**

在“AutoCAD经典”工作空间中，在工作界面的左右两边显示常用的绘图工具和修改工具，单击工具栏的任意工具按钮，即可执行相应的命令。

3. **通过键盘输入执行命令**

无论在哪一种工作空间，都可以通过在命令行输入相对应的命令字符或者快捷命令来执行命令，如在命令行输入“LINE或者L”命令，按Enter键，即可在绘图区绘制直线。

2.4.2 命令的撤销和重做

1. **撤销命令**

想要撤销上一步命令，按快捷键Ctrl+Z即可，或者在快速访问工具栏中单击【放弃】按钮。

2. **终止当前命令**

按Esc键即可终止当前正在执行的命令。

3. **重复执行命令**

在绘图过程中，如果要重复使用同一个命令，按Enter键或者空格键即可重复刚使用的命令。或者单击鼠标右键，在弹出的快捷菜单中选择【重复**】命令。

2.5 AutoCAD 2014绘图环境基本设置

AutoCAD提供了两种绘图环境：模型空间和图纸空间。单击绘图窗口下部的【布局1】按钮，切换到图纸空间。单击【模型】按钮，切换到模型空间。一般默认情况下，AutoCAD的绘图环境是模型空间，用户在这里按实际尺寸绘制二维或三维图形。图纸空间提供了一张虚拟图纸（与手工绘图时的图纸类似），用户可以在这张图纸上将模型空间中的图样按不同缩放比例布置在图纸上。

2.5.1 系统参数设置

最直接的系统参数设置方法，就是在菜单栏中执行【工具/选项】命令，即会弹出图2-15所示的“选项”对话框，该对话框中包含了11个选项卡，可以在此查看或调整AutoCAD的设置。

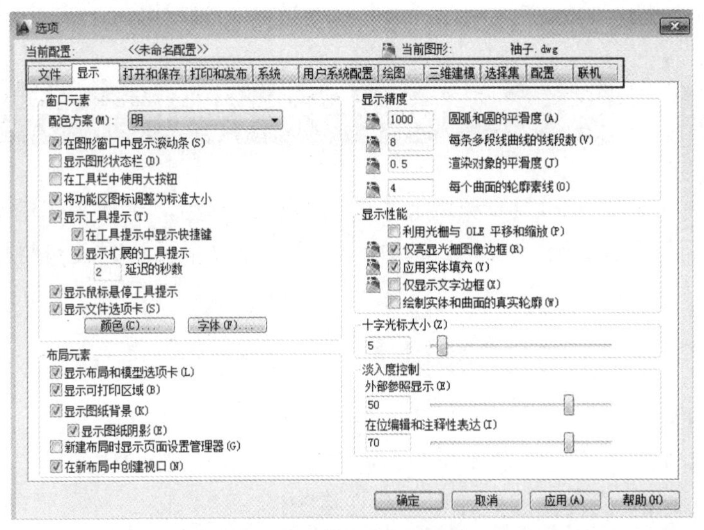

图2-15 “选项”对话框

例如在默认状态下，AutoCAD的绘图窗口的背景颜色是黑色，如果想要改变背景颜色，单击“选项”对话框中的【显示】选项卡，单击【颜色】按钮，即会弹出“图形窗口颜色”对话框，在此可以设置各类背景颜色，如图2-16所示。

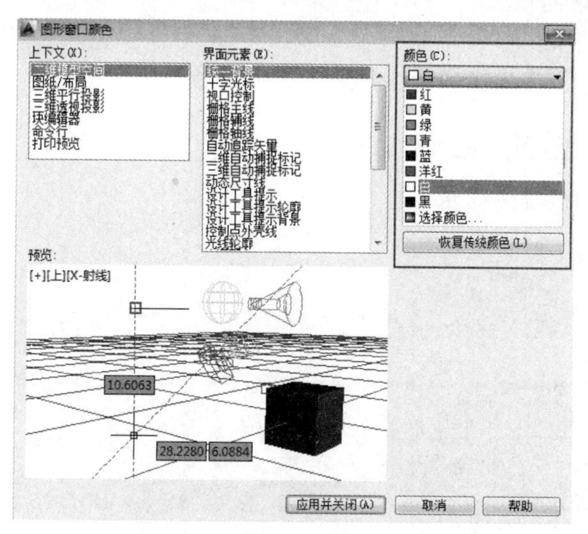

图2-16 “图形窗口颜色”对话框

2.5.2 绘图单位设置

在进行绘图之前，根据各行业的规范和标准，对图纸的大小和单位都有统一的要求。设置绘图单位，主要包括长度和角度的类型、精度和起始方向等内容。

设置图形单位方法如下所述。

★ 在菜单栏中执行【格式/单位】命令。

★ 在命令行输入“UNITS”命令。

执行完命令后，会弹出图2-17所示的“图形单位”对话框，即可进行各项单位设置。

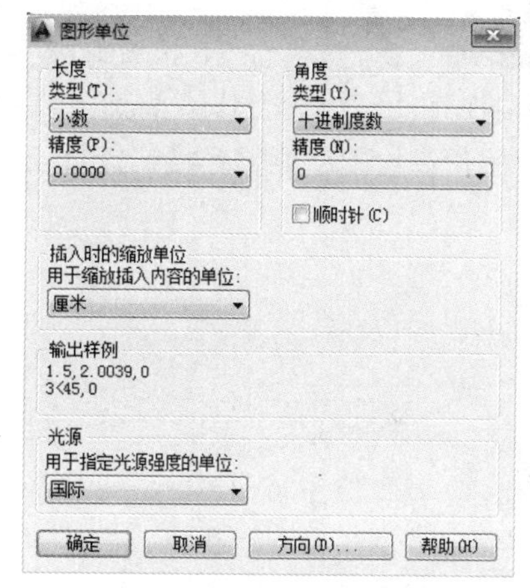

图2-17 “图形单位”对话框

2.6 AutoCAD 2014文件的管理

文件管理是文件操作的基础，同时也是操作中最重要的一项工作。其中包括了新建、打开和保存图形文件。

2.6.1 新建图形文件

在AutoCAD 2014中新建图形文件。

★ 在菜单栏中执行【文件/新建】命令。

★ 按快捷键Ctrl+N。

★ 在命令行输入“NEW”命令。

2.6.2 打开图形文件

在AutoCAD 2014中打开图形文件。

★ 在菜单栏中执行【文件/打开】命令。

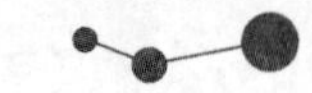

★ 按快捷键Ctrl+O。

★ 在命令行输入“OPEN”命令，选中需要的文件，最后单击【打开】按钮。

2.6.3 保存图形文件

在AutoCAD 2014中保存图形文件。

★ 在菜单栏中执行【文件/保存】命令。

★ 按快捷键Ctrl+S。

★ 在命令行输入“QSAVE”命令。

提示

执行完上述命令，如若该图形文件是第一次保存，则会打开“图形另存为”对话框，选择文件的保存路径，输入名称，最后单击“保存”按钮即可。

2.7 本课小结

本课主要讲解了AutoCAD 2014的基础知识，包括了解AutoCAD 2014的4种工作空间、不同工作空间其工作界面的布置，绘制环境的基本设置，文件的创建、保存等，让用户在绘图时能够轻松快速地上手。

第3课 基本绘图工具和修改工具

任何的二维图形都是由点、直线、圆、圆弧和矩形等基本元素构成的，在【AutoCAD经典模式】中，这些工具在画面中左边的绘制工具栏中。而画面右边即修改工具栏，使用修改工具可以进行修改和调整。

【本课知识】

★ 掌握AutoCAD的常用绘制工具，以及其调用方式

★ 掌握AutoCAD的常用修改工具，以及其调用方式

3.1 基本绘图工具

在使用AutoCAD画图时，即使再复杂的AutoCAD图形，其本质上都是由点、线、圆、圆弧、矩形、正多边形、样条曲线等基本图形元素组成的。而这些基本元素都存在于绘图工具栏中，可以通过单击“绘图”工具栏中的相应工具，执行该操作。

3.1.1 绘制点命令

点是构成图形的最基本元素，点主要用于定位、等分和对象捕捉的参考点等。在AutoCAD 2014中提供了4种类型的点，包括单点、多点、定数等分点和定距等分点。

1. 设置点样式

点在AutoCAD中主要起到标记的作用，而在AutoCAD的默认状态下，点显示为一个小黑点，不便于用户观察。因此，在绘制之前，设置点样式是必要的。

设置“点样式”命令的方法如下所述。

★ 在菜单栏中执行【格式/点样式】命令。

★ 在命令行输入“DDPTYPE”命令。

执行上述命令后，则会弹出“点样式”对话框，如图3-1所示。在此对话框内除了可以设置点样式之外，还可以设置点大小。

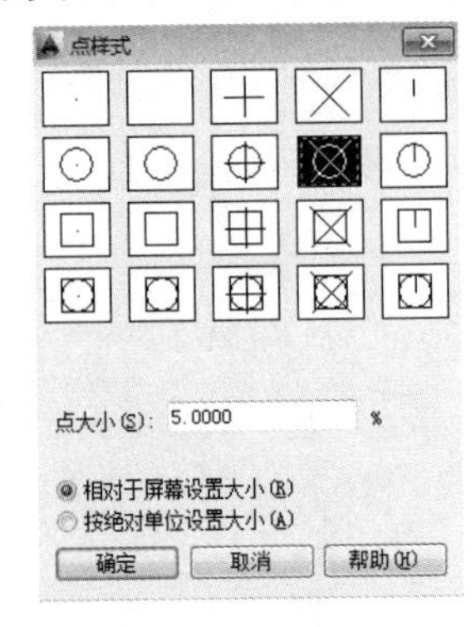

图3-1 “点样式”对话框

提示

在“点样式”对话框中第一排的第二个空白点样式，该点样式虽然不可见，但是在对象捕捉节点时仍可以被捕捉。

2. 绘制单点

绘制单点，执行一次“点”命令只能绘制一个点。

执行“单点”命令的方法如下所述。

★ 在菜单栏中执行【绘图/点/单点】命令。

★ 在命令行输入“POINT/PO”命令。

执行完上述命令，在合适的位置单击鼠标即可完成单点绘制。

3. 绘制多点

绘制多点即在执行一次命令后可以连续绘制多个点，直至按Esc键结束命令。

执行“多点”命令的方法如下所述。

★ 在菜单栏中执行【绘图/点/多点】命令。

★ 在绘制工具栏单击【点】按钮。

执行完上述命令，移动鼠标在需要添加点的位置单击即可。

4. 绘制定数等分点

绘制定数等分点就是将指定的对象以一定的数量进行等分。

执行“定数等分”的方法如下所述。

★ 在菜单栏中执行【绘图/点/定数等分】命令。

★ 在命令行输入“DIVIDE/DIV”命令。

执行“定数等分”命令后，命令行则会出现如下提示：

```
命令：_divide
选择要定数等分的对象：              //单击选中需要等分的对象
输入线段数目或 [块(B)]：6          //输入需要等分的数目，例如6，然后按Enter键，得到效果如图3-2所示
```

5. 绘制定距等分点

定距等分就是将需要等分的对象按确定的长度进行等分。

执行“定距等分”的方法如下所述。

★ 在菜单栏中执行【绘图/点/定距等分】命令。

★ 在命令行输入“MEASURE/ME”命令。

执行上述命令后，命令行则会出现如下提示：

```
命令：_measure
选择要定距等分的对象：              //单击选中需要等分的对象
指定线段长度或 [块(B)]：10         //输入需要等分的长度数值，例如10，然后按Enter键，得到效果如图3-3所示
```

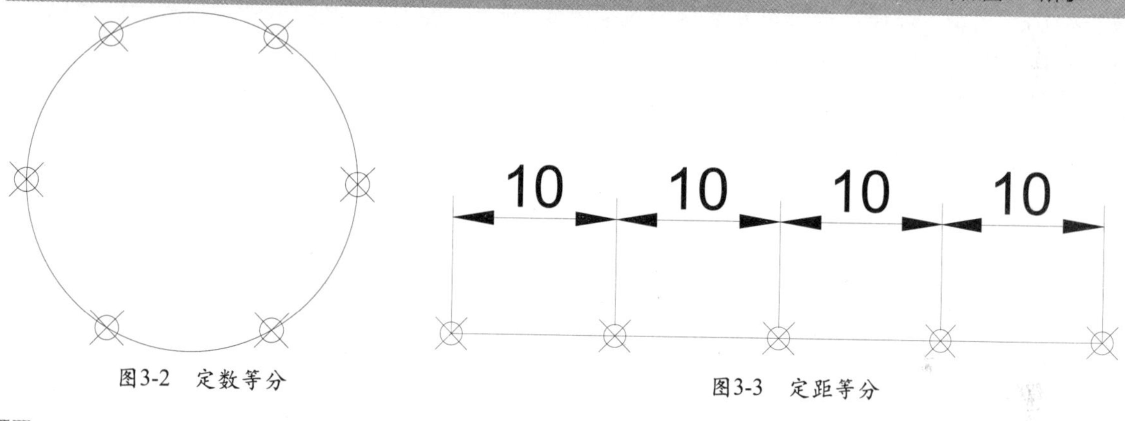

图3-2 定数等分

图3-3 定距等分

3.1.2 绘制直线命令

在AutoCAD中直线包括直线、射线、构造线和多段线等。

绘制“直线”的方法有以下3种。

★ 在菜单栏中执行【绘图/直线】命令。

★ 在“绘图”工具栏中单击【直线】工具按钮⁄。

★ 在命令行输入“LINE/L”命令。

执行“直线”命令后，命令行则会出现如下的提示：

```
命令：_line
指定第一个点：                     //在绘图区单击一点或在命令行输入坐标指定一点作为直线的起点
指定下一点或 [放弃(U)]：           //在绘图区单击一点或在命令行输入第二点的坐标
指定下一点或 [放弃(U)]：           //按Enter键或输入字符U按Enter键，即可结束命令。如果继续单击第三点，则会
                                     以第二点为起点，到第三点作直线
指定下一点或 [闭合(C)/放弃(U)]：*取消*    //按Esc键结束
```

在绘制直线时，如果要绘制水平或垂直的直线，按F8键即可。

3.1.3 绘制圆类命令

圆是一个经常使用和绘制的图形，绘制圆类命令包括绘制圆和绘制圆弧两种。

1. 绘制圆

执行“圆”命令的方法如下所述。

★ 在菜单栏中执行【绘图/圆】命令。

★ 在绘图工具栏中单击【圆】工具按钮。

★ 在命令行输入“CIRCLE/C”命令。

在AutoCAD 2014中给用户提供了6种绘制圆的方法，如图3-4所示。各方法的具体解释如下所述。

★ 圆心、半径：用圆心和输入半径值方式绘制圆。

★ 圆心、直径：用圆心和输入直径值方式绘制圆。

★ 两点：通过两个点绘制圆，在命令行会提示指定直径的第一端点和第二端点。

★ 三点：通过3个点绘制圆，在命令行会提示指定第一点、第二点和第三点。

★ 相切、相切、半径：通过在其他两个对象上分别指定两个切点，输入半径值来绘制圆。

★ 相切、相切、相切：通过在其他三个对象上分别指定3个切点绘制圆。

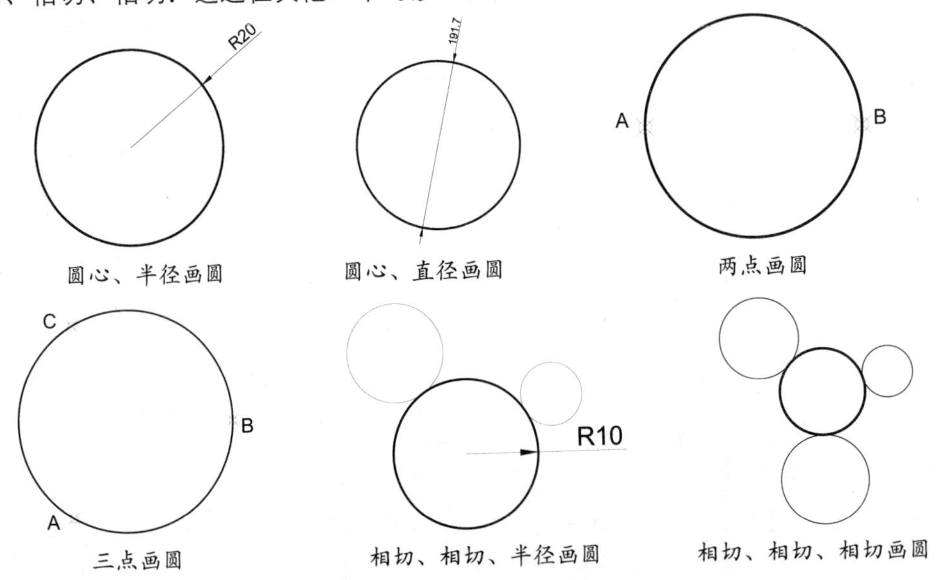

图3-4　6种圆绘制方法解析

2. 绘制圆弧

执行“圆弧”命令的方法如下所述。

★ 在菜单栏中执行【绘图/圆弧】命令。

★ 在绘图工具栏中单击【圆弧】按钮。

★ 在命令行输入“ARC/A”命令。

在AutoCAD 2014中共提供了11种圆弧的绘制方法，其中5种常用的方法如图3-5所示。

★ 三点：在绘图区指定三点绘制圆弧，分别是起点、经过点和终点。

★ 起点、圆心、端点：在绘图区指定圆弧的起点、圆心和端点绘制圆弧。

★ 起点、圆心、长度：在绘图区指定圆弧的起点和圆心，输入圆弧的长度，按Enter键绘制圆弧。

★ 起点、端点、半径：在绘图区指定圆弧的起点和终点，根据命令行的提示，输入半径值，按Enter键绘制圆弧。

★ 圆心、起点、角度：在绘图区指定圆弧的圆心和起点，输入角度值，按Enter键绘制圆弧。

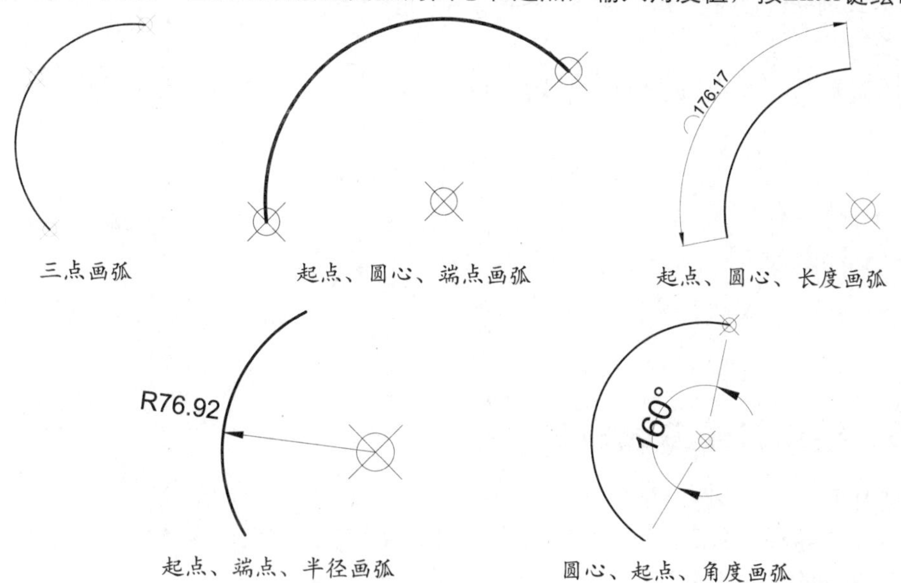

图3-5　5种圆弧绘制方法解析

3.1.4　绘制矩形和正多边形命令

在AutoCAD中矩形和多边形的各边构成一个单独的对象。

1. 绘制矩形命令

执行“矩形”命令的方法如下所述。

★ 在菜单栏中执行【绘图/矩形】命令。

★ 在绘图工具栏中单击【矩形】工具按钮▭。

★ 在命令行输入“RECTANG/REC”命令。

执行“矩形”命令后，在命令行则会出现如下提示：

```
命令：_rectang
指定第一个角点或 [倒角(C)/标高(E)/圆角(F)/厚度(T)/宽度(W)]：//在绘图区单击一点或在命令行输入坐标，
                                                          确定矩形的第一个端点
指定另一个角点或 [面积(A)/尺寸(D)/旋转(R)]：d               //输入字符D，按Enter键，输入矩形的长宽度值
指定矩形的长度 <**.****>:                                  //输入矩形的长度值，按Enter键确定
指定矩形的宽度 <**.****>:                                  //输入矩形的宽度值，按Enter键确定
```

2. 绘制正多边形命令

正多边形是由三条或三条以上长度相等的线段首尾相连形成的闭合图形。

执行“正多边形”命令的方法如下所述。

★ 在菜单栏中执行【绘图/正多边形】命令。

★ 在绘图工具栏中单击【正多边形】工具按钮⬠。

★ 在命令行输入“POLYGON/POL”命令。

执行“正多边形”命令后，命令行则会出现如下提示：

```
命令：_polygon 输入侧面数 <6>:                  //输入多边形的侧面数值，按Enter键确定
指定正多边形的中心点或 [边(E)]:                 //在绘图区单击一点
输入选项 [内接于圆(I)/外切于圆(C)] <C>：I       //输入字符I选择"内接于圆"，按Enter键确定
```

```
指定圆的半径:20                              //输入圆的半径值，例如20，按Enter键结束，得到效果如图3-6所示
输入选项 [内接于圆(I)/外切于圆(C)] <I>: C  //输入字符C，选择"内接于圆"，按Enter键确定
指定圆的半径: 20                             //输入圆的半径值，例如20，按Enter键结束，得到效果如图3-7所示
```

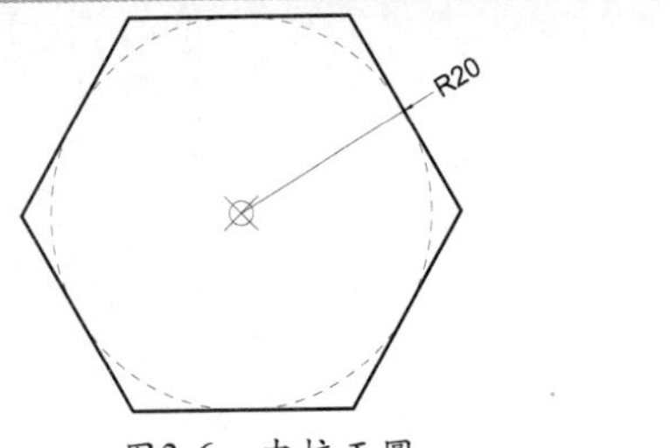

图3-6 内接于圆

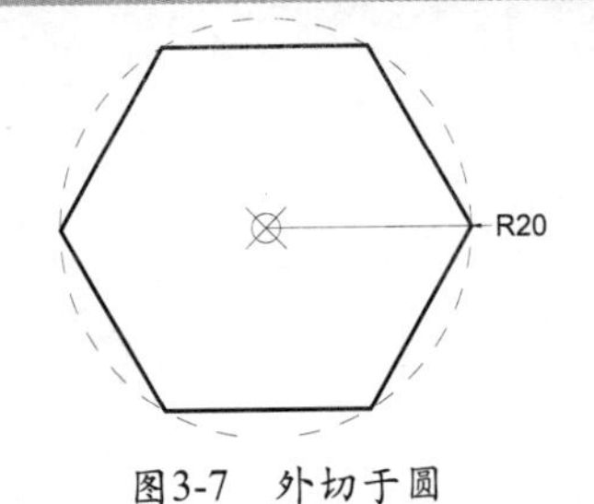

图3-7 外切于圆

3.1.5 绘制样条曲线命令

1. 绘制样条曲线

执行“样条曲线”命令，可以创建经过一组拟合点或由控制框的顶点定义的平滑曲线，如图3-8所示。在软件默认状态下，是拟合点与曲线重合。

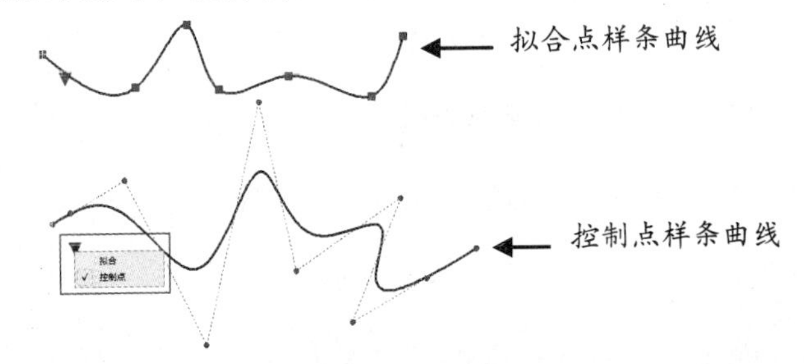

图3-8 样条曲线

提示

绘制出样条曲线后，单击曲线，在曲线的一端则会出现一个小三角图标▼。用右键单击该图标，弹出一个快捷菜单，可以在此选择拟合点或控制点。

执行“样条曲线”命令的方法如下所述。

★ 在菜单栏中执行【绘图/样条曲线/拟合点（控制点）】命令。

★ 在绘图工具栏中单击【样条曲线】工具按钮。

★ 在命令行输入“SPLINE/SPL”命令。

执行“样条曲线”命令后，在命令行则会出现如下提示：

```
指定第一个点或 [方式(M)/节点(K)/对象(O)]:     //在绘图区指定一点
输入下一个点或 [起点切向(T)/公差(L)]:         //在合适的位置指定曲线的第二点
```

2. 编辑样条曲线

在绘制完样条曲线之后，往往还会和实际要求有差距，这里就需要用到“样条曲线”编辑命令对其进行编辑，以达到要求的曲线。

执行“样条曲线”命令的方法如下所述。

★ 在菜单栏中执行【修改/对象/样条曲线】命令。

执行完命令后，选择需要编辑的曲线，在命令行则会出现如下提示：

```
输入选项 [闭合(C)/合并(J)/拟合数据(F)/编辑顶点(E)/转换为多段线(P)/反转(R)/放弃(U)/退出(X)] <退出>:
```

命令行各选项及其含义如下所述。

（1）拟合数据（F）

使用该选项后，样条曲线上的各控制点将会被激活，命令行中会出现如下提示：

```
输入拟合数据选项
[添加(A)/闭合(C)/删除(D)/扭折(K)/移动(M)/清理(P)/切线(T)/公差(L)/退出(X)] <退出>:
```

各个选项的含义如下。

★ 添加：在样条曲线上添加新的控制点。

★ 删除：删除样条曲线上的控制点。

★ 移动：移动控制点在曲线上的位置，按Enter键依次选取各控制点。

★ 清理：从图形数据库中清理样条曲线的拟合数据。

★ 切线：修改样条曲线起点和端点的切线方向。

（2）编辑顶点

选择该选项之后，选择移动选项，拖动鼠标，按Enter键一次移动样条曲线各控制点处的夹点，达到编辑曲线的目的。

3.2 基本修改工具

修改工具栏中包括了删除、复制、镜像、偏移、移动、旋转、修建、延伸、打断于点、合并、圆角等常用的修改命令，使用这些命令，可以对草图进行更加简单、有效的编辑和修改，实现复杂的制图目标要求。

3.2.1 删除

删除工具即对绘图过程中不需要的图形，可以使用该工具进行删除。

执行“删除”命令的方法如下所述。

★ 在菜单栏中执行【修改/删除】命令。

★ 在修改工具栏中单击【删除】工具按钮。

★ 在命令行输入“ERASE/ER”命令。

执行“删除”命令后，选中需要删除的对象，按Enter键确定删除。

也可以直接选中需要删除的对象，按Delete键删除。

3.2.2 复制

“复制”命令即在平移图形的同时，会在原图形位置创建一个副本。

执行“复制”命令的方法如下所述。

★ 在菜单栏中执行【修改/复制】命令。

★ 在修改工具栏中单击【复制】工具按钮。

★ 在命令行输入“COPY/CO/CP”命令。

执行“复制”命令后，选中需要复制的对象，按Enter键完成选择对象。在命令行则会出现如下提示：

```
当前设置： 复制模式 = 多个
```

```
指定基点或 [位移(D)/模式(O)] <位移>:                    //在绘图区单击一点作为图形复制移动的基点
指定第二个点或 [阵列(A)] <使用第一个点作为位移>:          //在合适的位置单击，复制图形
指定第二个点或 [阵列(A)/退出(E)/放弃(U)] <退出>:          //在合适的位置单击，复制图形，或者按Esc键结束
```

3.2.3 镜像

“镜像”命令即通过镜像生成的图形对象与源对象相当于对称轴左右对称的关系。

执行“镜像”命令的方法如下所述。

★ 在菜单栏中执行【修改/镜像】命令。

★ 在修改工具栏中单击【镜像】工具按钮。

★ 在命令行输入“MIRROR/MI”命令。

执行“镜像”命令后，旋转需要镜像的图形，按Enter键，在绘图区分别指定出镜像线的两个端点。之后弹出信息：

```
要删除源对象吗？[是(Y)/否(N)] <N>: n       //选择"否"选项，则会保留原有对象，如图3-9所示
```

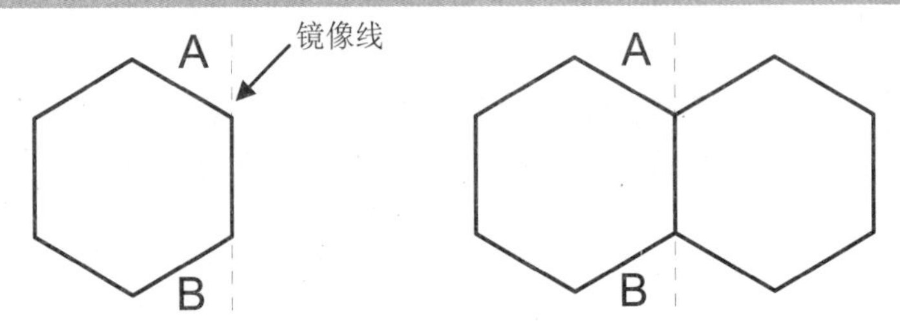

图3-9 保留原图镜像效果

3.2.4 偏移

“偏移”命令即复制原有的图形，进行距离的平行移动。可以偏移的图形对象包括有直线、曲线、多边形、圆和弧等。

执行“偏移”命令的方法如下所述。

★ 在菜单栏中执行【修改/偏移】命令。

★ 在修改工具栏中单击【偏移】工具按钮。

★ 在命令行输入“OFFSET/O”命令。

执行“偏移”命令后，在命令行则会出现如下提示：

```
命令: _offset
当前设置: 删除源=否  图层=源  OFFSETGAPTYPE=0
指定偏移距离或 [通过(T)/删除(E)/图层(L)] <*.***>:          //输入要偏移的距离数值，按Enter键确定
选择要偏移的对象，或 [退出(E)/放弃(U)] <退出>:              //单击选中要偏移的对象
指定要偏移的那一侧上的点，或 [退出(E)/多个(M)/放弃(U)] <退出>: //移动鼠标，选择要偏移的方向，单击鼠标
                                                          确定
```

3.2.5 平移

“平移”命令是最常用的移动命令，就是将一个图形从一个位置平移到另一个位置。

执行“平移”命令的方法如下所述。

★ 在菜单栏中执行【修改/平移】命令。

★ 在修改工具栏中单击【平移】工具按钮。

★ 在命令行输入“MOVE/M”命令。

执行完“平移”命令后，选中需要平移的对象，然后在绘图区分别指定移动的基点和终点，就可以将图形移动至终点的位置。

3.2.6 旋转

在AutoCAD中的“旋转”命令，是将一个图形围绕一个点旋转一定的角度。软件默认的旋转方向是逆时针方向，所以在输入负的角度值时则是按顺时针方向旋转对象。

执行“旋转”命令的方法如下所述。

★ 在菜单栏中执行【修改/旋转】命令。

★ 在修改工具栏中单击【旋转】工具按钮。

★ 在命令行输入“ROTATE/RO”命令。

执行完“旋转”命令后，在绘图区指定一点作为旋转基点，在命令行则会出现如下提示：

```
指定旋转角度，或 [复制(C)/参照(R)] <8>:C          //如需保留原有的图形，输入字符C，按Enter键确定
```

3.2.7 修剪

“修剪”命令即将超出图形边界的多余部分减掉，与橡皮擦功能相似。

执行“修剪”命令的方法如下所述。

★ 在菜单栏中执行【修改/修剪】命令。

★ 在修改工具栏中单击【修剪】工具按钮。

★ 在命令行输入“TRIM/TR”命令。

执行“修剪”命令后，在命令行则会出现如下提示：

```
命令: _trim
当前设置:投影=UCS，边=延伸
选择剪切边...
选择对象或 <全部选择>:                         //选择与超出边界图形的边界线，按Enter键确定
选择对象:                                      //继续选择边界线，按Enter键确定
选择要修剪的对象，或按住 Shift 键选择要延伸的对象，或
[栏选(F)/窗交(C)/投影(P)/边(E)/删除(R)/放弃(U)]:     //选择要修剪的对象，按Enter键确定
```

3.2.8 延伸

“延伸”命令即将没有与边相交的部分进行延伸。

执行“延伸”命令的方法如下所述。

★ 在菜单栏中执行【修改/延伸】命令。

★ 在修改工具栏单击【延伸】工具按钮。

★ 在命令行输入“EXTEND/EX”命令。

执行“延伸”命令后，在命令行则会出现如下提示：

```
命令: _extend
当前设置:投影=UCS，边=延伸
选择边界的边...
选择对象或 <全部选择>:                 //选择作为延伸边界的对象，按Enter键确定
选择对象:
```

```
选择要延伸的对象，或按住 Shift 键选择要修剪的对象，或
[栏选(F)/窗交(C)/投影(P)/边(E)/放弃(U)]:          //选择需要延伸的对象
```

3.2.9 打断于点

“打断于点”是指在图形中指定一点进行打断，打断的对象之间没有缝隙。

执行“打断于点”命令的方法如下所述。

★ 在修改工具栏中单击【打断于点】工具按钮。

★ 在命令行输入“BREAK/BR”命令。

执行“打断于点”命令后，在命令行则会出现如下提示：

```
命令: _break
选择对象:                                   //选中要打断的对象
指定第二个打断点 或 [第一点(F)]: _f           //系统自主选择"第一点 (F) "选项
指定第一个打断点:                             //鼠标单击打断点或输入打断点坐标
指定第二个打断点: @
```

3.2.10 合并

“合并”命令即将两个相似的对象合并为一体，其中包括了直线、圆弧等。

执行“合并”命令的方法如下所述。

★ 在菜单栏中执行【修改/合并】命令。

★ 在修改工具栏中单击【合并】工具按钮。

★ 在命令行输入“JOIN/J”命令。

执行“合并”命令后，根据命令行的提示，先后选中需要合并的对象，按Enter键结束，即可完成对象合并。

3.2.11 圆角

“圆角”命令就是将两条相交的直线通过一个圆弧连接起来，如图3-10所示。

执行“圆角”命令的方法如下所述。

★ 在菜单栏中执行【修改/圆角】命令。

★ 在修改工具栏单击【圆角】工具按钮。

★ 在命令行输入“FILLEF/F”命令。

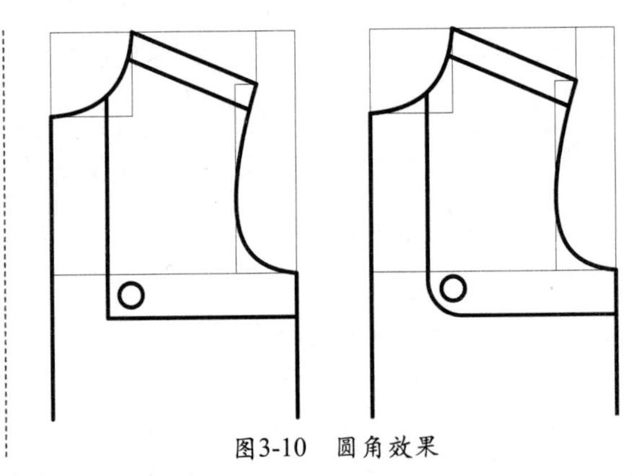

图3-10 圆角效果

执行“圆角”命令后，在命令行则会出现如下提示：

```
命令: _fillet
当前设置: 模式 = 修剪, 半径 = 0.0000
选择第一个对象或 [放弃(U)/多段线(P)/半径(R)/修剪(T)/多个(M)]: r    //输入字符R设置圆角半径
指定圆角半径 <0.0000>:                                         //输入半径值
选择第一个对象或 [放弃(U)/多段线(P)/半径(R)/修剪(T)/多个(M)]:      //选择圆角第一条边
选择第二个对象，或按住 Shift 键选择对象以应用角点或 [半径(R)]:      //选择圆角第二条边
```

3.3 本课小结

本课主要讲解了AutoCAD 2014的绘制工具和修改工具中主要使用的一些工具，包括点、直线、圆、样条曲线，以及矩形等绘制工具，并包括删除、复制、镜像、偏移、裁剪以及延伸等修改工具的使用方法与技巧。通过对这些知识的学习，读者能够快速地掌握AutoCAD 2014的绘图方法与技巧。

第4课 AutoCAD服装结构设计与绘制

服装结构制图包括了四大部件的绘制，身、袖、裙和裤四大部件。利用AutoCAD 2014提供的工具，能够快速而准确地进行服装结构和推码设计。

【本课知识】

★ 掌握如何使用AutoCAD绘制文化式女装原型结构图

★ 掌握如何使用AutoCAD进行省道转移和分割线处理

★ 利用【样条曲线】工具，绘制结构图中的结构曲线

★ 利用【旋转】工具，进行省道转移

4.1 文化式女装衣身的原型结构设计与绘制

在日本，有权威的服装企业和个人在日本工业规格提供的基本尺寸参考数据基础上，创立了各具特色的女装标准尺寸，其中最典型的是文化式和登丽美式（田中式）。文化式的规格以S、M、ML、L、LL表示小、中、中大、大、特大的系列号型，文化式适合于大众化的标准，其规格较全，尺寸比例接近实体。

4.1.1 创建规格尺寸表

在绘制服装结构图的过程中，首先要建立成品的规格尺寸表，将打版所需的各部位数据准确地罗列出来。下面介绍在AutoCAD 2014中怎样创建表格。

在绘图前，将工作界面进行相应的设置，将工作空间设置为“AutoCAD经典”模式。在菜单栏中执行【格式/单位】命令，弹出“图形单位”对话框，将缩放单位设置为“厘米”。

01 在菜单栏中执行【绘图/表格】命令，弹出一个“插入表格”对话框，如图4-1所示。在该对话框中进行表格参数设置，完成后单击“确定”按钮。

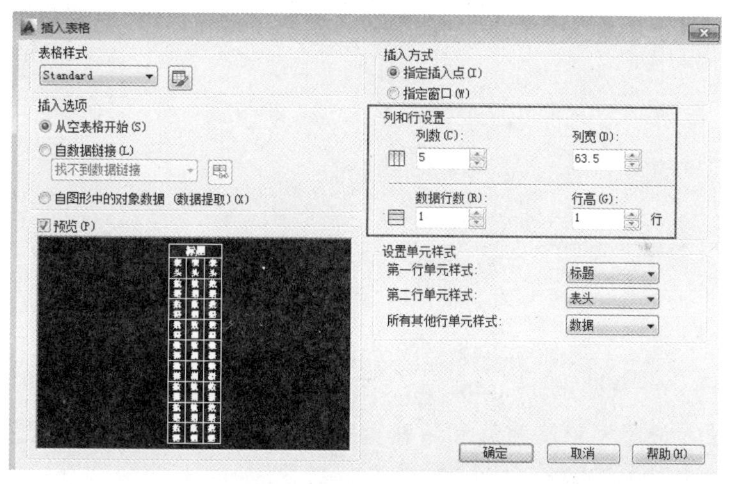

图4-1 “插入表格”对话框

02 在绘图区合适的位置指定一点，弹出图4-2所示的对话框，在该对话框中对表格进行编辑操作。在对话框的左上角框住的两个图标可以进行上或下插入表格，靠右框住的两个图标则可以左右插入表格。

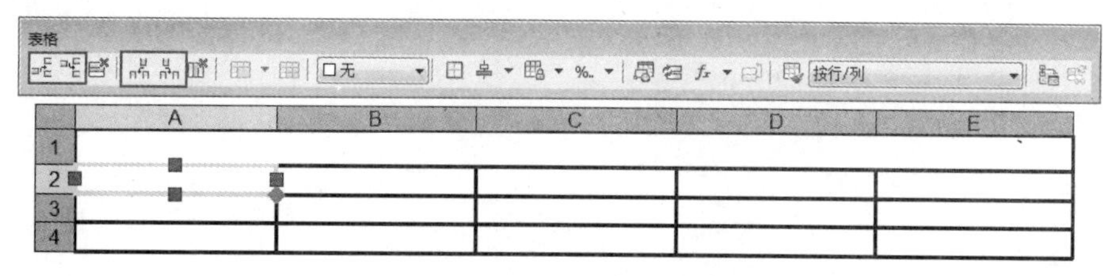

图4-2 “表格”对话框

03 双击表格，进入文字编辑状态。在表格中输入文字和数值，完成服装尺寸规格表的创建，如图4-3所示。

	A	B	C	D	E
1	原型规格尺寸表		号/型160/84A		单位（cm）
2	部位	胸围	背长	腰围	
3	净尺寸	84	38	66	
4	成品尺寸	94	38	72	

图4-3　创建完成表格

4.1.2　文化式女装衣身原型的结构制图

利用AutoCAD 2014，绘制文化式女装衣身原型的结构图，步骤如下所述。

01 在绘图工具栏中单击【矩形】工具，在绘图区绘制出一个图4-4所示的矩形。

02 在修改工具栏中单击【分解】工具，框选中矩形，按Enter键完成分解。

> **提示**
>
> 在状态栏中，用右键单击【对象捕捉】按钮，选择“设置”选项，系统弹出“草图设置”对话框，在对话框中单击【全部选择】按钮，再单击【确定】按钮。

03 绘制袖窿深线（原型的袖窿深为B/12+13.7=21.5cm）。在修改工具栏中单击【偏移】工具（或者在命令行输入“O”命令，按Enter键执行），输入偏移值“21.5”，以上平线为偏移的参考对象，鼠标向下移动，单击。得到的效果如图4-5所示。

图4-4　绘制矩形

图4-5　偏移出袖窿深线

04 使用上述方法，偏移出前胸宽线和后背宽线（前胸宽值为B/8+6.2=17.95，后背宽值为B/8+7.4=19.15），得到的效果如图4-6所示。

05 在修改工具栏中单击【修剪】工具（或者在命令行输入TR命令，按Enter键执行），对上衣偏移的两根线以袖窿深为边界进行裁剪，得到的效果如图4-7所示。

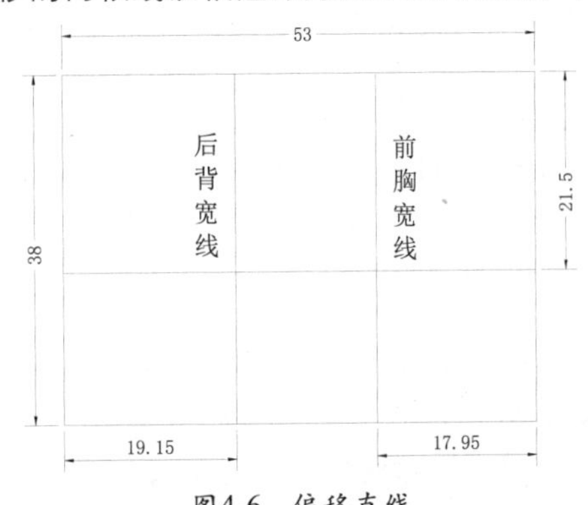

图4-6　偏移直线

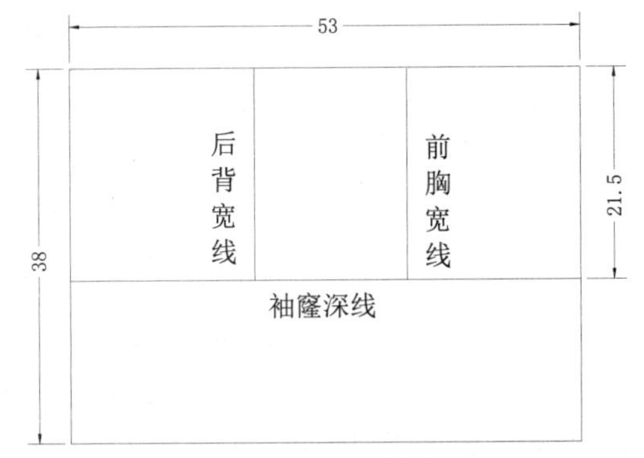

图4-7　修剪偏移直线

06 绘制侧缝辅助线。在绘图工具栏中单击【直线】工具（或者在命令行输入L命令，按Enter键执行），按F8键，从袖窿深线的中点向下绘制一根垂直线，如图4-8所示。

07 绘制前片的上平线（B/5+8.3=27.11cm）。使用【偏移】工具，将胸围线向上偏移27.11cm。

08 绘制出前、后片的横开领、直开领（前横开领值为B/24+3.4=7.3cm，前直开领值为前横+0.5=7.8cm；后横开领值为前横+0.3=7.5cm，后直开值为3cm）。使用【偏移】工具，根据这些数据依次对上平线和后背中心线进行偏移，使用【修剪】工具和【延伸】工具，对上一步偏移出来的线进行裁剪和延伸，得到的效果如图4-9所示。

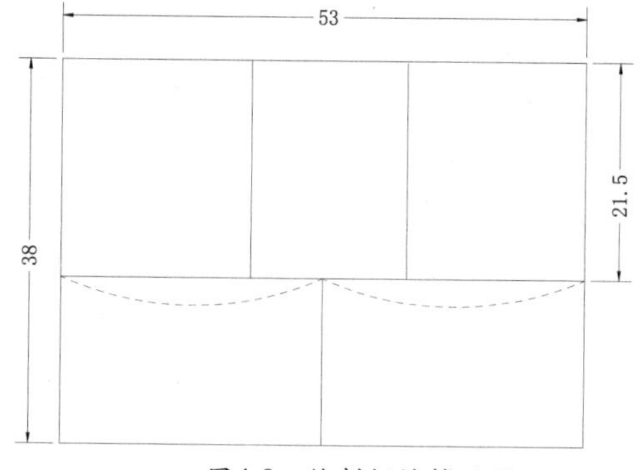

图4-8 绘制侧缝辅助线

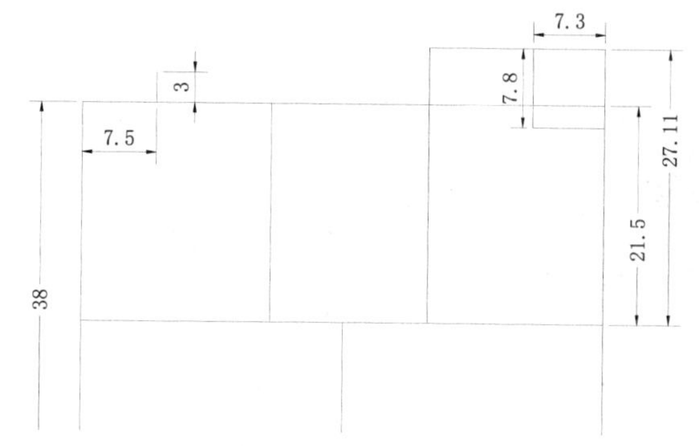

图4-9 偏移出前、后领深和领宽线

09 根据偏移出的图形，绘制出前、后领弧线。使用【打断于点】工具，将在后领宽线与上平线相交的点进行打断。

10 在菜单栏中执行【绘图/点/定数等分】命令，将后横开领分成3等份。使用【样条曲线】工具，绘制出前、后领弧线，如图4-10所示。

11 绘制前、后肩斜线。使用【直线】工具，在上平线向下22°处绘制出一条直线，相交于前胸宽，将十字光标放在直线的左端点上，弹出快捷菜单，选择“拉长”选项，输入数值1.8，即绘制出前肩斜线。

12 使用【直线】工具，以后肩颈点为起点向右绘制一根水平线。使用【圆】工具，以后肩颈点为圆心，绘制出一个半径为前肩斜线+后肩省量（后肩省量值为B/32-0.8=2.14）的圆。使用【直线】工具，按Tab键，转至角度值编辑，输入角度值18°或152°（注意角度值的起始线）绘制一根直线交于圆，得到的效果如图4-11所示。

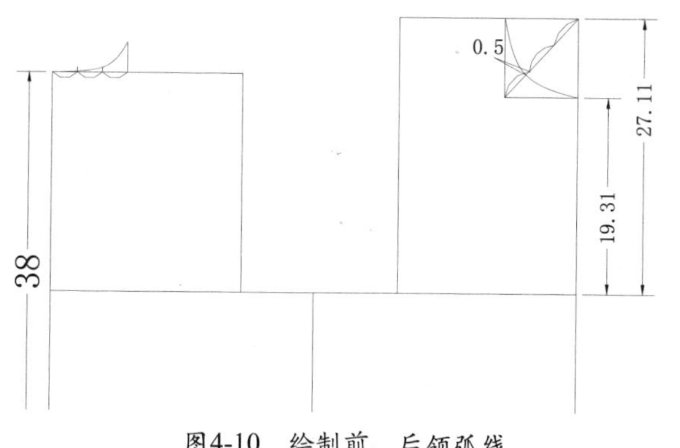

图4-10 绘制前、后领弧线

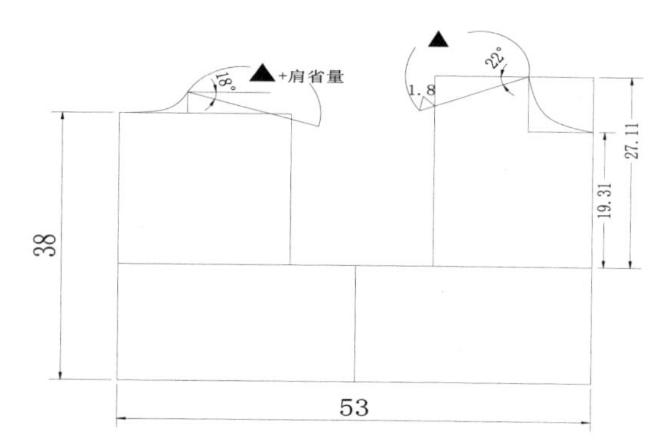

图4-11 绘制肩斜线

绘制完样条曲线后进行调整，单击选中曲线，这时曲线的旁边就会出现一个图标，用右键单击该图标，选择“控制点”，再单击控制点对曲线进行调整。

13 绘制前、后袖窿弧线。使用【样条曲线】工具，绘制出前后袖窿弧线，如图4-12所示。

14 在前片绘制出BP点。先使用【打断于点】工具，在胸围线上前胸宽的位置打断。使用【直线】工具，从前胸宽中点向左偏移0.7cm的位置作为BP点，如图4-13所示。

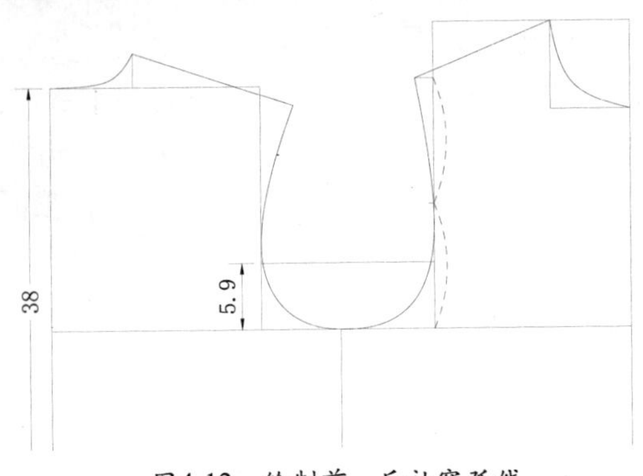

图4-12　绘制前、后袖窿弧线

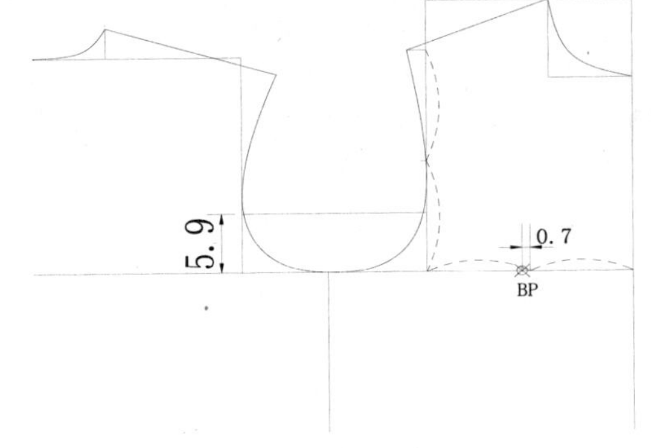

图4-13　绘制BP点

15 使用【直线】工具，绘制出前、后片上的省线，如图4-14所示。

16 绘制袖窿省、肩省和腰省。腰省的总省量为（B/2+6-(W/2+3)=14），按图4-15所示的比例分配省量。

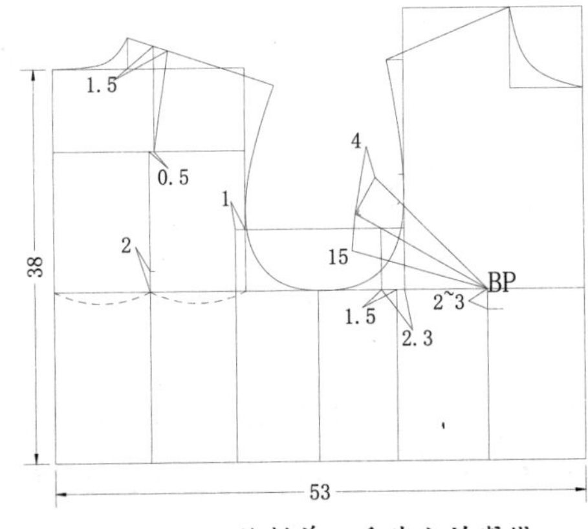

图4-14　绘制前、后片上的省线

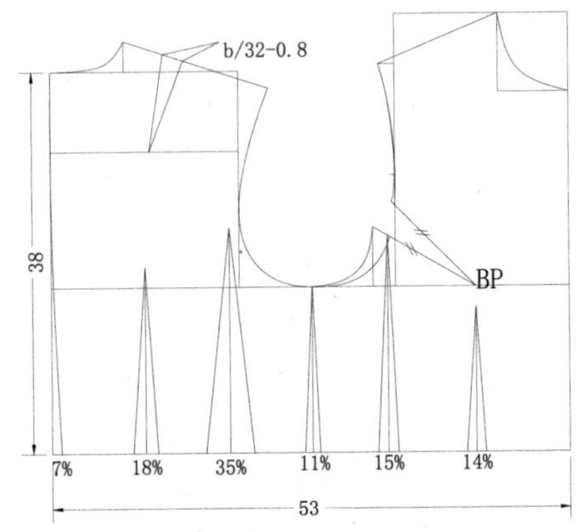

图4-15　绘制袖窿省、肩省和腰省

4.1.3　标注图形

完成结构制图后，对结构图进行规范的标注。

（1）对辅助线和结构点进行规范标注，选中等分线，在功能区中单击【线型控制】按钮，弹出快捷菜单，选择虚线线型，如图4-16所示。

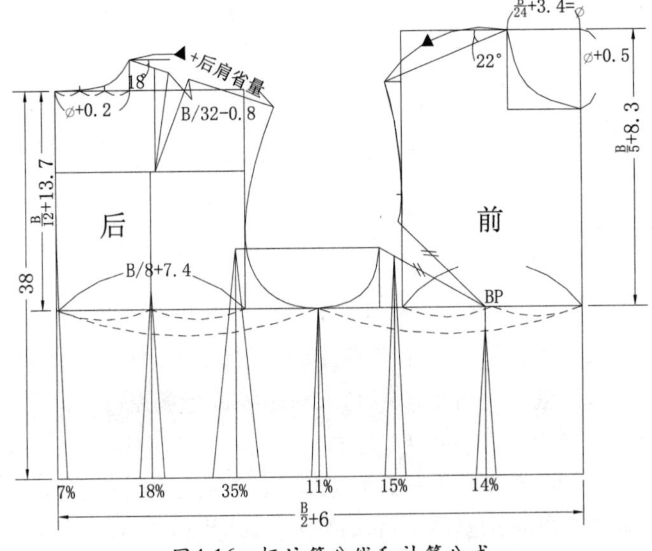

图4-16　标注等分线和计算公式

提示

虚线设置，在系统默认的状态下是没有虚线线型的，所以在弹出的快捷菜单中选择“其他”命令，系统弹出“线型管理器”对话框，如图4-17所示。单击右上角的【加载】按钮，将弹出“加载或重载线型”对话框，如图4-18所示。在该对话框中选择合适的线型，单击【确定】即可加载该线型。

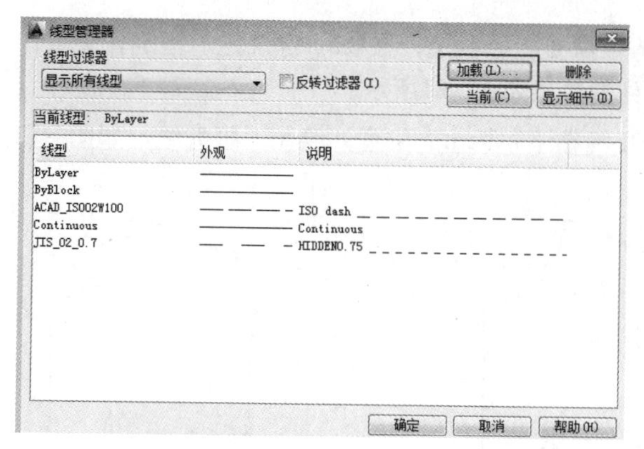

图4-17 “线型管理器”对话框

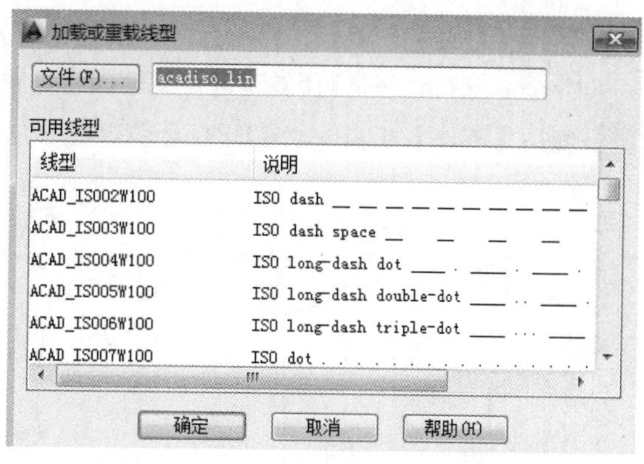

图4-18 “加载或重载线型”对话框

（2）对结构线的线宽进行设置与规范标注。选中裁剪线，在功能区中单击【线宽控制】按钮，弹出快捷菜单，选择合适的线宽，如图4-19所示。

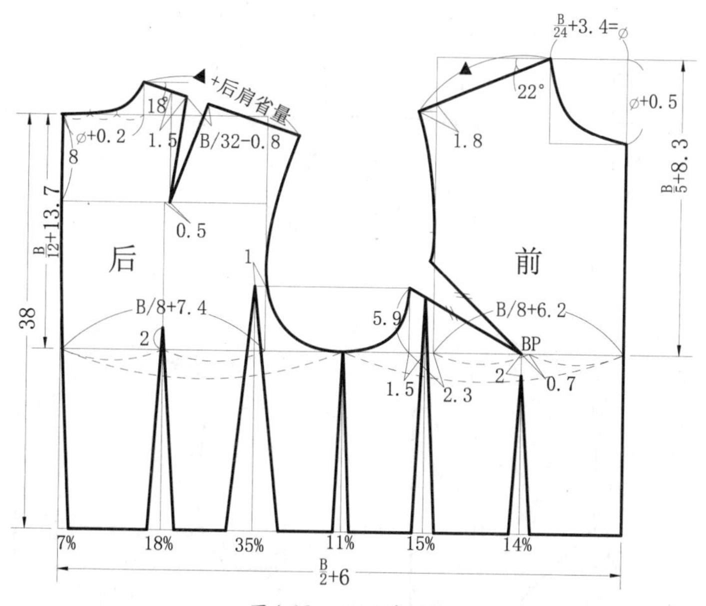

图4-19 设置裁剪线

4.2 文化式女装衣身原型的省道设计与绘制

文化式衣身原型的前片上除了腰省还有胸省。而胸省和腰省无论是放置在什么位置，只要其省尖点是指向胸点，胸部的立体造型就不会改变。在进行省道设计时，只要以BP点为基点，对原型的省道进行旋转，就可以变化出不同的设计。

4.2.1 将袖窿省转移成腋下省

利用AutoCAD 2014，将袖窿省转移成腋下省，步骤如下。

01 在菜单栏中执行【文件/打开】命令，打开绘制好的女上装原型制图，将标示、辅助线和后片进行删除，得到的效果如图4-20所示。

02 使用【旋转】工具，根据命令行的提示，选中需要旋转的边，按Enter键确定，指定省尖点作为基点进行旋转，将b省道进行旋转闭合，得到的效果如图4-21所示。

03 使用【直线】工具，在BP点至侧缝线（从BL线往下7~9cm的位置）绘制一根直线，如图4-22所示。

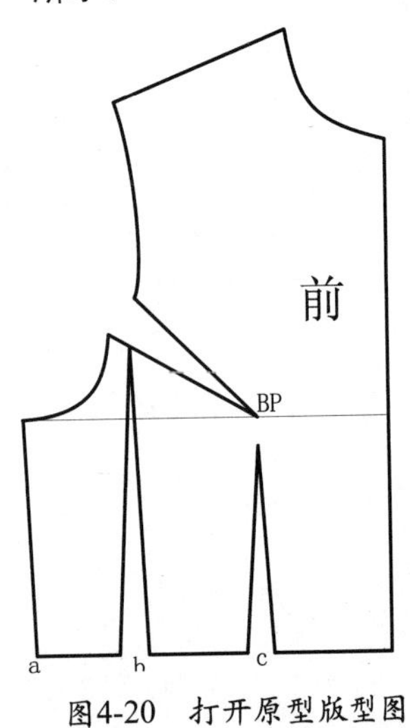

图4-20　打开原型版型图

图4-21　合并b省

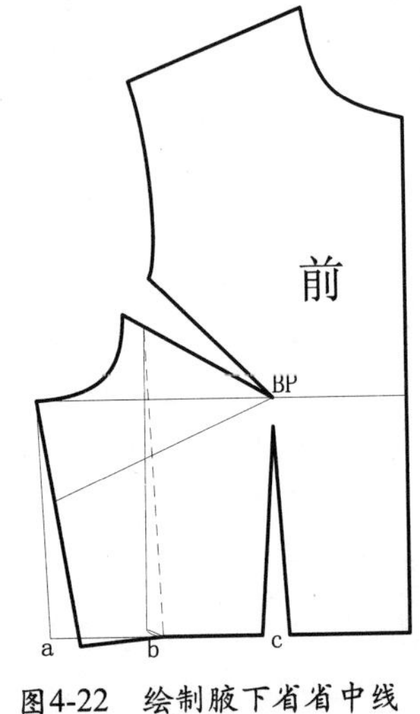

图4-22　绘制腋下省省中线

04 使用【打断于点】工具，将腋下省线与侧缝线相交的点进行打断。

05 使用【旋转】工具，旋转图4-23所示的虚线图形，以BP点为基点进行旋转，至A、B点重合，得到的效果如图4-24所示。

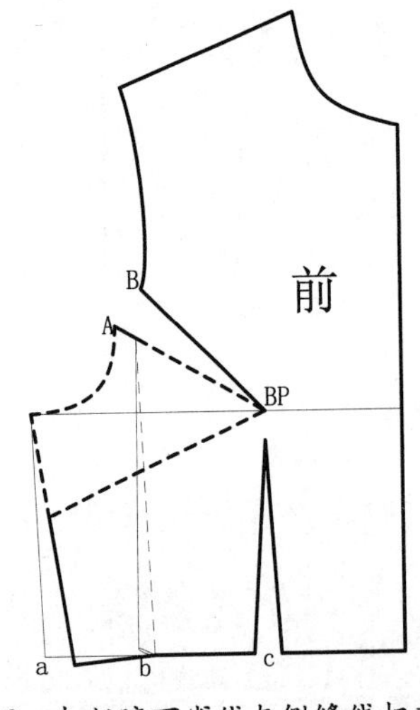

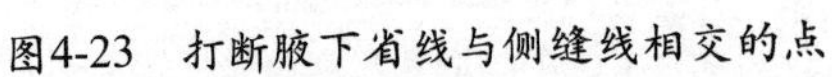

图4-23　打断腋下省线与侧缝线相交的点

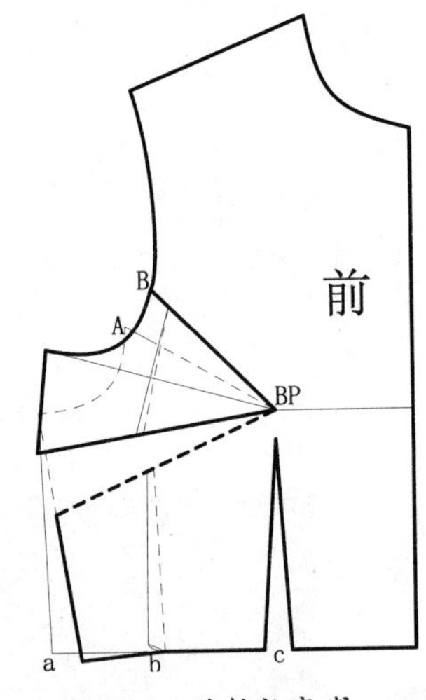

图4-24　旋转袖窿省

06 选中多余的线，按Delete键删除。对线宽、线型进行相应的设置，得到的效果如图4-25所示。

07 使用【圆】工具，以BP点为圆心，绘制出一个半径为2.5cm的圆。将腋下省的省尖移至圆形的边上，得到的效果如图4-26所示，即完成省道转移。

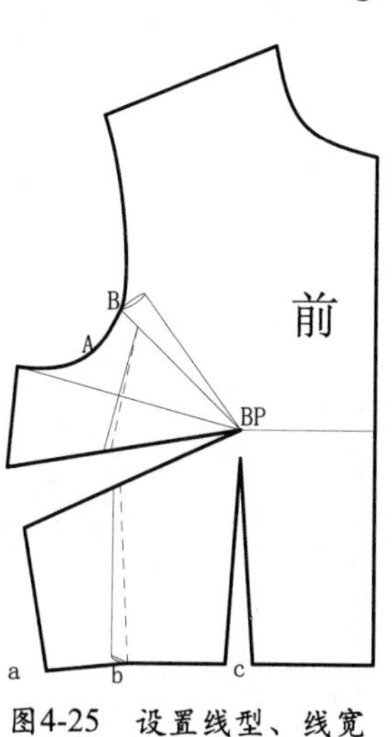

图4-25 设置线型、线宽

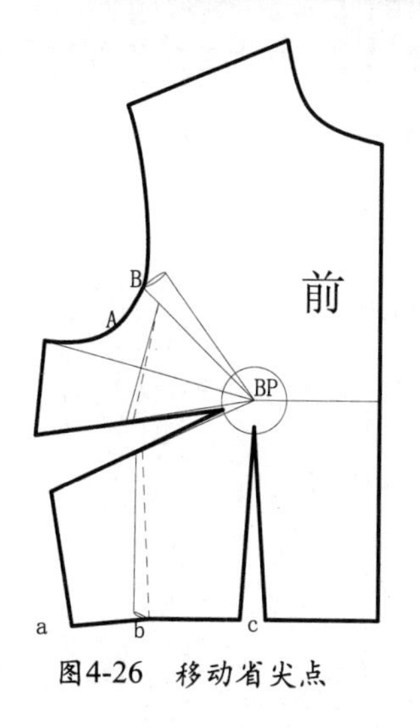

图4-26 移动省尖点

4.2.2 将袖窿省转移成肩省

利用AutoCAD 2014，将袖窿省转移为肩省，步骤如下。

01 打开AutoCAD 2014，参考将袖窿省转移为腋下省的第1～3步绘制（合并b省）。

02 使用【直线】工具，在BP点和肩斜线上随意一点绘制一根直线，如图4-27所示。

03 使用【打断于点】工具，在肩斜线与肩省线相交的点进行打断，如图4-28所示。

04 使用【旋转】工具，选中图4-28所示的虚线图形，以BP点为基点进行旋转，直至A、B点重合，得到的效果如图4-29所示。

05 选中多余的线，按Delete键删除。对线型及线宽进行相应的设置。

06 使用【圆】工具，以BP点为圆心，绘制出一个半径为3cm的圆。将肩省的省尖移动至圆形的边上，得到的效果如图4-30所示，即完成省道转移。

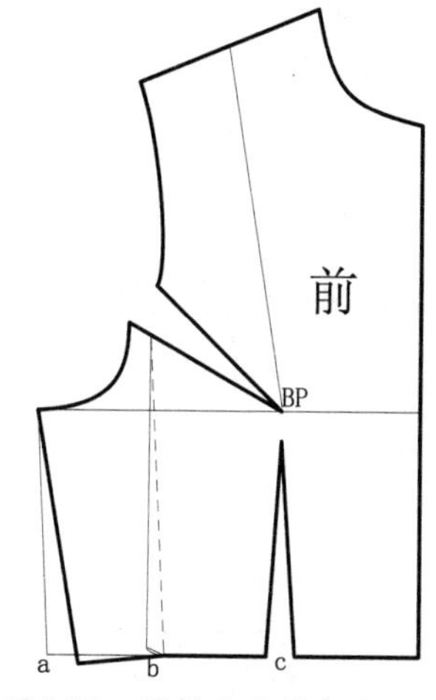

图4-27 绘制肩省省中线

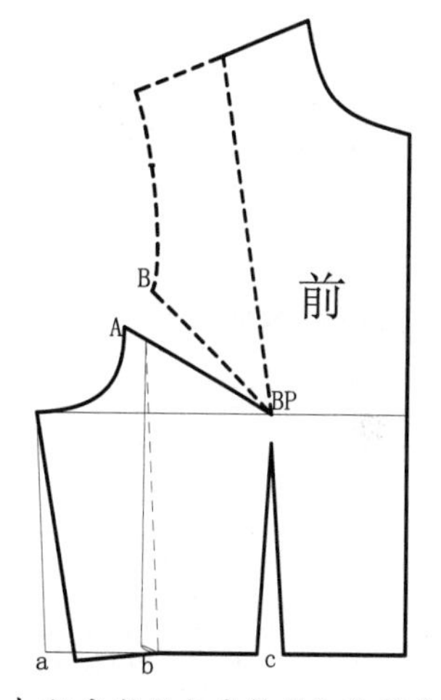

图4-28 打断肩省线与肩斜线相交的点

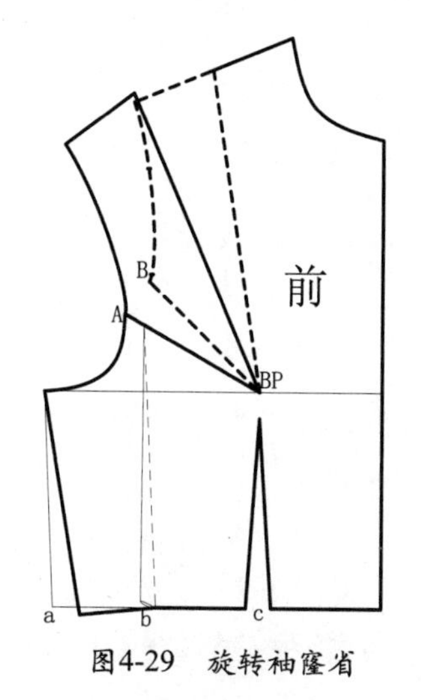

图4-29 旋转袖窿省

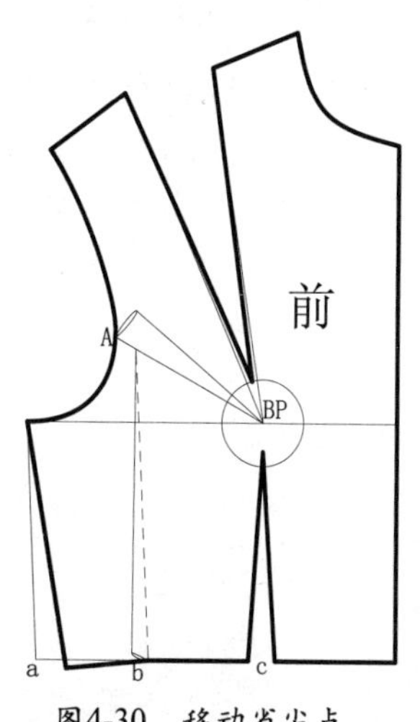

图4-30 移动省尖点

4.2.3 将袖窿省转移成领口省

利用AutoCAD 2014，将袖窿省转移为领口省，步骤如下。

01 使用【直线】工具，在BP点和前领弧线上随意一点绘制一根直线，如图4-31所示。

02 使用【打断于点】工具，在前领弧线与领口省线相交的点进行打断，如图4-32所示。

03 使用【旋转】工具，选中图4-32所示的虚线图形，以BP点为基线进行旋转，直至A、B点重合，得到的效果如图4-33所示。

04 选中多余的线，按Delete键删除。

05 使用【圆】工具，以BP点为圆心绘制一个半径为3的圆，将领口省的省尖移动至圆形的边上，得到的效果如图4-34所示，即完成省道转移。

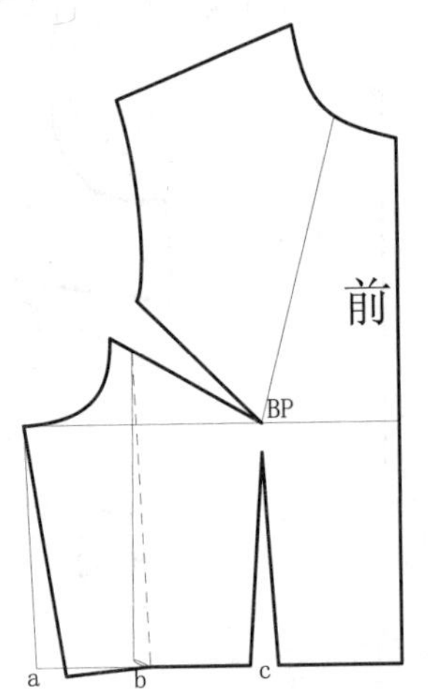

图4-31 绘制领口省省中线

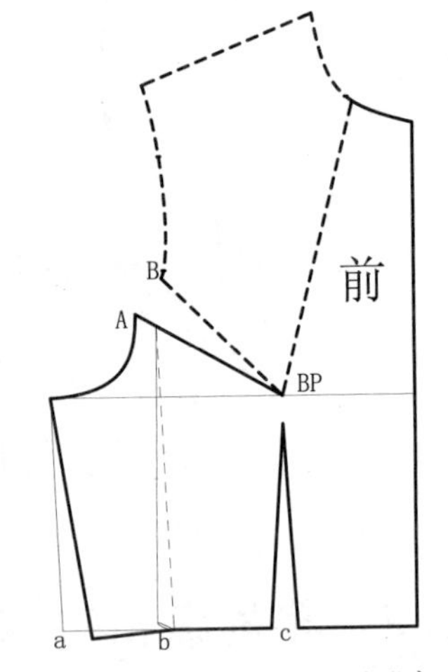

图4-32 打断领口省线与领口弧线相交的点

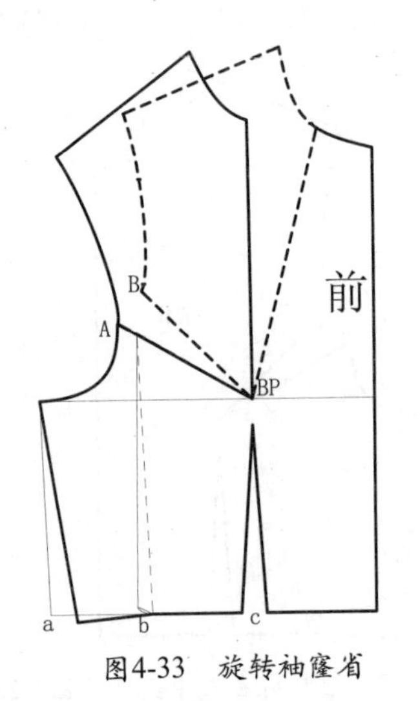

图4-33 旋转袖窿省

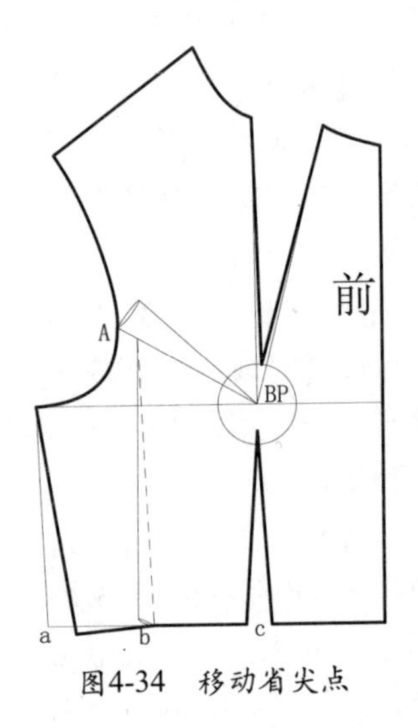

图4-34 移动省尖点

4.2.4 将胸省、腰省转移到分割线处

将胸省、腰省转移到分割线处，成品效果如图4-35所示。

图4-35 成品款式图

利用AutoCAD 2014，将胸省、腰省转移到分割线处，步骤如下。

01 执行【文件/打开】命令，打开绘制好的女上装原型制图，将标示和辅助线删除，如图4-36所示。

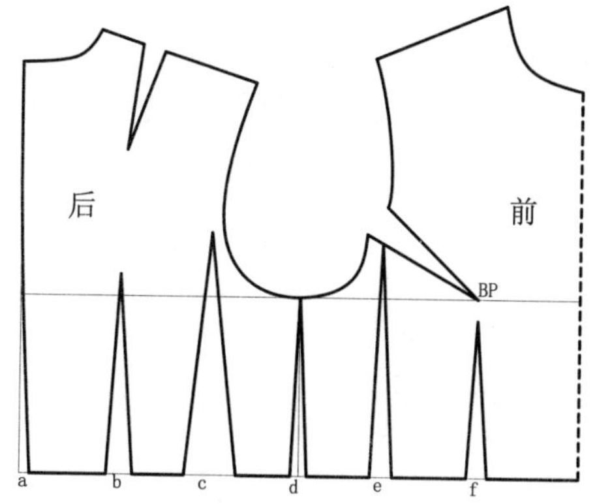

图4-36　删除标示、辅助线

02 使用【样条曲线】工具，在衣片上绘制出分割线的走势，分割线过BP点，如图4-37所示。

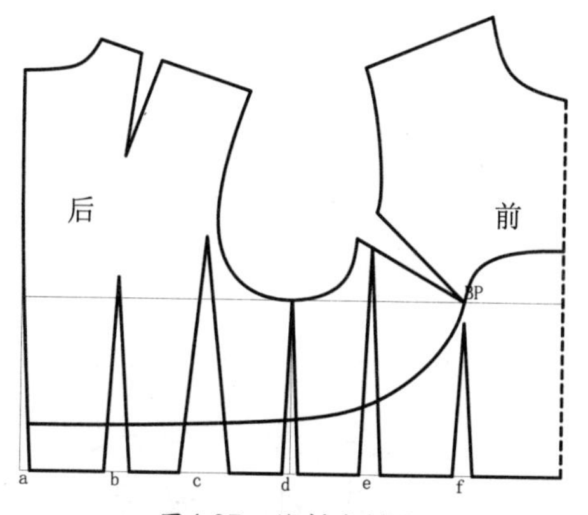

图4-37　绘制分割线

03 使用【复制】工具，选中f腰省的省线，进行复制移动，直至省尖交于分割线，如图4-38所示。

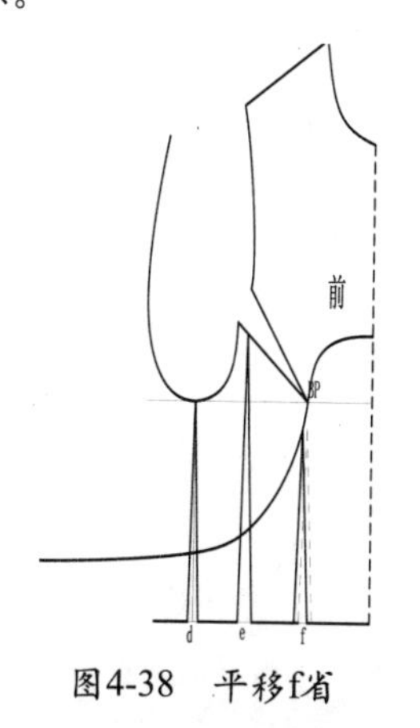

图4-38　平移f省

04 使用【打断于点】工具，对分割线和各腰省线相交的点进行打断。

05 选中分割线在省量中的部分，按Delete键删除。使用【直线】工具，在后片肩省的省尖点与b省尖点绘制一根直线，在c省尖点向右绘制一根直线，交于后袖窿弧线，得到的效果如图4-39所示。

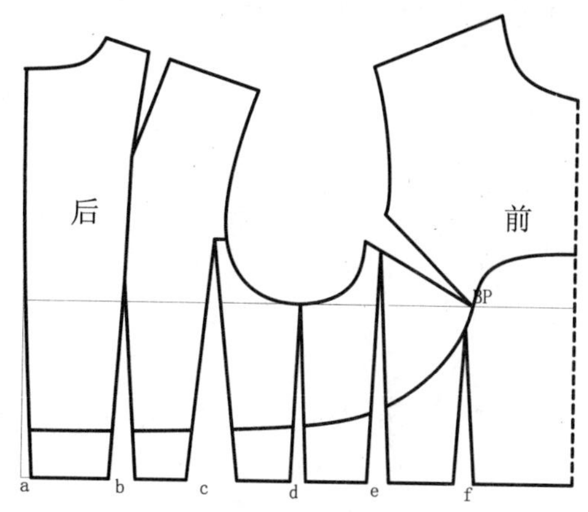

图4-39　打断并删除各省量中的分割线

06 使用【旋转】工具，旋转图4-40所示的虚线部分，以BP点为基点进行旋转，直至f省线重合，得到的效果如图4-41所示。

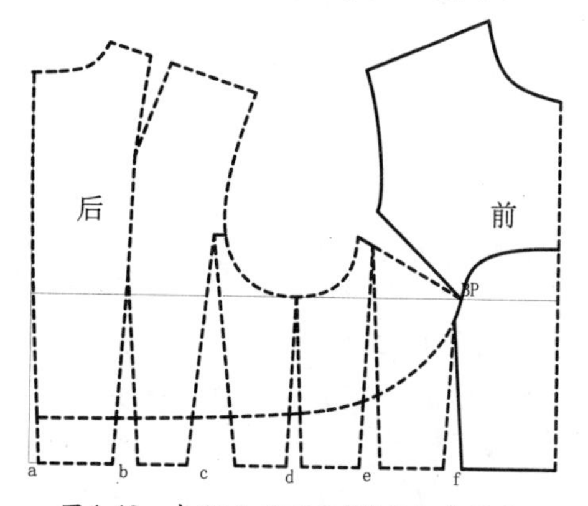

图4-40　打断分割线与f省尖相交的点

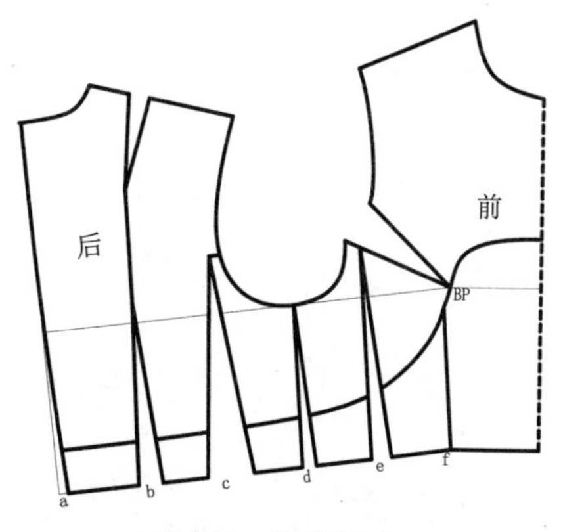

图4-41　转移f腰省

提示

在进行旋转之前，使用【打断于点】工具，将BL线在BP点处打断，BL线与各个腰省相交的点也要进行打断。

07 使用上述相同的方法分别对a、b、c、d、e省道进行旋转，得到的效果如图4-42所示。

08 使用【打断于点】工具，将分割线与各腰省线相交的点进行打断。

09 使用【旋转】工具，选中图4-43所示的虚线图形，以BP点为基点进行旋转，得到的效果如图4-44所示。

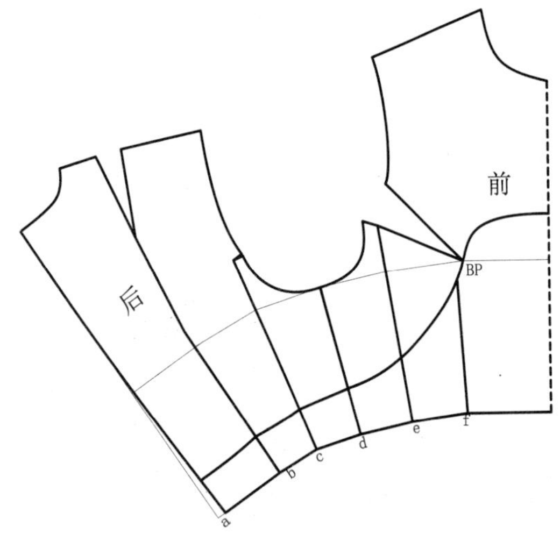

图4-42 腰省转移完效果

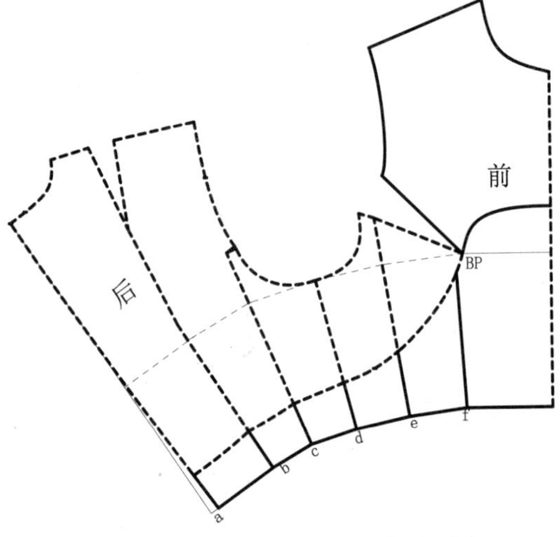

图4-43 打断省与分割线相交的点

提示

e腰省进行旋转时，使用【打断于点】工具，将该省尖与袖窿省相交的点打断，以改点为基点进行旋转；d腰省进行旋转时，以前、后袖窿弧线相交的点为基点旋转；c腰省进行旋转时，使用【打断于点】工具，将从c省尖过的直线与后袖窿弧线相交的点打断，以该点为基点旋转；b腰省旋转时，以后片肩省的省尖点为基点旋转。

10 使用上述相同的方法，以BP点为基点，对前片袖窿省进行旋转、合并，得到的效果如图4-44所示。

11 使用上述相同的方法，以肩省省尖点为基点对后片肩省进行旋转，得到的效果如图4-45所示。

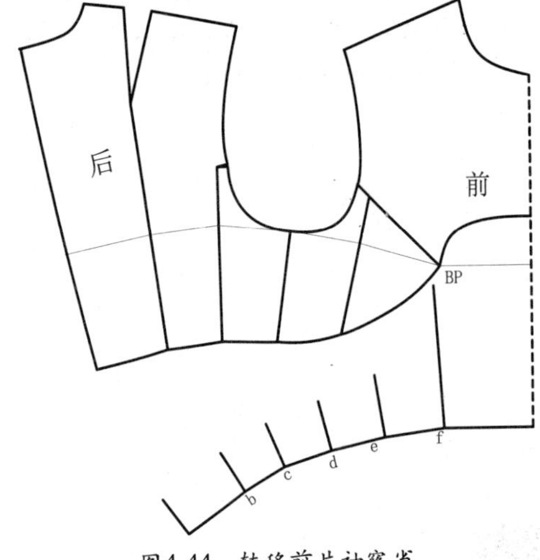

图4-44 转移前片袖窿省

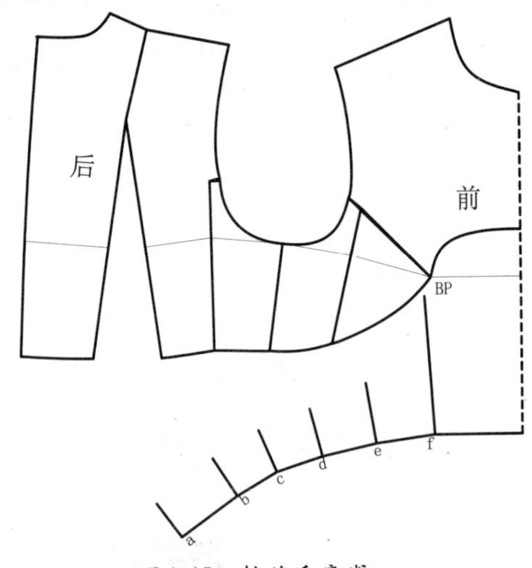

图4-45 转移后肩省

12 使用【直线】工具，在后肩颈点与肩点间，重新绘制后肩斜线。使用【样条曲线】工具，以BP点为起点到后中心线，绘制一根圆顺的曲线，如图4-46所示。

13 使用【直线】工具，将后片没有合并的省量转换为两个褶，如图4-47所示，即完成将省量转为到分割线。

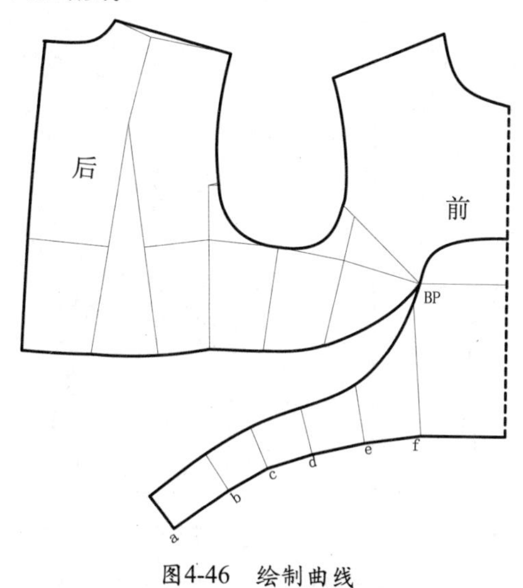

图4-46 绘制曲线

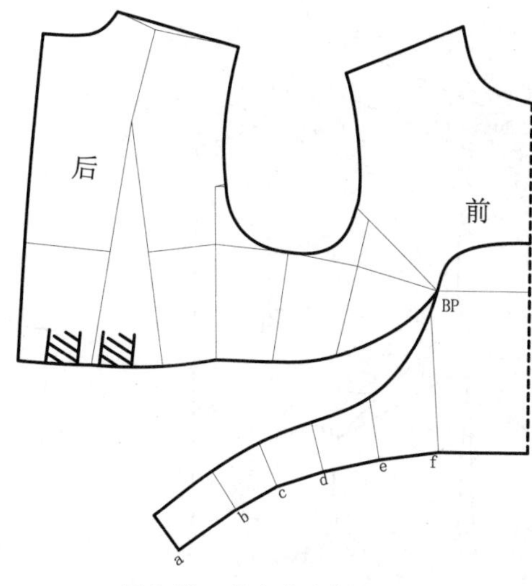

图4-47 在后片绘制褶

4.3 文化式女装衣身原型的褶裥设计

利用文化式女装衣身原型省道的转移和消除，在保持立体感的同时，将转移的省量转至开褶裥的部位变化出多种设计。

将省道量转变为褶裥

将省道量转变为褶裥成品效果，如图4-48所示。

利用AutoCAD 2014，将省道量转变为褶裥，步骤如下。

01 执行【文件/打开】命令，打开女上装原型图。将后片标示及辅助线删除，得到的效果如图4-49所示。

02 使用【偏移】工具，将肩斜线向下偏移3cm，使用【修剪】工具和【延伸】工具进行修改，得到的效果如图4-50所示。

图4-48 成品效果图

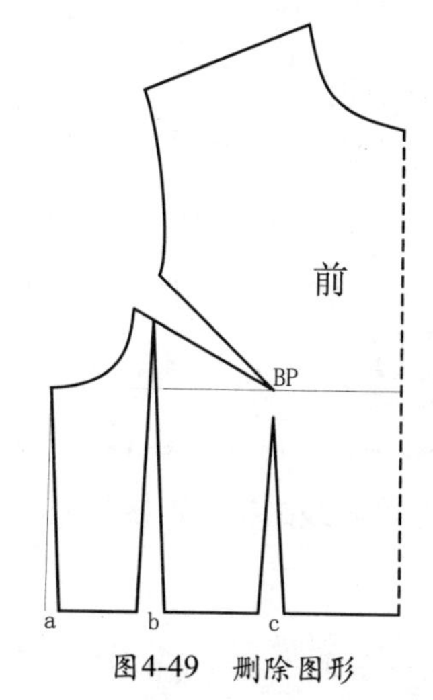

图4-49 删除图形

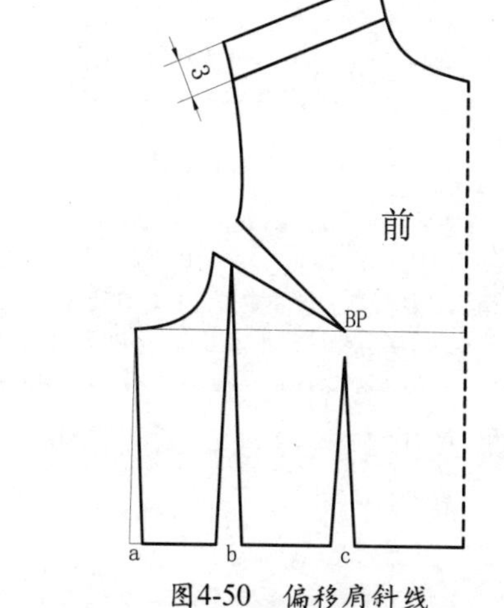

图4-50 偏移肩斜线

03 使用【打断与点】工具，将偏移出的直线与领口弧线和袖窿弧线相交的点打断。

04 使用【镜像】工具，选中图4-51所示的虚线图形，按Enter键确定，指定镜像线第一点SNP，第二点SP，得到的效果如图4-52所示。

05 使用【直线】工具，连接肩斜线的中点和BP点，绘制一根直线，如图4-53所示。

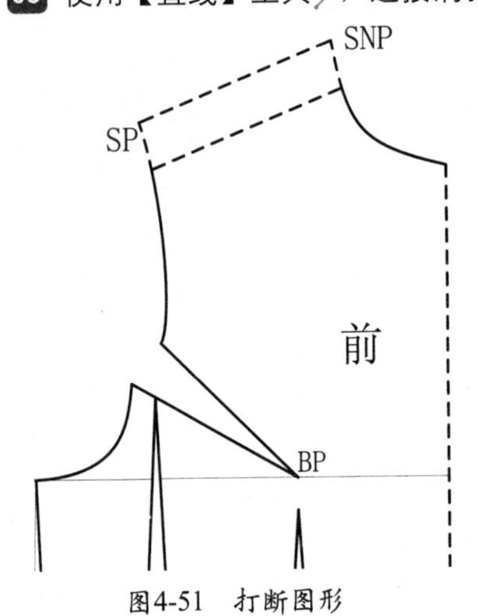

图4-51 打断图形

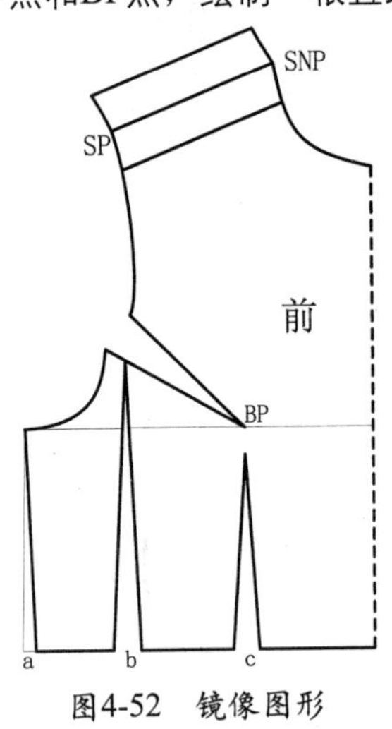

图4-52 镜像图形

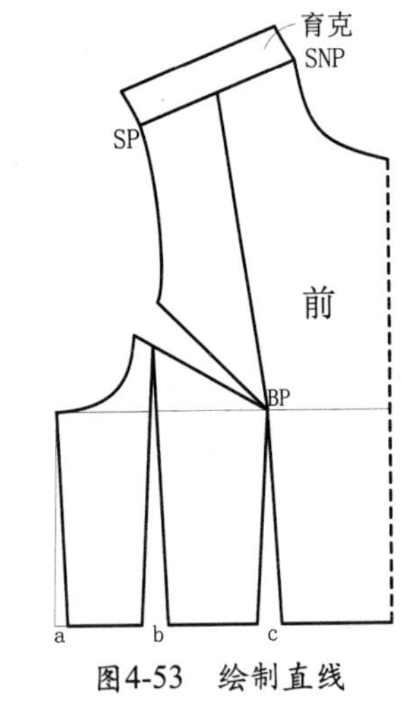

图4-53 绘制直线

06 将c省的省尖点拉至BP点。使用【打断于点】工具，将上一步绘制的直线与肩斜线相交的点打断，如图4-54所示。

07 使用【旋转】工具，选中图4-54所示的虚线图形，以BP点为基点进行旋转，得到的效果如图4-55所示。

08 使用相同的方法，将b省和袖窿省进行旋转，得到的效果如图4-56所示。

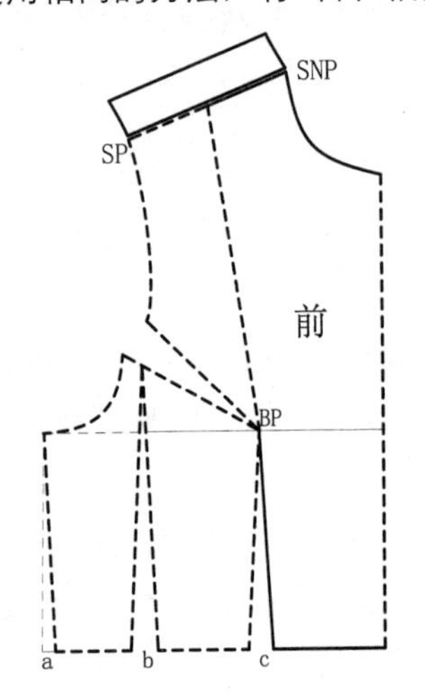

图4-54 在肩斜线终点打断

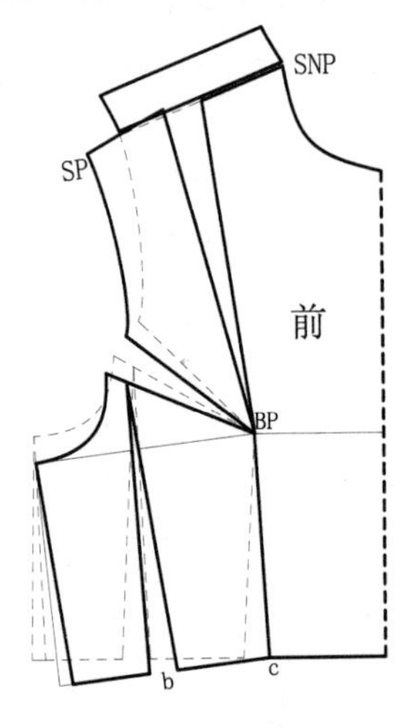

图4-55 旋转c省道

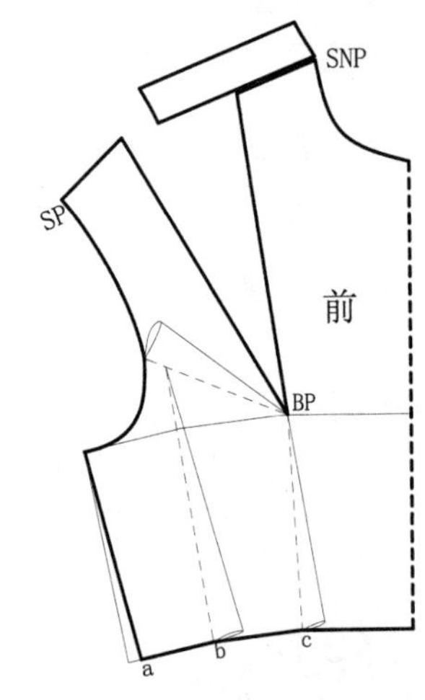

图4-56 旋转b省道和袖窿省

提 示

b省道进行旋转前，使用【打断于点】工具，将b省道的省尖点与袖窿省相交的点打断，以该点为基点进行旋转。

09 使用【直线】工具，将SNP点与肩斜线的中点连接起来，如图4-57所示，即完成将省量转移为褶裥。

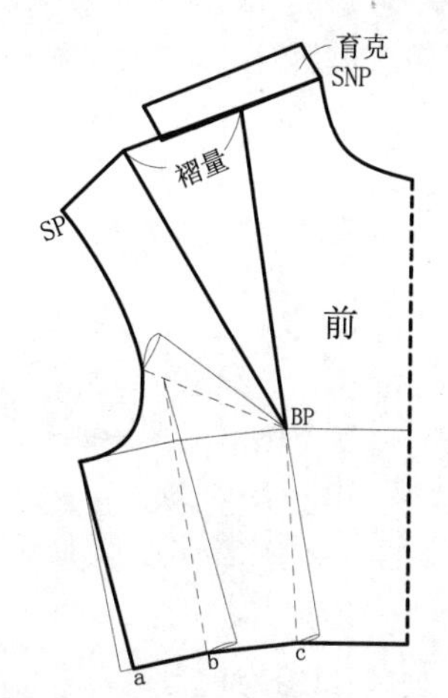

图4-57 连接SNP点与肩斜线点

4.4 本课小结

通过学习省道的转移和省道与褶裥间的变化，了解到省、褶、裥对女装设计的重要性，能够灵活地转移和变化省道。

第5课 AutoCAD女上装结构设计与绘制

现代女装款式变化无穷，结构也随之变得复杂多样，对于一些贴体、修身造型款式的上装更加关注版型。对此要求结构设计师素质越高，既要了解人体的基本结构，又要熟悉人体的表面特征。随着科技的快速发展，利用AutoCAD 2014软件能够快速、准确地绘制出服装结构纸样。

【本课知识】

★ 掌握利用AutoCAD绘制女上装结构图

★ 利用【打断于点】工具，对线段进行打断处理

★ 利用【LIST】命令，测量出某线段的长度值

★ 变化女上装结构图赏析

5.1 女上装的结构设计要点

女装随着季节、穿着场合的不同，对其服装的结构设计与变化有着重要的影响。女上装主要的表现形式有3种：其一为贴体类；其二为合体类；其三为宽松类。其结构设计主要是领型、袖型、分割线以及省道的设计。

女上装基本型

女上装基本型的规格尺寸表，如图5-1所示。

成品规格尺寸表　　号型：160/84A　　单位：cm

部位 分类	胸围	腰围	臀围	颈围	肩宽	衣长	袖长
净尺寸	84	66	90	34	38	72	50.5
成品尺寸	92	72	104	36	38	72	54

图5-1　女上装基本型规格尺寸表

女上装基本型的结构制图，如图5-2所示。

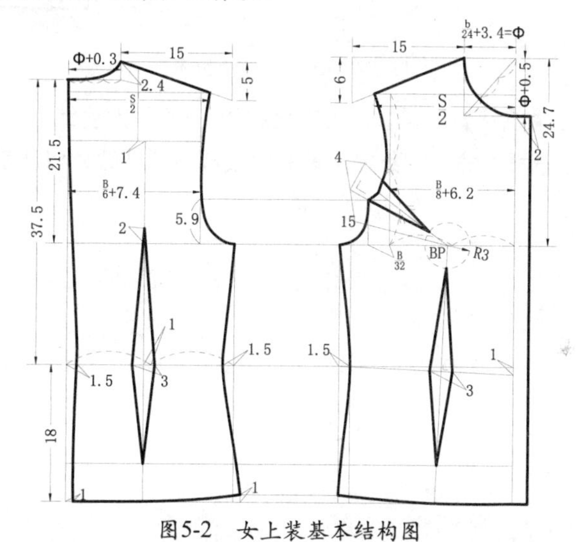

图5-2　女上装基本结构图

5.2 女士衬衫结构制图与样板

女士衬衫的款式变化越来越丰富，其结构更是复杂多样。在结构上，对于一些贴体、修身X造型款式的衬衫更加注重版型设计。

女士衬衫结构制图

利用AutoCAD 2014绘制女士衬衫结构图，步骤如下。

01 打开AutoCAD 2014，创建规格尺寸表，如图5-3所示。

成品规格尺寸表　　号型：160/84A　　单位：cm

部位 分类	胸围	腰围	臀围	颈围	肩宽	衣长	袖长
净尺寸	84	66	90	34	38	72	50.5
成品尺寸	92	72	104	36	38	72	54

图5-3　女士衬衫尺寸表

02 女士衬衫款式图，如图5-4所示。

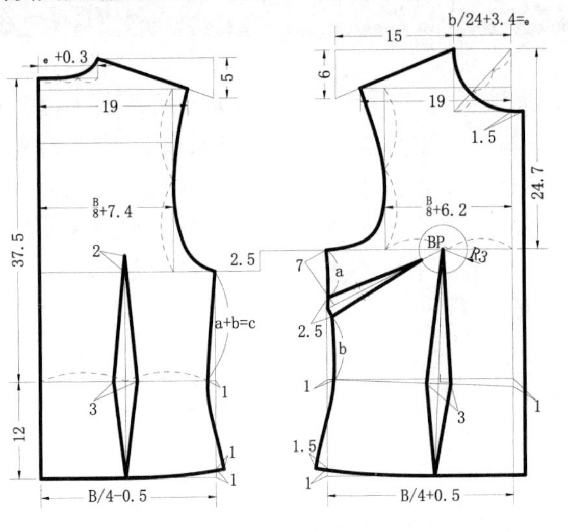
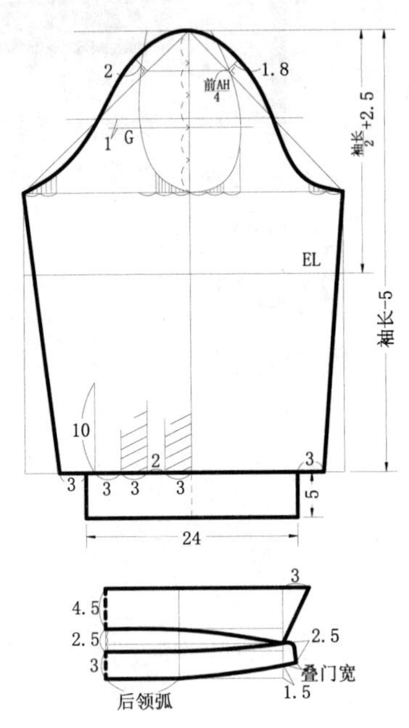

图5-4 女士衬衫结构图

03 使用【直线】工具和【偏移】工具，绘制出如图5-5所示围度线。

04 使用【直线】工具和【偏移】命令，绘制出前胸宽线和后背宽线，以及前后胸围，如图5-6所示。

图5-5 绘制围度线

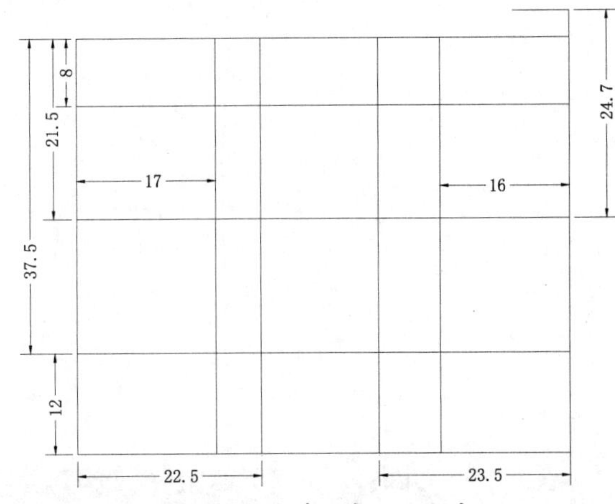

图5-6 绘制前胸宽和后背宽线

05 使用【偏移】命令和【修剪】命令，在前后片分别绘制出领深线和领宽线，如图5-7所示。

06 使用【直线】工具，从肩颈点向袖窿方向绘制一根长15cm的水平直线，再前片向下6cm，后片向下5cm。连接肩颈点和5cm点和6cm点，绘制前后片的肩斜线，得到的效果图5-8所示。

07 使用【打断于点】工具，在落肩深线的1/2点进行打断。

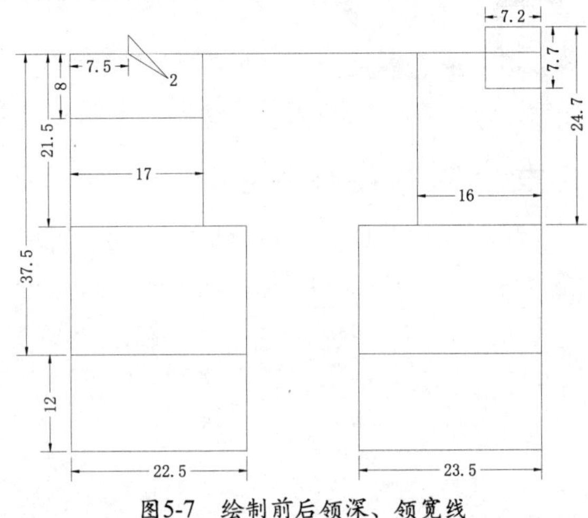

图5-7 绘制前后领深、领宽线

08 使用【样条曲线】工具，绘制出前后袖窿弧线，得到的效果如图5-9所示。

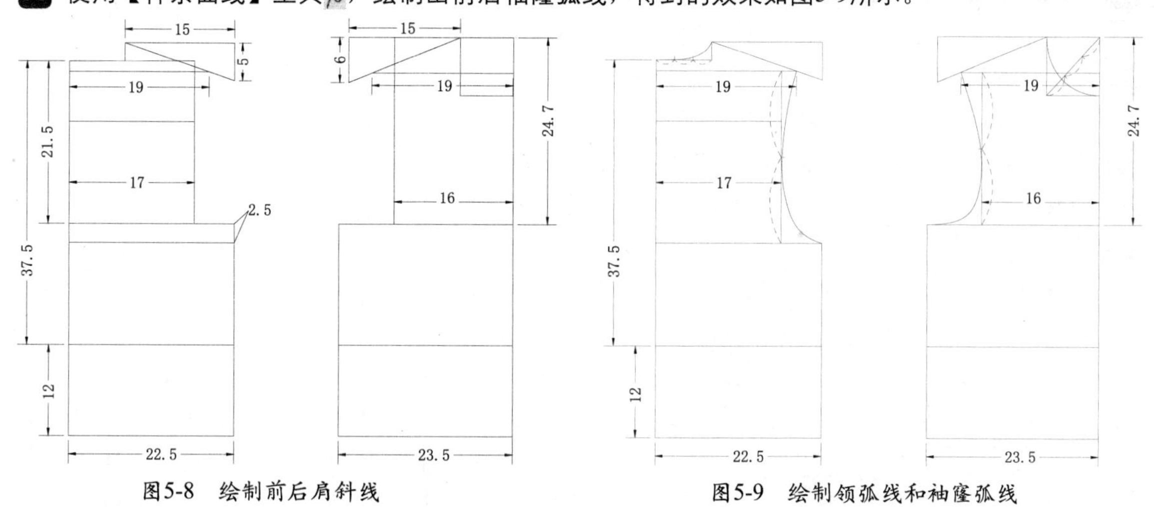

图5-8 绘制前后肩斜线

图5-9 绘制领弧线和袖窿弧线

09 使用【直线】工具，在前胸宽的1/2点向下绘制一根直线。使用【偏移】工具，将该直线向左偏移0.7cm，即BP点，如图5-10所示。

10 使用【偏移】工具，参考图5-11所示的数据，对底边和侧缝线进行偏移。

11 使用【样条曲线】工具，绘制出前后侧缝线和底边。

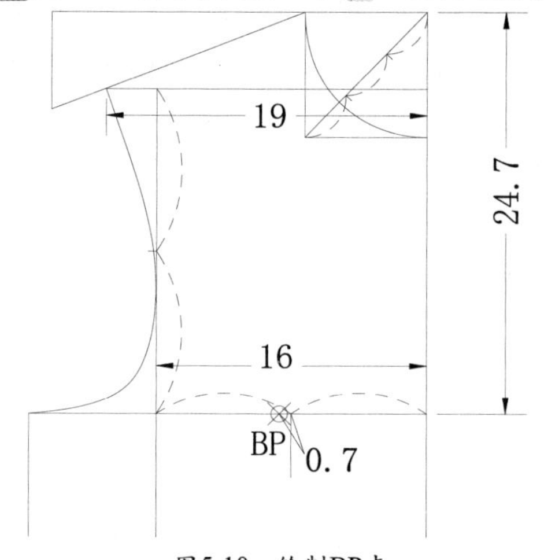

图5-10 绘制BP点

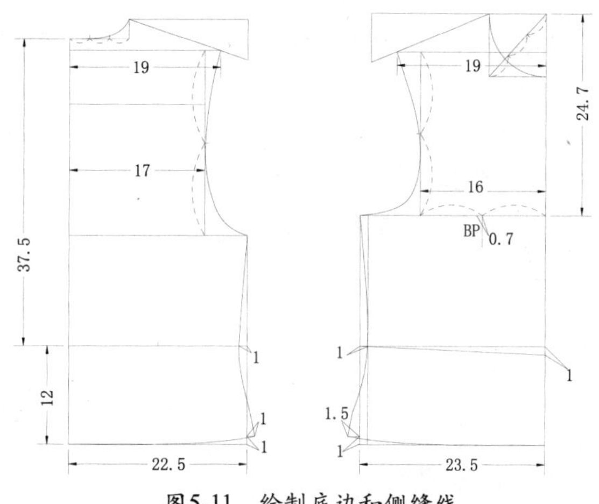

图5-11 绘制底边和侧缝线

12 使用【偏移】工具，将前片的腰围线向下偏移1cm。使用【直线】工具，在1cm直线的右端点和腰围线的左端点间绘制一根斜线。

13 使用【直线】工具，在上一步在前片上绘制的斜线上绘制一根垂线，交于BP点。

14 使用【圆】工具，分别以后片腰围线的中点，以及前片省线与斜线相交的点以圆心，绘制出一个半径值为1.5cm的圆。

15 使用【直线】工具，绘制腰省，得到的效果如图5-12所示。

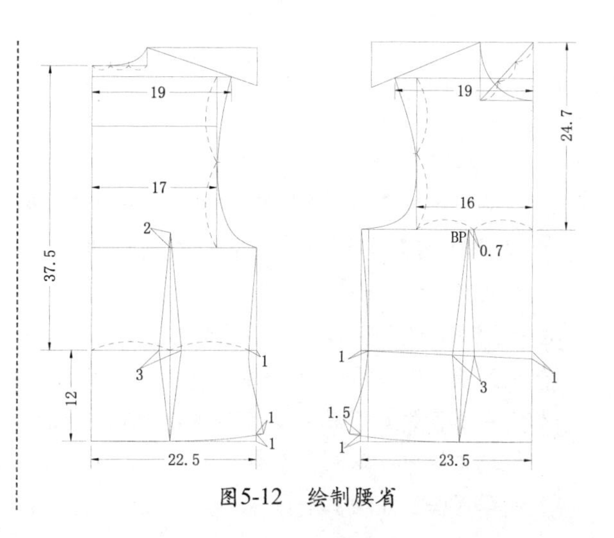

图5-12 绘制腰省

16 绘制腋下省。使用【偏移】工具，将胸围线向下偏移7～9cm（这里偏移7cm）。

17 使用【直线】工具，从BP点到7cm线与侧缝线相交的点绘制一根直线。

18 使用【圆】工具，以BP点位圆心，绘制一个半径值为3cm的圆，以7cm线与侧缝线相交的点为圆心，绘制一个半径值为1.25cm 的圆。

19 使用【直线】工具，绘制出腋下省，得到的效果如图5-13所示。

20 对女士衬衫进行线宽设定、辅助线和结构点的规范标注，如图5-14所示。

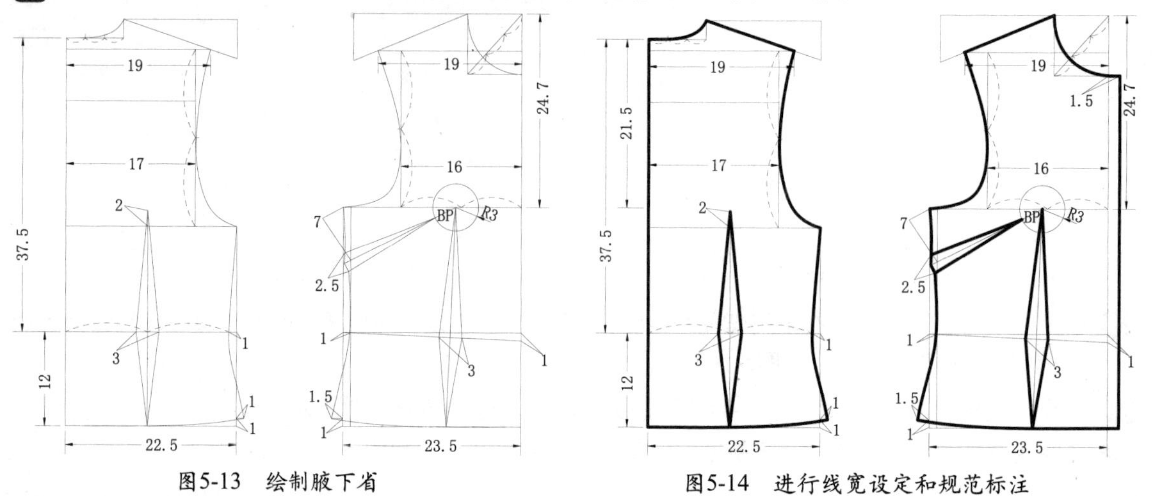

图5-13 绘制腋下省　　　　图5-14 进行线宽设定和规范标注

21 绘制衣袖。使用【复制】工具，复制出前后衣片，将多余的线进行删除，得到的效果如图5-15所示。

22 使用【直线】工具，以腋下省的省尖点为起点，过BP点向前片随意绘制一根直线。

23 使用【旋转】工具，将腋下省进行合并（参考）。

24 在菜单栏中执行【绘图/点/定数等分】命令，将线段AB分成6等份，去5/6处，作为袖山高，如图5-16所示。

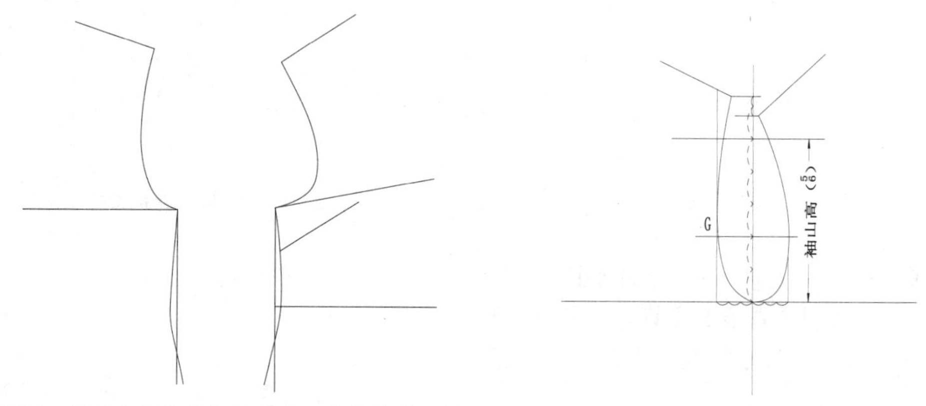

图5-15 复制衣片进行相应删除，再合并腋下省　　　　图5-16 绘制袖山高

25 使用【圆】工具，以袖山顶点为圆心，绘制出一个半径值为前AH和一个半径值为（前AH+1+0.2）的圆。

26 使用【直线】工具，绘制出袖肥线、袖肘线和袖子底边线，如图5-17所示。

27 在菜单栏中执行【绘图/点/定数等分】命令，将前片上的袖肥线分成4等份。

28 使用【直线】工具，在1/4等份处向左绘制一根直线，交于后袖肥线。分别以前后袖肥线上的交点为端点，绘制两根垂线，前片1.8cm，后片2cm。

29 使用【样条曲线】工具，绘制袖窿弧线，如图5-18所示。

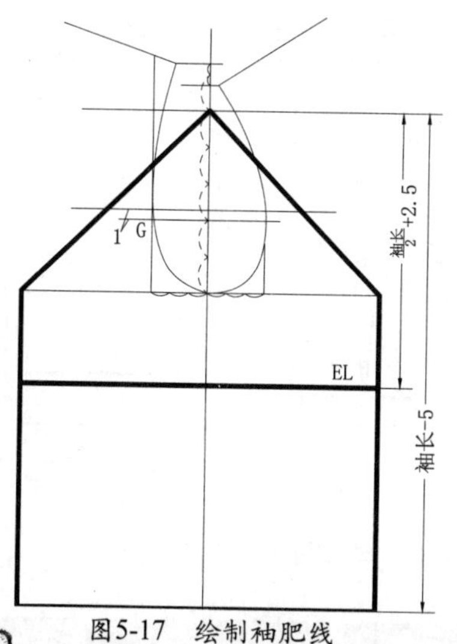

图5-17　绘制袖肥线

图5-18　绘制袖窿弧线

提示

在命令行输入"list"命令，按Enter键确定，单击前袖窿弧线，按Enter键，弹出的对话框中出现袖窿弧线的长度。使用相同的方法测量后袖窿弧线。

30 使用【偏移】工具，将袖子的底边线向下偏移5cm。

31 绘制褶和袖衩。使用【偏移】工具，将袖中心线的数据进行偏移，再进行长短修改。

32 使用【圆】工具，以袖中心线与底边的交点为圆心绘制一个半径值为12的圆。

33 使用【直线】工具，绘制出袖克夫，如图5-19所示。

34 使用【删除】工具，将多余的辅助线进行删除。进行线宽设定和规范标注，得到的效果如图5-20所示。

35 绘制衣领，得到的效果如图5-21所示。

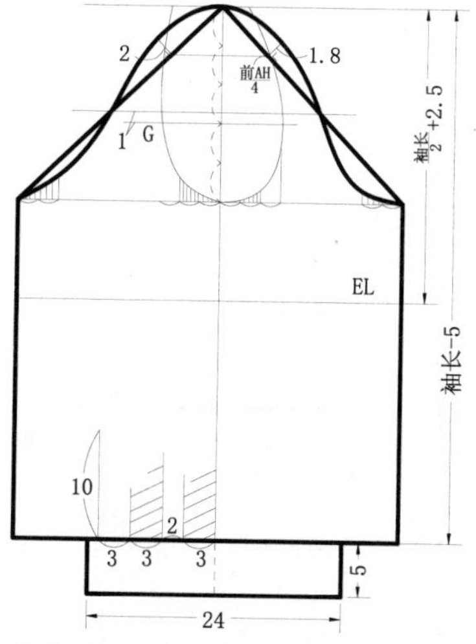

图5-19　绘制袖衩、褶和袖克夫

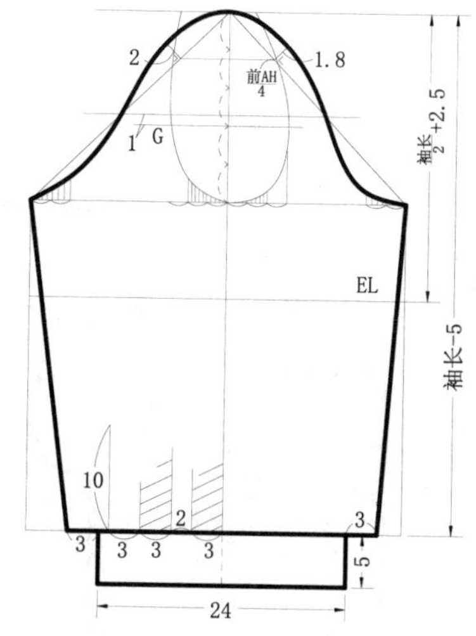

图5-20　进行规范标注

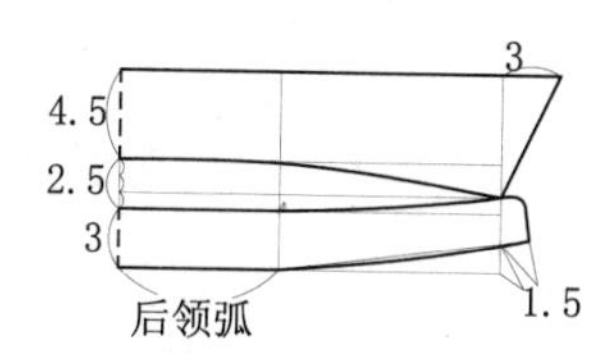

图5-21　绘制衣领

提示

在绘制衣领前，执行"list"命令，测量出前、后领弧的长度。在测量前领弧时，要减去叠门宽。

36 使用【移动】工具，将绘制好的衣片进行摆放，即完成女衬衫结构图的绘制，如图5-22所示。

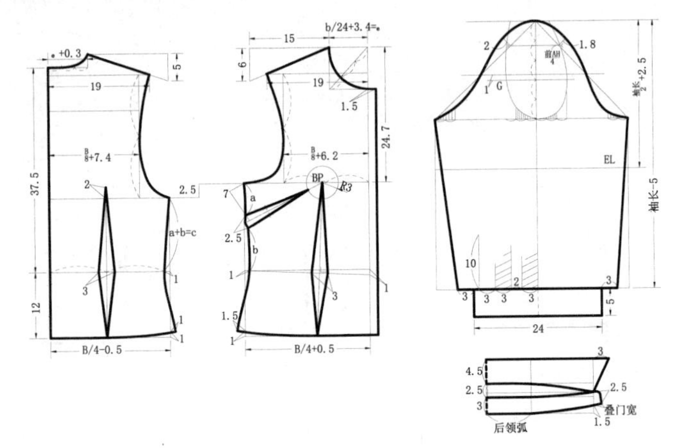

图5-22 进行结构图排列

5.3 女士时装衬衣的变化形式2～4款

变化款式（一）：短袖蝴蝶结领衬衫，款式图如图5-23所示。

图5-23 蝴蝶结领衬衫款式图

短袖蝴蝶结领衬衫结构图，如图5-24所示。

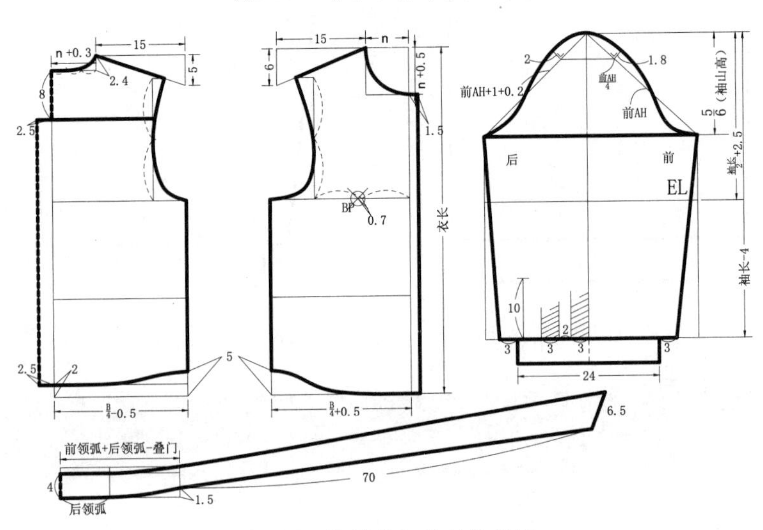

图5-24 蝴蝶结领衬衫结构图

变化款式（二）：塔克褶分割线无袖衬衫，款式图如图5-25所示。

图5-25 塔克褶无袖衬衫款式图

塔克褶分割线无袖衬衫结构制图，如图5-26所示。

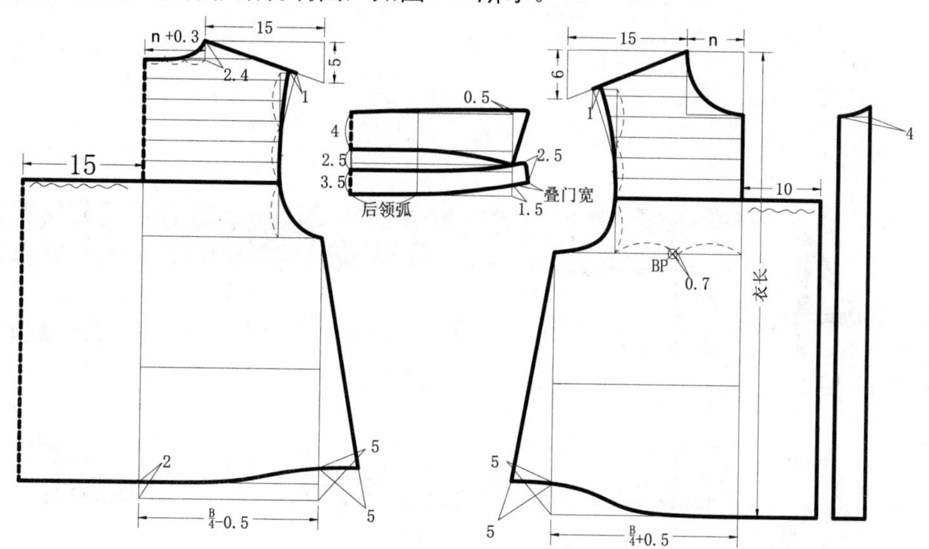

图5-26 塔克褶无袖衬衫结构图

塔克褶展开图如图5-27所示。

变化款式（三）：刀背缝修身衬衫，其款式图如图5-28所示。

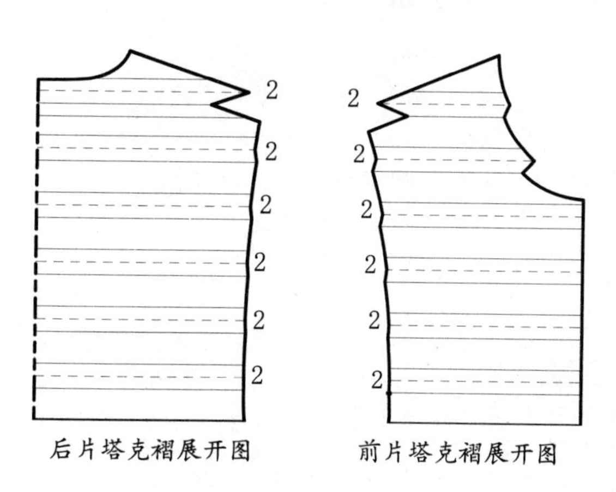

图5-27 塔克褶展开图

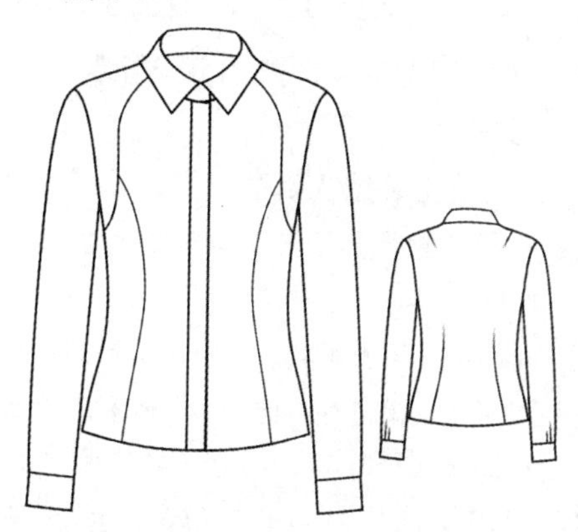

图5-28 刀背缝修身衬衫款式图

刀背缝修身衬衫结构制图，如图5-29所示。

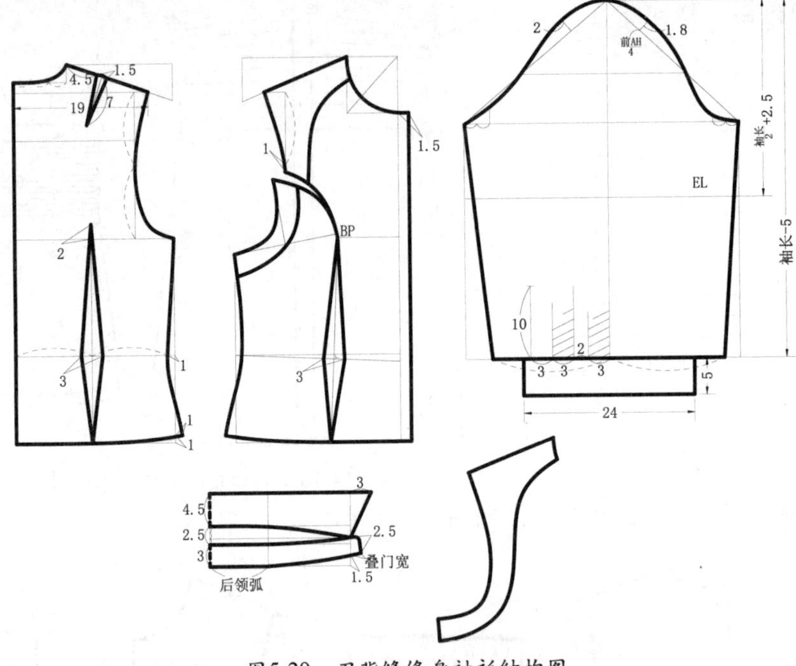

图5-29 刀背缝修身衬衫结构图

5.4 本课小结

本课主要介绍女上装结构设计要点及结构制图，通过本课的学习，读者能够掌握女上装的结构设计，能根据不同的款式绘制出结构图。

5.5 课后练习

5.5.1 练习一：进行无袖休闲衬衫结构绘制

该练习的款式图如图5-30所示。

步骤提示如下。

01 打开女上装结构制图。

02 利用【删除】工具，对女上装进行相应的删除操作。

03 利用【偏移】工具，偏移出新的衬衫尺寸。

04 利用【旋转】工具，对袖窿省进行合并，开出褶量在领口；将腰省转为腋下省。

05 利用【样条曲线】工具，绘制侧缝线和底边。

06 绘制后片结构。

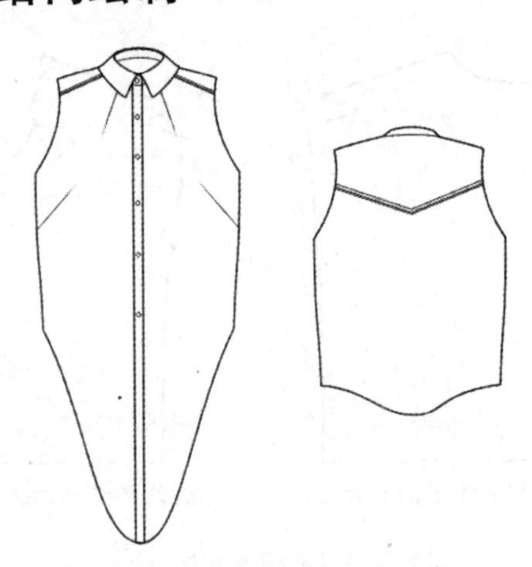

图5-30 无袖休闲衬衫款式图

5.5.2 练习二：进行连身袖衬衫结构绘制

该练习的款式图如图5-31所示。

步骤提示如下。

01 打开女士衬衫结构制图。

02 利用【旋转】工具，合并省道，将省量转至领口。

03 利用【直线】工具和【圆】工具，确定袖长和袖边线。

04 利用【样条曲线】工具，绘制连身线。

05 绘制后片结构。

06 绘制衣领。

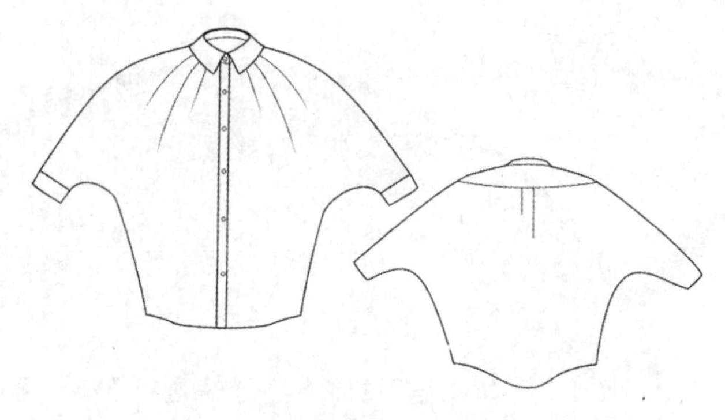

图5-31 连身袖衬衫款式图

第6课 AutoCAD裙装结构设计与绘制

根据裙子的整体形态来进行分类，可以大概分为：直筒裙、半紧身裙、褶裥裙、加入分割的裙子以及多节裙等。在进行结构设计时，要考虑到运动时所产生的腰围和臀围的尺寸变化，以及步行时必须的下摆尺寸。

【本课知识】

★ 了解裙装的结构设计分类

★ 掌握利用AutoCAD对直筒裙、半紧身裙、时装裙进行结构设计

★ 利用【修剪】工具，确定边线，对多余的线段进行删除

★ 利用【分解】工具，对矩形进行分解

★ 利用【偏移】工具，对指定图形，输入指定距离进行平行移动

6.1 裙子结构分类

裙子是覆盖人体下半身的一种服装。用筒型或圆台型包裹两条腿。裙子的分类如下所述。

★ 按腰位高低：低腰裙、无腰裙、腰带裙、高腰裙等。

★ 按裙外形： 直筒裙、半紧身裙、A字裙、圆裙等。

★ 按裙片数：一片裙、四片裙、多片裙、节裙等。

★ 按褶的类别：单向褶裙、对褶裙、碎褶裙等。

6.2 裙子结构制图与样板

裙子的造型变化多种多样，而其制图的基本理论，可以从接近圆柱体造型的筒裙进行研究。将裙子的造型归纳为单纯的立体几何造型，再由此获得平面展开纸样的构成因素，并求得与之相应的人体数据，在此基础上得到绘制裙装结构图的理论。

6.2.1 绘制直筒裙结构图

如图6-1所示，为构成裙子外包围的圆柱体，为直筒裙的基本立体形态。由此可以看出直筒裙立体的上部与人体之间存在着一定的空隙。为了让其贴合人体，则需要在腰部利用省道及其他方法使之与人体相贴合。

利用AutoCAD 2014绘制直筒裙结构图，步骤如下。

01 打开AutoCAD 2014，创建规格尺寸表，如图6-2所示。

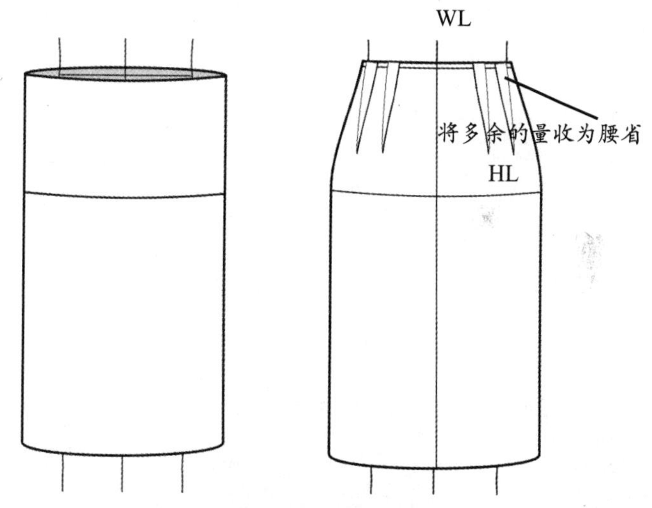

图6-1 直筒裙构成

成品规格尺寸表 号型：160/66A 单位：cm

分类 \ 部位	腰围	臀围	臀长	裙长
净尺寸	66	90	18	50
成品尺寸	68	92-94	18	50-60

图6-2 直筒裙尺寸表

02 根据上述表格设定的尺寸进行绘制。使用【矩形】工具，在绘制图区拾取一点，在命令行输入“D”命令，按Enter键确定，根据命令行提示，分别输入长度（裙长=55）和宽度（H/2+2），单击鼠标完成矩形绘制。

03 使用【分解】工具，框选中矩形，按Enter键完成分解矩形。

04 使用【偏移】工具，输入要偏移的数值（18cm），按Enter键。选中要偏移的线（腰围线），将鼠标向下拖移单击，即将腰围线向下偏移18cm，得到最后的效果如图6-3所示。

05 使用【偏移】工具，偏移出前后片的腰围宽和侧缝线，如图6-4所示。

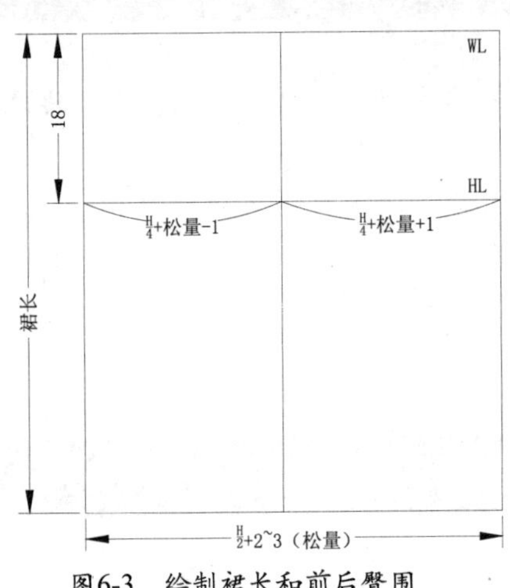

图6-3 绘制裙长和前后臀围

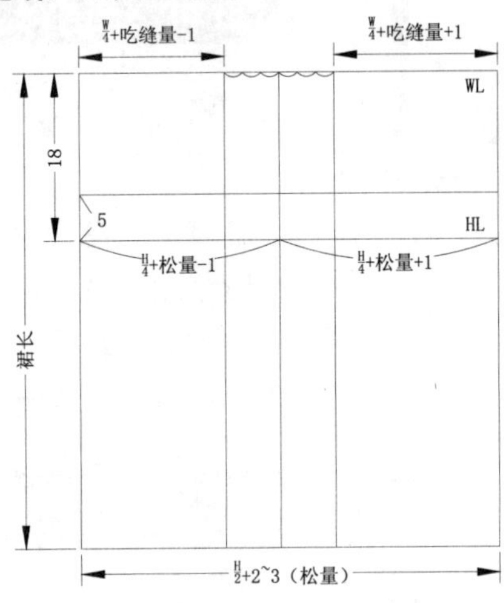

图6-4 确定腰围宽

06 使用【样条曲线】工具，绘制出前后片腰头曲线和侧缝线，得到效果如图6-5所示。

07 使用【直线】工具，绘制出前后片上的腰省，得到的效果如图6-6所示。

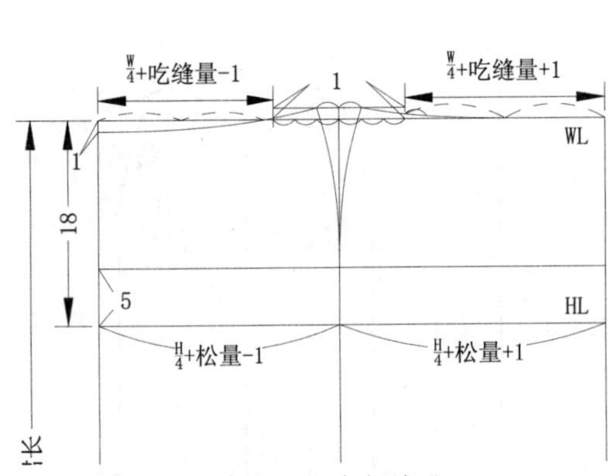

图6-5 绘制腰围线和侧缝线

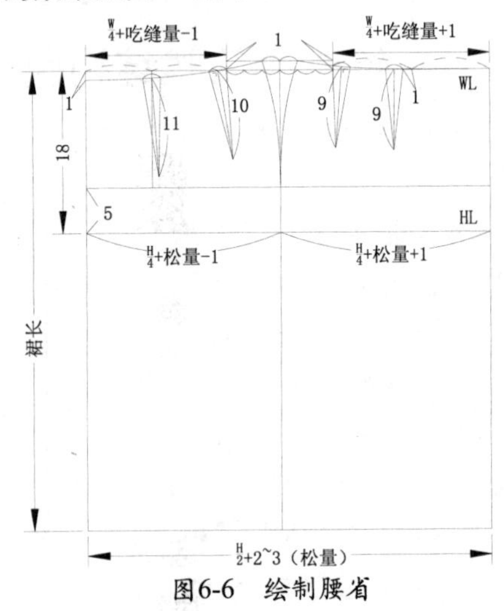

图6-6 绘制腰省

提示

绘制完样条曲线，按Esc键结束命令。单击绘制出的曲线，曲线的一端弹出图标▼，单击该图标，选择“控制点”，单击控制点调节曲线。

提示

省中心线要垂直于腰头曲线，每个腰省的省量为腰中多余的等分量。

08 对直筒裙进行线宽设定和尺寸规范标注，如图6-7所示完成直筒裙结构绘制。

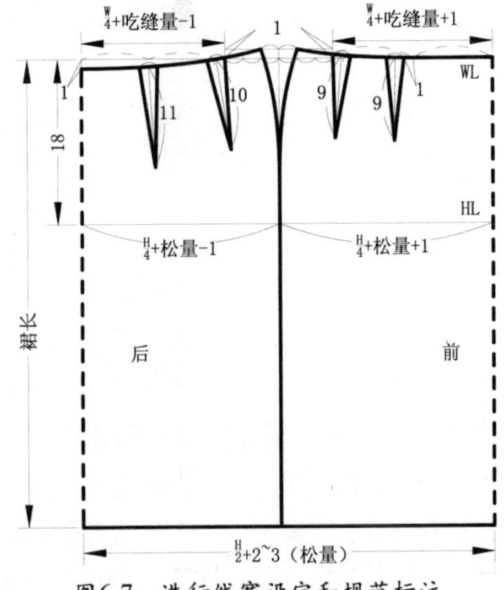

图6-7 进行线宽设定和规范标注

6.2.2 绘制半身紧裙结构图（一个省道）

利用AutoCAD 2014绘制半紧身裙结构图，步骤如下。

01 打开AutoCAD 2014，在菜单栏中执行【文件/打开】命令，打开之前绘制出的直筒裙结构图。

02 选中多余的线，按Delete键删除，得到的效果如图6-8所示。

03 使用【偏移】工具，输入数值“4”，按Enter键。选中臀围线，鼠标向上拖动单击，得到的效果如图6-9所示。

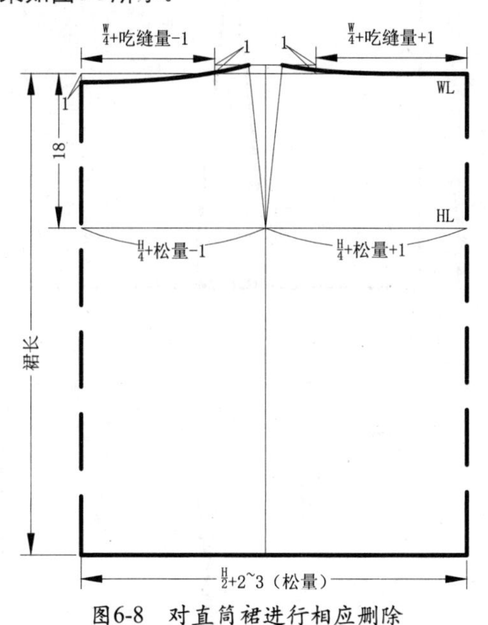

图6-8　对直筒裙进行相应删除

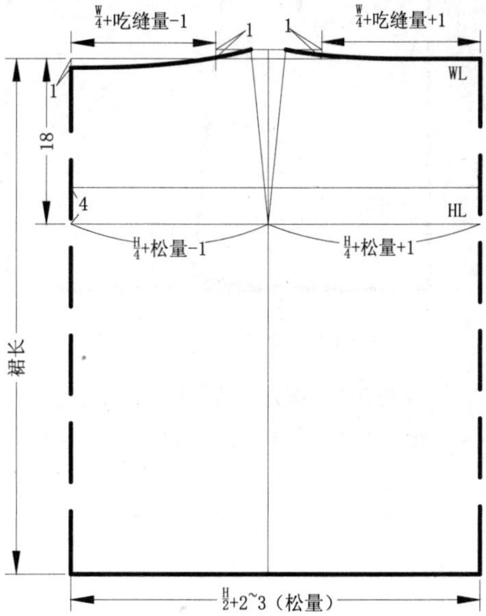

图6-9　绘制新省尖位

04 使用【直线】工具，在图6-10所示的后片腰围线中心，向下绘制一根垂线直至4cm线，再向右绘制一根长0.7cm的线段。

05 使用【样条曲线】工具，依照图6-11所示提供的数据，绘制出后片的侧缝线和底边。

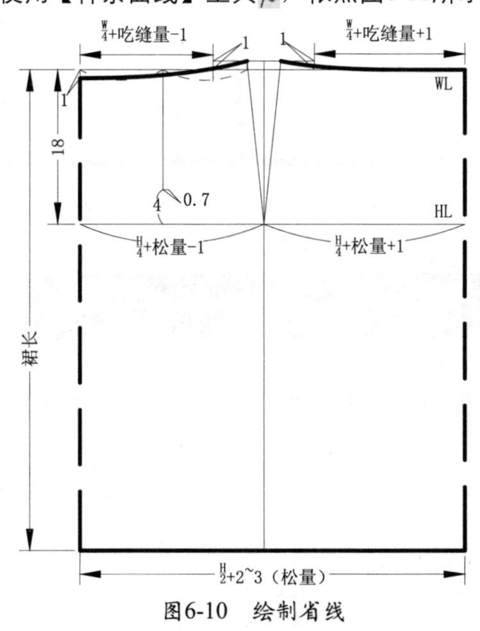

图6-10　绘制省线

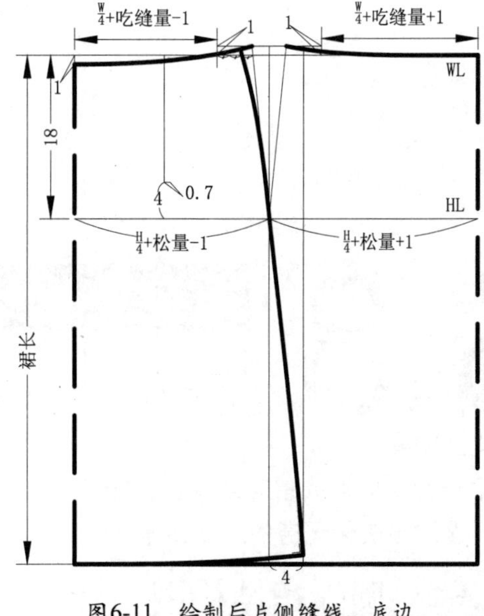

图6-11　绘制后片侧缝线、底边

06 使用【直线】工具，绘制出后片腰省，如图6-12所示。

07 参照后片的绘制方法，绘制出前片，得到的效果如图6-13所示。

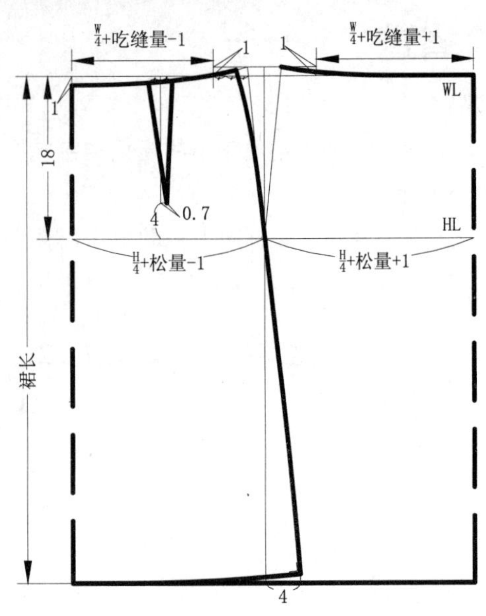

图6-12 绘制后片腰省

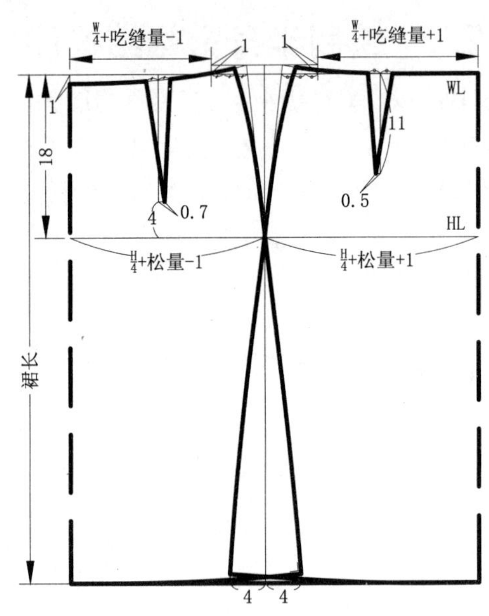

图6-13 绘制前片腰省、侧缝和底边

08 对半紧身裙进行线宽设定和规范标注，如图6-14所示，即完成半紧身裙结构图的绘制。

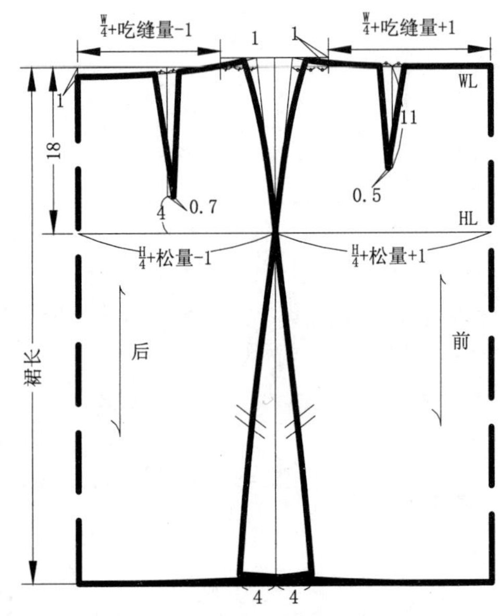

图6-14 进行线宽设定和规范标注

6.3 裙装变化结构图

裙子是备受广大女性所喜爱的一种服装种类，其除了长短变化外主要是款式上的变化。

裙子的结构构成相对来说更为随意和丰富，因为没有袖的限制，设计师可以充分地发挥想象力，设计出变化无穷的款式出来。

6.3.1 圆弧裙结构图

全圆裁剪的喇叭裙的下摆非常的大，对于这类裙子，从腰围到臀围没有必要贴合人体的复曲面结构，纸样通常腰线和底摆为同心圆的方法绘制。图6-15和图6-16分别为全圆裁剪和半圆裁剪示意图。

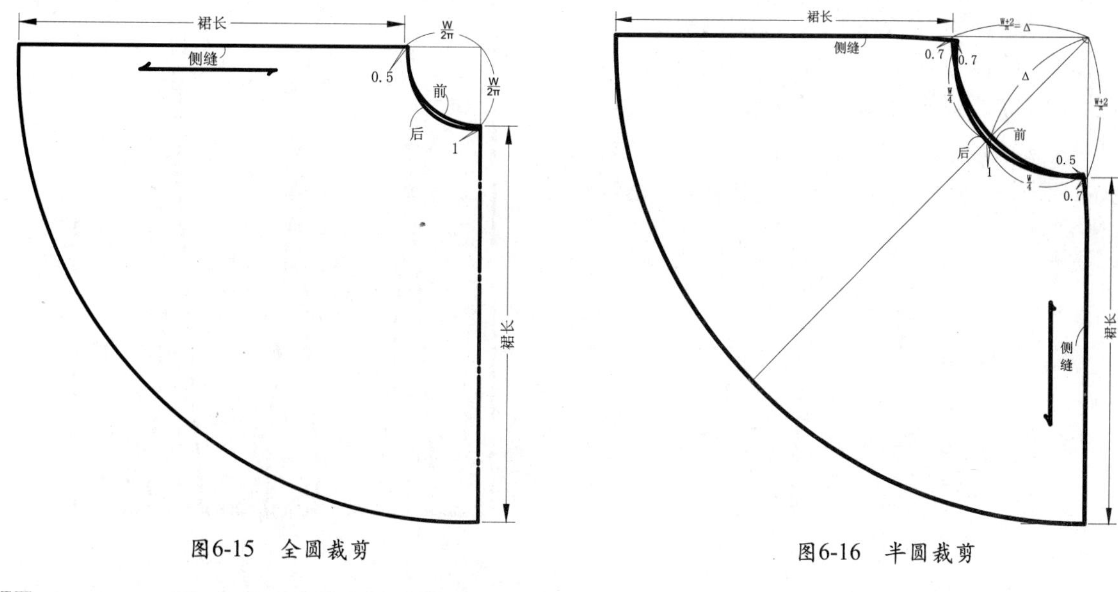

图6-15　全圆裁剪　　　　图6-16　半圆裁剪

6.3.2 带分割线裙结构图

利用分割线进行款式设计的裙子种类繁多，可以沿纵向加入数条分割线，并利用分割线将腰省处理成多片裙，也可利用横向介入分割线形成塔式裙。图6-17所示为利用分割线进行设计的裙装结构图。

图6-17　不同分割裁剪裙装款式

1. 6片裙结构图

6片裙即前、后分别由3片裙片构成，中心裁片和前侧、后侧的宽度不一定相同，宽度的设定需要适合成年人的体型，而儿童穿的6片裙则每一片裙片的构成都是一样的。如图6-18所示，为根据半紧身裙绘制的6片裙结构图。

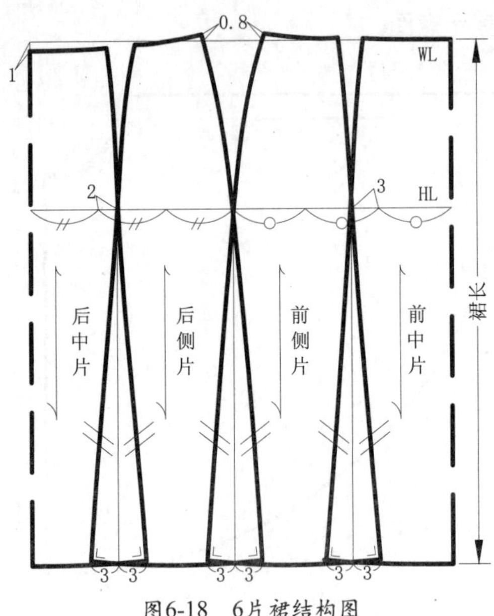

图6-18　6片裙结构图

2. 8片裙结构图

8片裙及8片以上的裙子，最好将每一片的裙片在臀围线处的宽度设置为等宽。图6-19所示为8片裙的简单制图方法。从臀围线往下，裙片的纸样是完全相同的。而如图所示，前、后中心裙片的腰围尺寸追加了0.5～0.7cm，侧缝线则相对应减小了0.5～0.7cm，保证了裙子腰臀部位更加的合体。

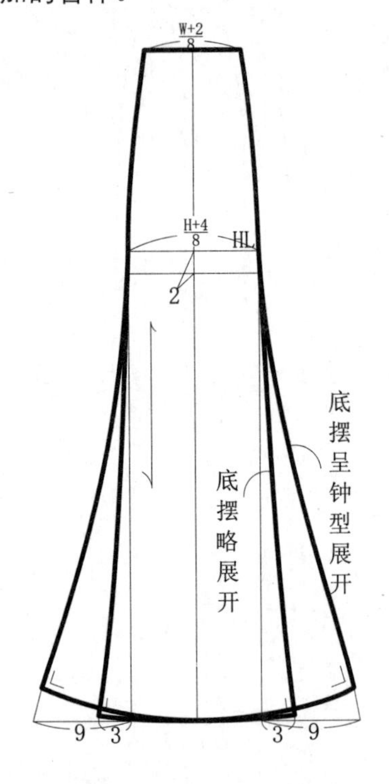

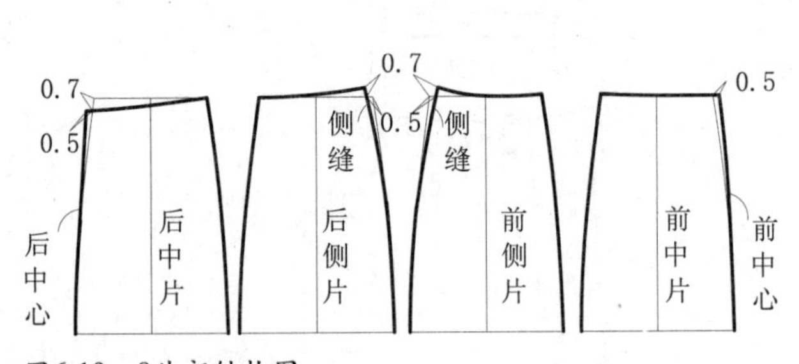

图6-19　8片裙结构图

3. 横向分割线裙结构图

图6-20所示为横向分割线裙结构图，在直筒裙纸样的基础上，在腹部区域加入分割线，可以让下肢显得修长，同时可以利用该分割位置处理腰省。

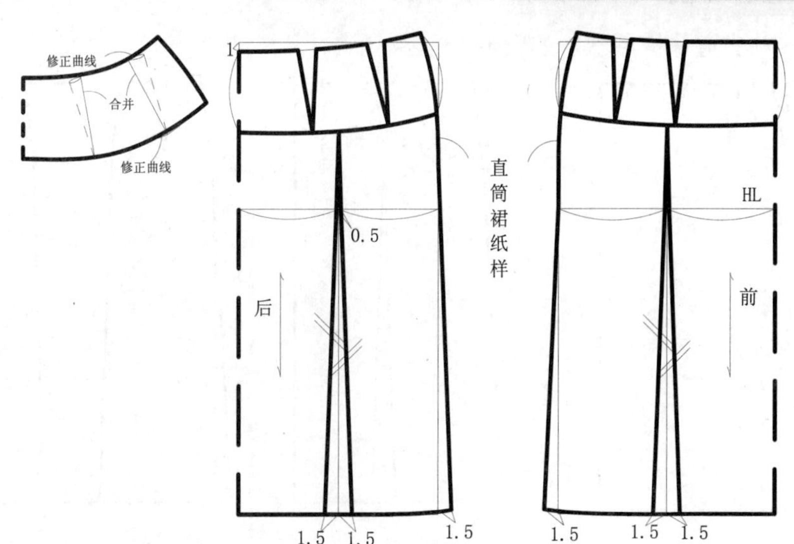

图6-20 横向分割线裙结构图

4. 横向分割叠褶裙结构图

图6-21所示为横向分割叠褶裙结构图。裙子的褶量根据布料的不同需要改变，该结构图的褶量为夏天布料褶量。塔式裙的各层高度如果平均分配，则会显得较短，所以各层的高度应呈递增或递减分配。

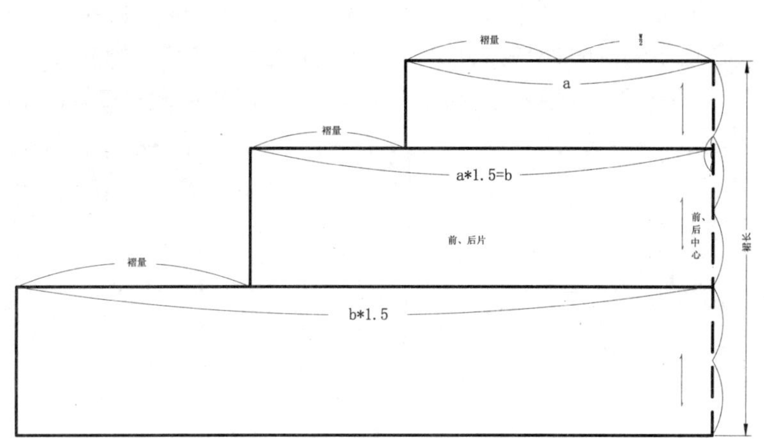

图6-21 横向分割叠褶裙结构图

6.3.3 褶裥裙结构图

不同款式的褶裥裙如图6-22所示。

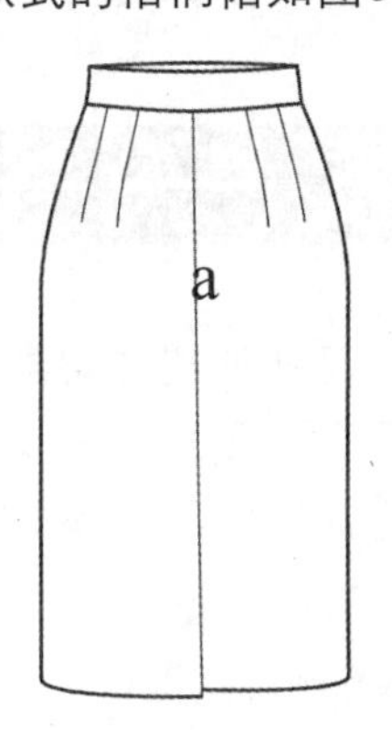

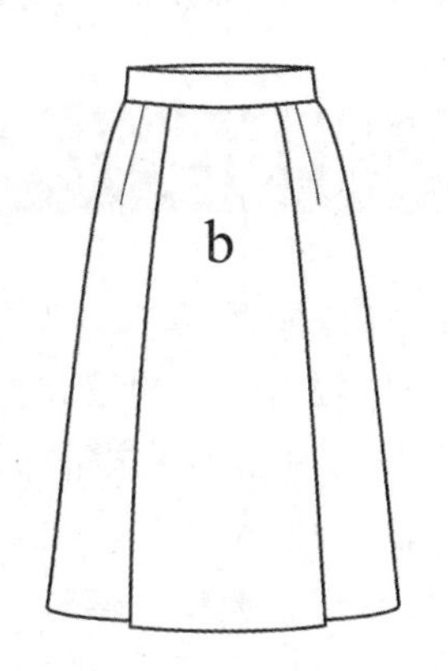

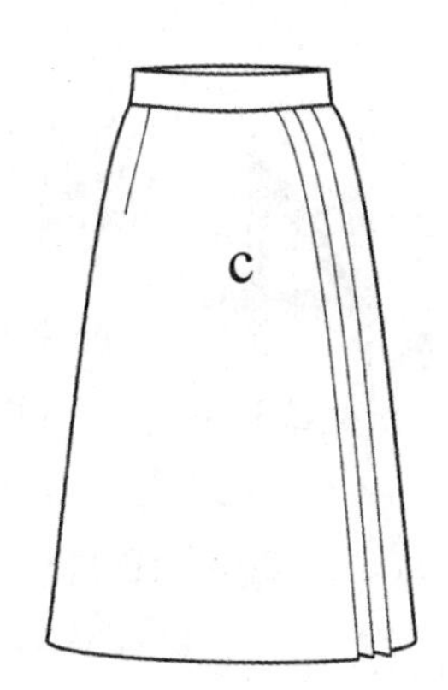

图6-22 不同款式褶裥裙

★ A款裙子是在直筒裙结构图的基础上，在前中心处加入褶量的设计，如图6-23所示。

★ B款裙子是在直筒裙结构图的基础上，先加入一定的放摆量，再将其中一个腰省加入褶裥中，将另一个省道保持原状，如图6-24所示。

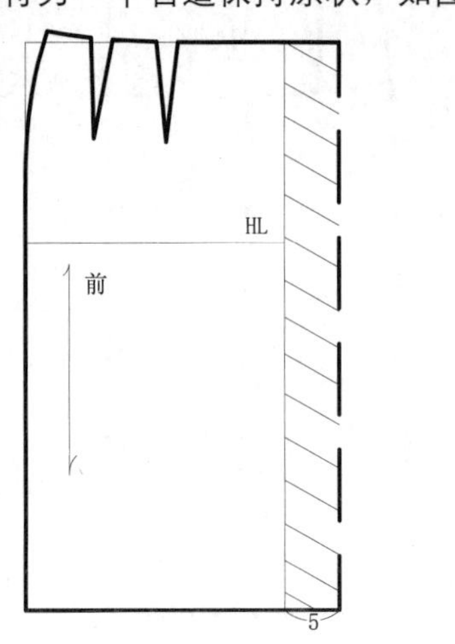

图6-23 前中心褶裙结构图

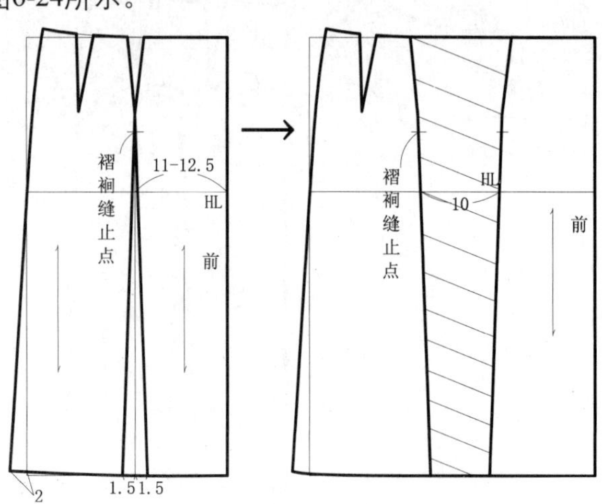

图6-24 将腰省转为褶结构图

★ C款裙子是在半紧身裙结构图的基础上，依照款式图，在结构图中加入不对称的褶裥设计。如图6-25所示，将左前片的省量加入到了褶裥中，右前片的省道则需要单独缝合。因为是在半紧身裙的基础上做修改，所以在加入褶裥时，裙摆只需要稍稍展开就可以了。

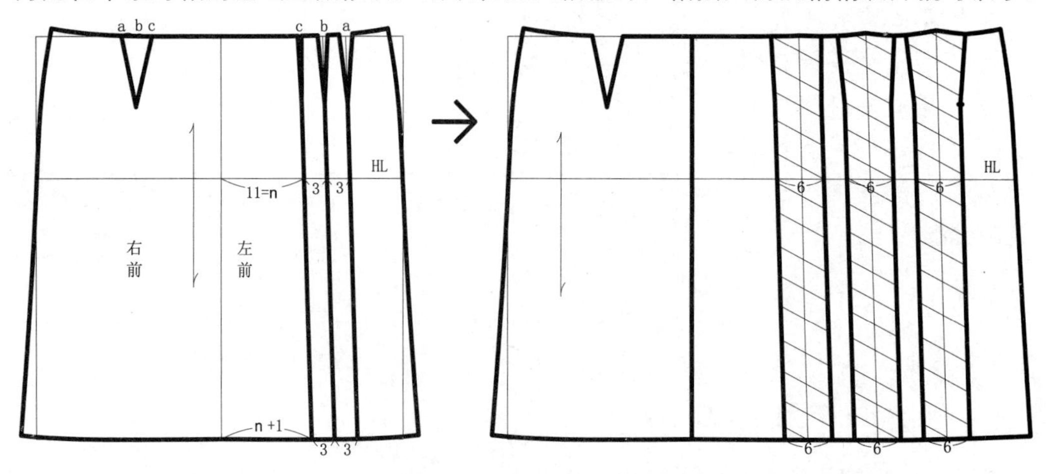

图6-25 不对称褶裙结构图

6.4 时装裙结构设计2～4款

现代的时装裙款式多种多样，变化丰富。在不同的时期有着不同的变化趋势，或长裙或短裙，或高腰或低腰，因为裙子的设计主要在腰上和摆上。

在进行时装裙结构设计之前，首先绘制出时装裙的标准体基本模板，步骤如下。

01 打开AutoCAD 2014，创建规格尺寸表，如图6-26所示。

成品规格尺寸表　　号型：$^{160}/_{84}$A　　单位：cm

部位 分类	腰围	臀围	臀长	裙长
净尺寸	66	90	18	55
成品尺寸	68	92	18	50-60

图6-26 标准尺寸表

02 使用【矩形】工具，绘制出图6-27所示的矩形。确定上平线和底边，其中长度为裙长，宽度为H/2。

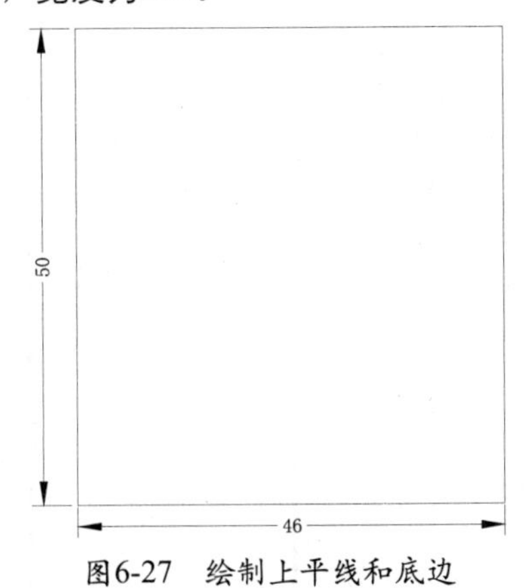

图6-27 绘制上平线和底边

03 使用【分解】工具，选中矩形，按Enter键确定，分解矩形。

04 使用【偏移】工具，偏移出前、后片的侧缝线，如图6-28所示。右前片宽为H/4-1（22），右后片宽为H/4-1（24）。

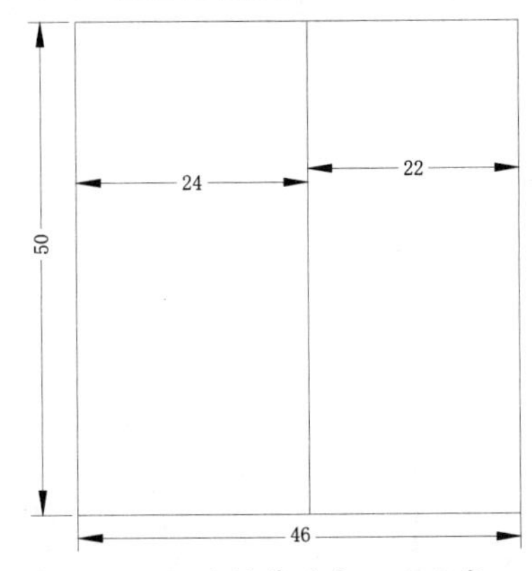

图6-28 绘制前胸宽、后背宽

05 使用【偏移】工具，将上平线向下偏移18cm，确定臀围线。按空格键重复命令，将臀围线向上偏移5cm，确定中臀线，如图6-29所示。

06 使用【直线】工具，在腰围线的左、右端点分别向上绘制一根1cm的直线。

07 使用【偏移】工具，将左端的1cm直线向右偏移，右端的1cm直线向左偏移W/4+省量（18.5cm），得到的效果如图6-30所示。

08 使用【样条曲线】工具，绘制出前、后片的腰围线和侧缝线，如图6-31所示。

09 在菜单栏中执行【绘图/点/定数等分】命令，选中腰围线，按Enter键确定，输入要等分的数值（这里输入2），按Enter键确定，腰围线的中点则会出现一个点。

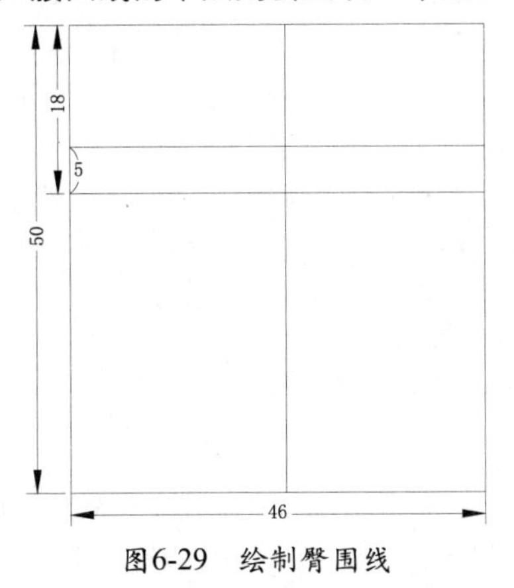

图6-29 绘制臀围线

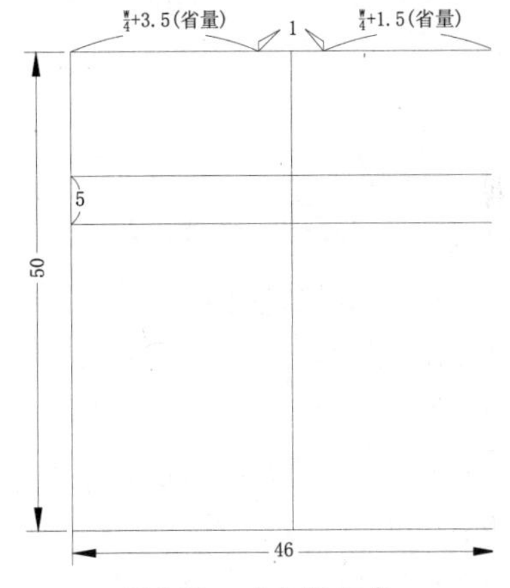

图6-30 确定腰围宽

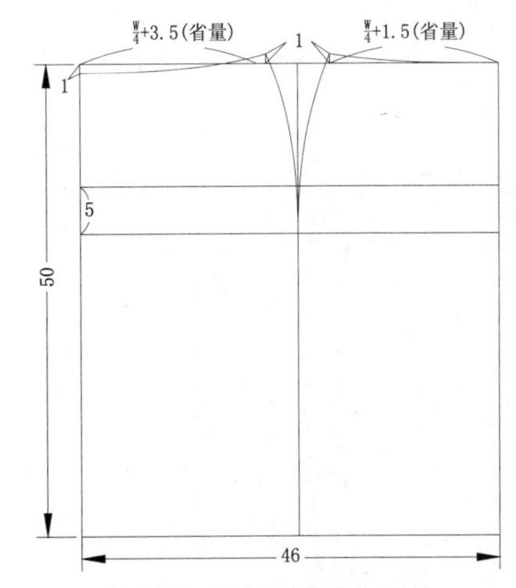

图6-31 绘制腰围线和侧缝

10 绘制省中线。使用【圆】工具，以腰围线的中点为圆心，绘制一个半径为1.75cm的圆。

11 使用在【直线】工具，以圆和腰围线的交点为起点，单击该点，输入直线长度（11cm），绘制一根垂直于腰围曲线的直线。按空格键重复命令，绘制完腰省。

12 使用上述相同的方法，绘制出前片的腰省，得到的效果如图6-32所示。

13 对裙子进行线宽设定和规范标注，及完成了时装裙基础模板结构图的绘制，得到的效果如图6-33所示。

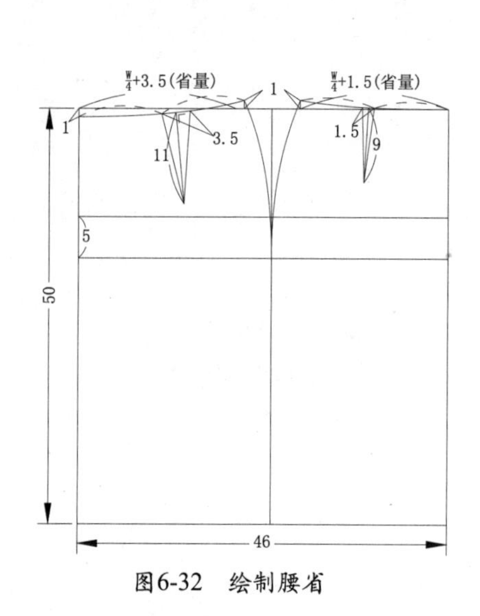

图6-32　绘制腰省

图6-33　进行线宽设定和规范标注

1. **款式（一），收褶包裙**

如图6-34所示收褶包裙，前片将省量转移到褶量中，再加以分割线装饰。

利用AutoCAD 2014绘制结构图，步骤如下。

01 打开AutoCAD 2014，在菜单栏中执行【文件/打开】命令，打开之前绘制完的时装裙基础模板。

02 使用【删除】工具，将多余的线和标注进行删除，得到的效果如图6-35所示。

03 使用【镜像】工具，框选中裙片，按Enter键确定。在画面中单击一点，鼠标向下拖动单击，根据命令行的提示，输入字符“Y”，按Enter键确定删除原图形，得到的效果如图6-36所示。

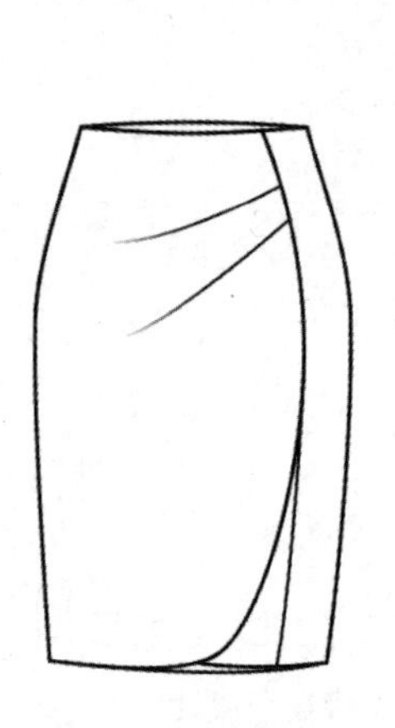

图6-34　收褶包裙款式图

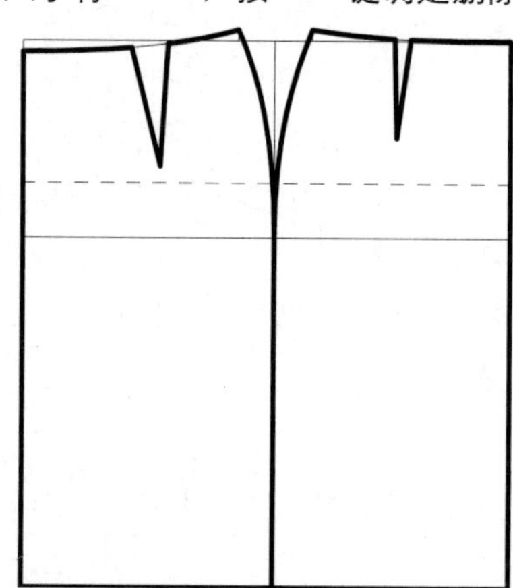

图6-35　打开裙装基础模板，进行相应的删除

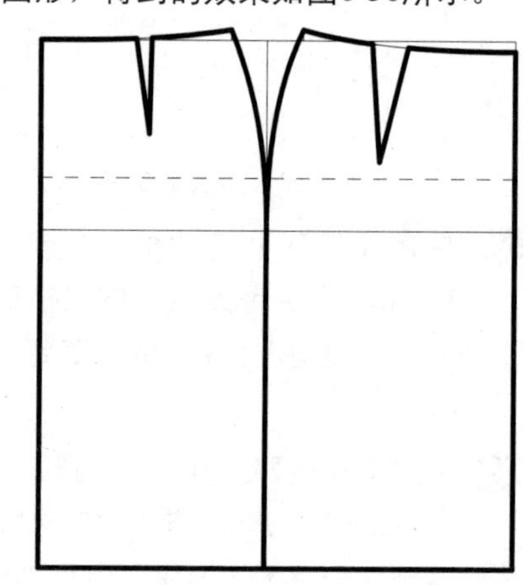

图6-36　对前后片进行镜像

04 使用【镜像】工具，选中左前片进行镜像处理。根据命令行的提示输入字符“N”，按Enter键确定保留原图形。

05 使用【样条曲线】工具，在左前片上绘制分割线，如图6-37所示。

06 使用【复制】工具，选中左前片分割线右边的裁片，将其拖移至一旁。使用【修剪】工具进行相应修剪，得到的效果如图6-38所示。

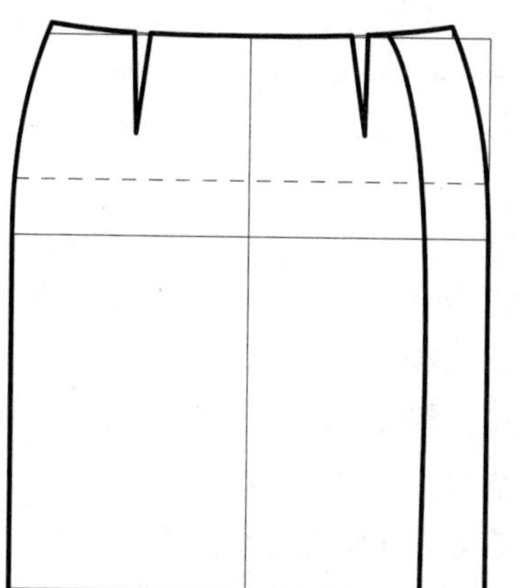

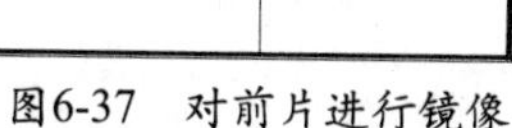

图6-37 对前片进行镜像

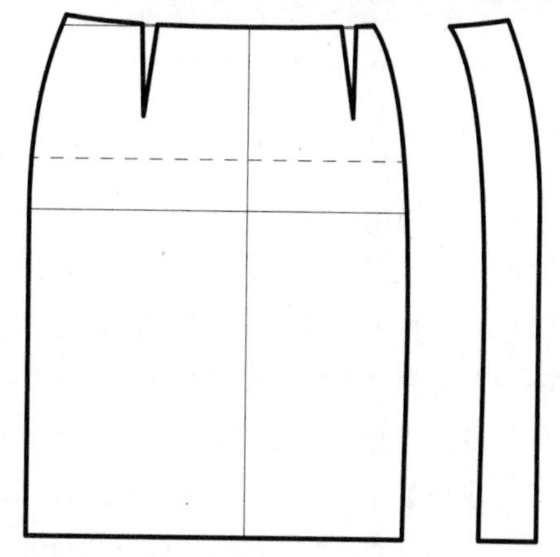

图6-38 绘制分割线，进行移动、裁剪

07 使用【直线】工具，以两个省尖点为起点，向左前片的侧缝线上的任意位置绘制出两根直线，如图6-39所示。

08 使用【旋转】工具，将两个省道进行合并（具体操作参考省道转移），得到的效果如图6-40所示。

09 使用上述相同的方法，将侧缝上的开口进行合并，得到的效果如图6-41所示。

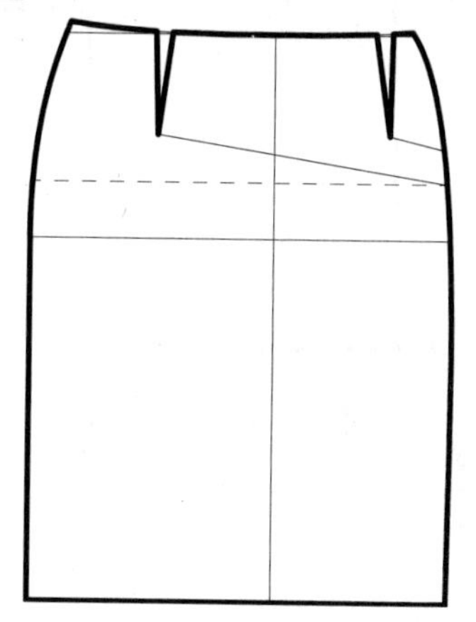

图6-39 绘制直线

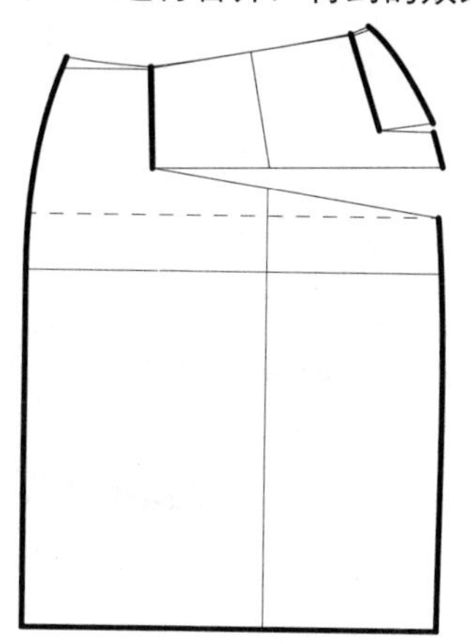

图6-40 合并腰省

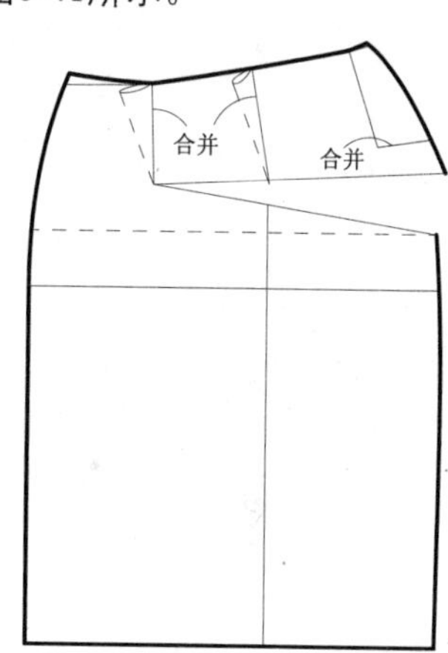

图6-41 合并图形

10 使用【样条曲线】工具，重新绘制出连顺的腰头曲线和侧缝线，如图6-42所示。

11 在菜单栏中执行【绘图/点/等数等分】命令，选中侧缝上的开口量，将侧缝上的开口量分成2等份。

12 使用【样条曲线】工具，绘制出侧缝上的两个褶，如图6-43所示。

13 确定褶的倒向，对褶进行修正，得到的效果如图6-44所示。

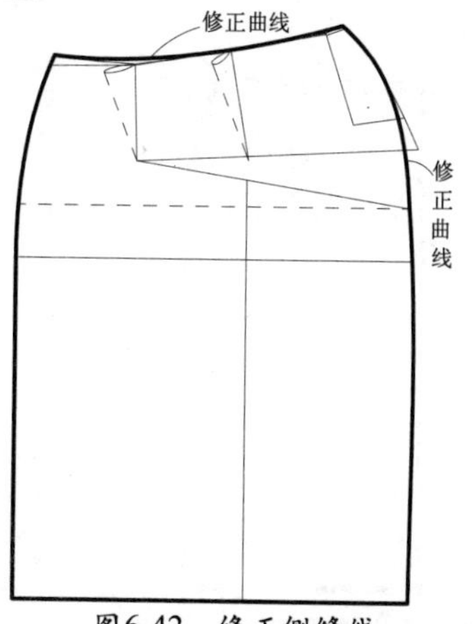

图6-42 修正侧缝线

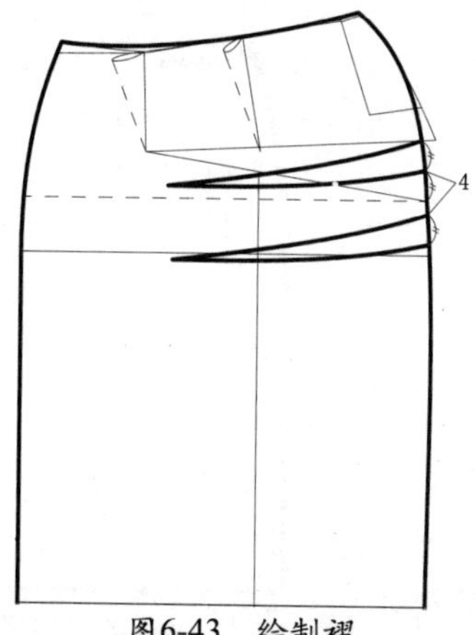

图6-43 绘制褶

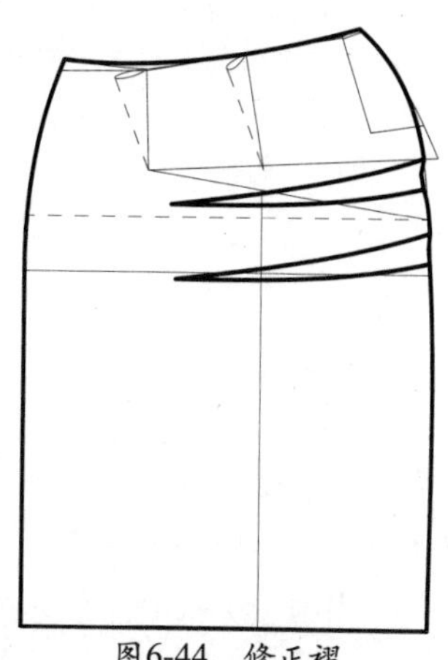

图6-44 修正褶

在执行【等数等分】命令前，使用【打断于点】工具，将褶量的两端点进行打断。

14 在修改工具栏中使用【圆角】工具，在命令行中输入字符“R”，按Enter键确定。输入半径值（这里输入15），按Enter键确定。用鼠标分别单击需要圆角的两条边，得到的效果如图6-45所示。

15 使用【复制】工具，框选中修剪后的前片进行复制、移动。

16 使用【圆角】工具，将右侧缝线和底边的夹角进行圆角修改，得到的效果如图6-46所示。

17 绘制后片。使用【移动】工具，将前片分割出的结构，移动至后片。

18 使用【样条曲线】工具，连接各关键点，绘制出新的后片侧缝线，如图6-47所示。

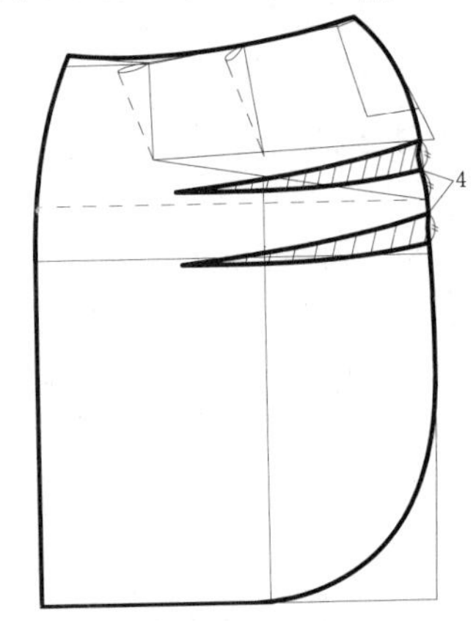

图6-45 修正侧缝线

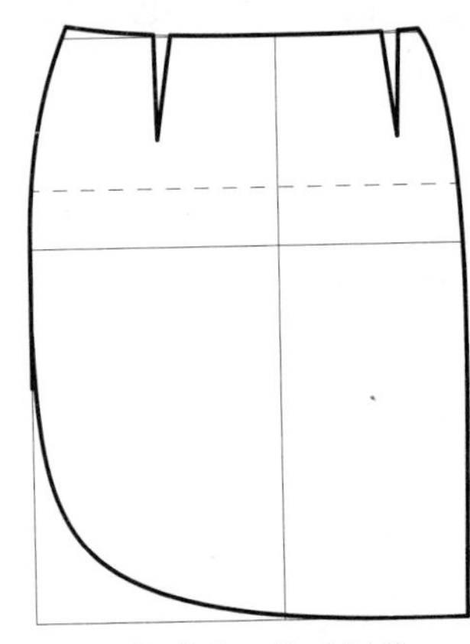

图6-46 复制前片，修正侧缝

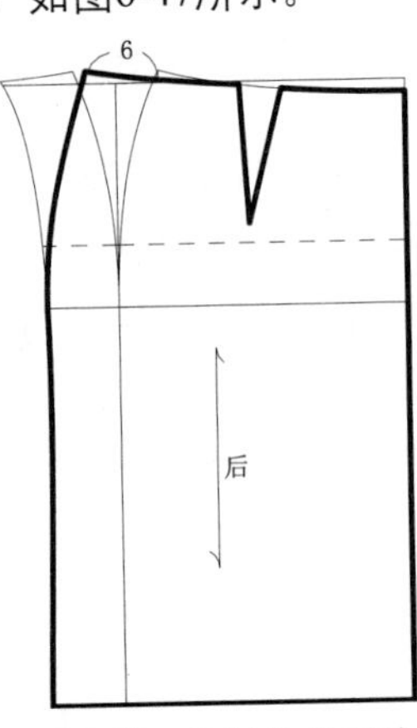

图6-47 绘制后片侧缝线

19 该裙装后片不做修改。对该裙装进行线宽设定和规范标注，及完成结构图的绘制，如图6-48所示。

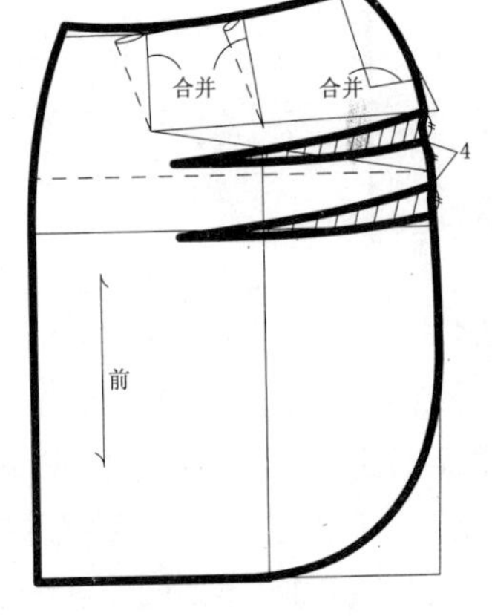

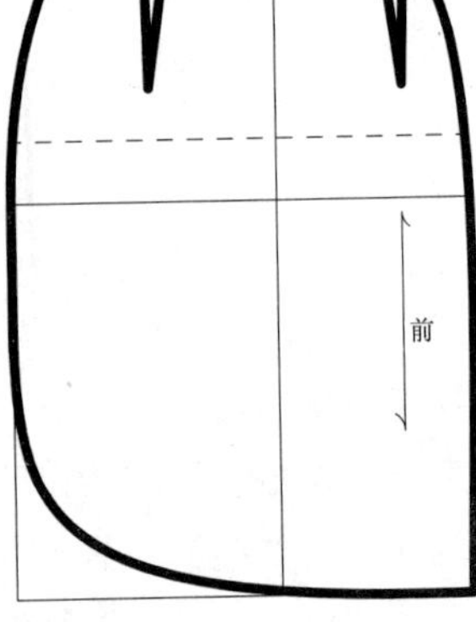

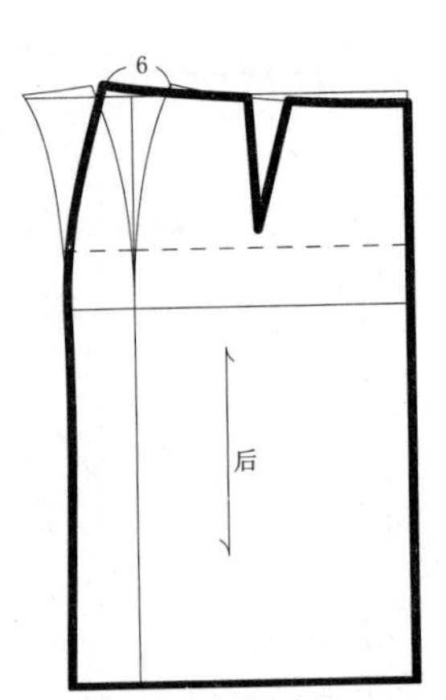

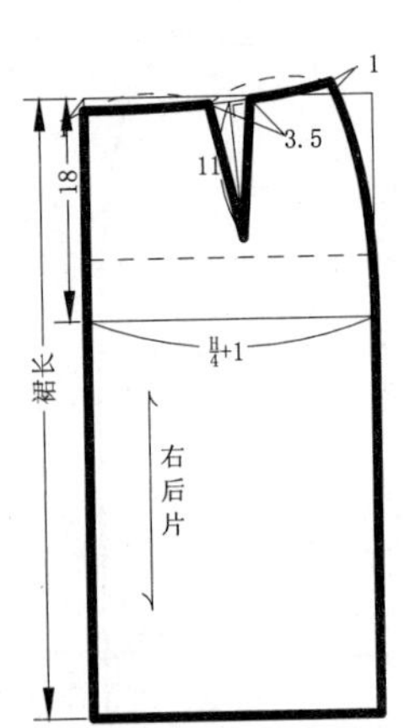

图6-48 进行线宽设定和规范标注

2. 款式（二），波形褶裙

波形褶裙无论是功能性的，还是装饰性的，其原理都是出自增加裙摆的变化。从图6-49所示的波形褶裙款式可以看出，其整个设计还是属于紧身裙，只是在裙下摆的两侧采用直线分割的波形设计。在结构设计中，除去褶的部分，其他部分仍和紧身裙处理相同。该裙的关键在于处理褶的部分，正确地应用切展方法再修正它。

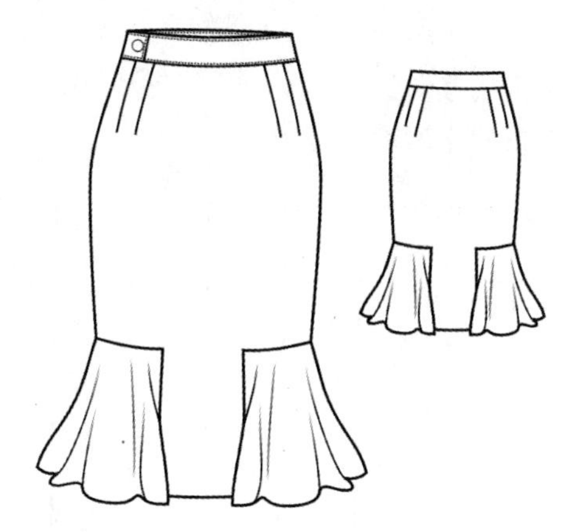

图6-49 波形褶裙款式图

利用AutoCAD 2014绘制波形褶裙结构图，步骤如下。

01 打开AutoCAD 2014，在菜单栏中执行【文件/打开】命令，打开之前绘制完的直筒裙结构图。

02 使用【删除】工具，将多余的线进行删除，得到的效果如图6-50所示。

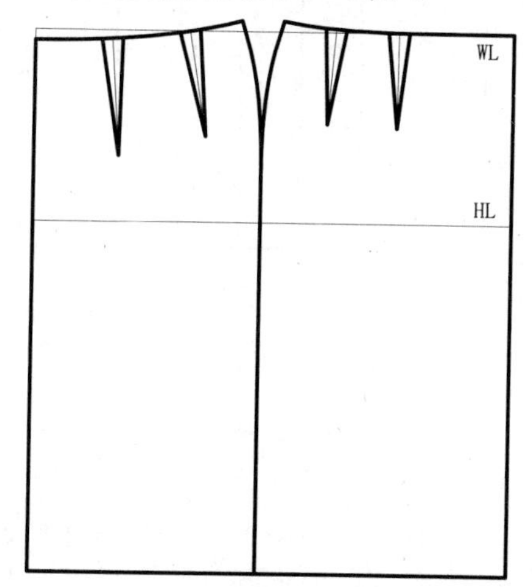

图6-50 打开直筒裙结构图

03 使用【偏移】工具，将侧缝线分别向左右偏移1cm，将底边向上偏移20cm，得到的效果如图6-51所示。

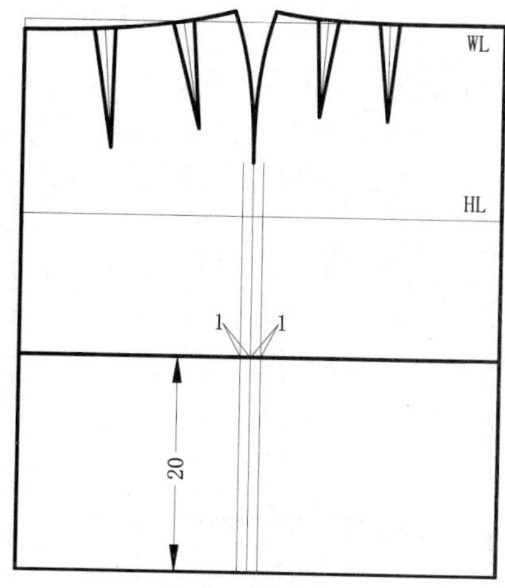

图6-51 偏移侧缝线、底边

04 使用【样条曲线】工具，分别将前、后片的侧缝线画圆顺，如图6-52所示。

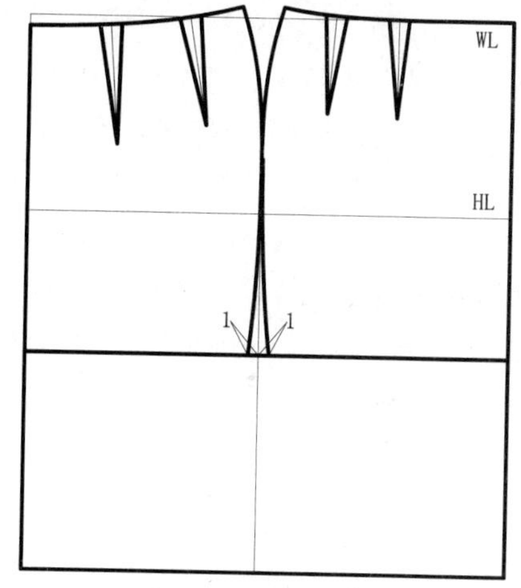

图6-52 绘制侧缝线

05 使用【偏移】工具，将侧缝线分别向左右偏移12cm，如图6-53所示。

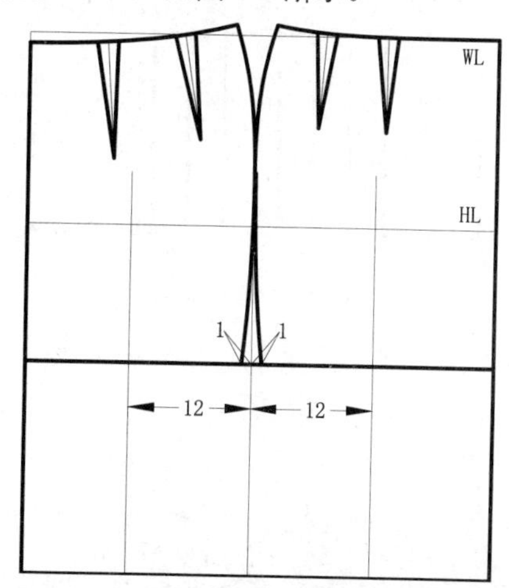

图6-53 偏移侧缝线

06 使用【修剪】工具，将上一步偏移的直线进行相应的裁剪。先选中终止边线，按Enter键确定。选中延伸出的直线，按Enter键确定裁剪，得到的效果如图6-54所示。

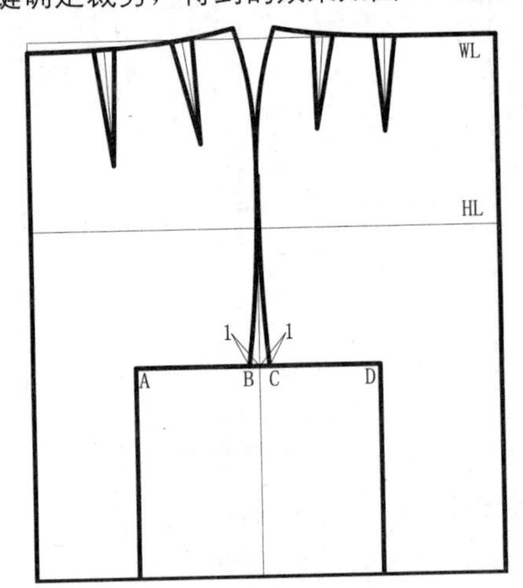

图6-54 裁剪多余线段

07 在菜单栏中执行【绘图/点/定数等分】命令，选中直线段AB，按Enter键确定，输入等分数值（这里输入3）。

08 使用【直线】工具，以等分点为起点向底边绘制出垂直线。使用相同方法，将直线段CD进行等分，得到的效果如图6-55所示。

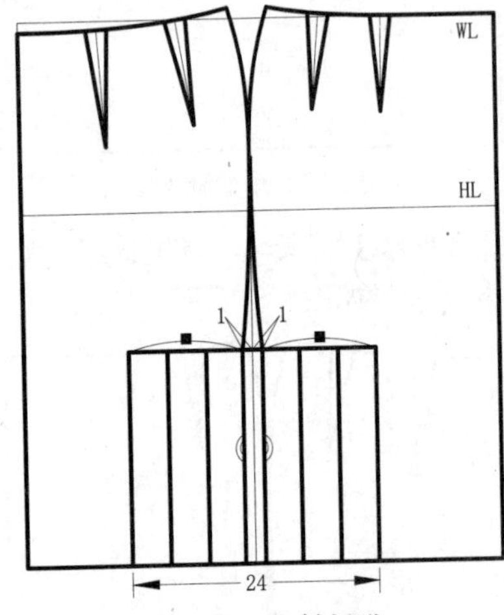

图6-55 绘制褶线

09 使用【复制】工具，分别选中图6-56所示的裙片进行复制、移动。

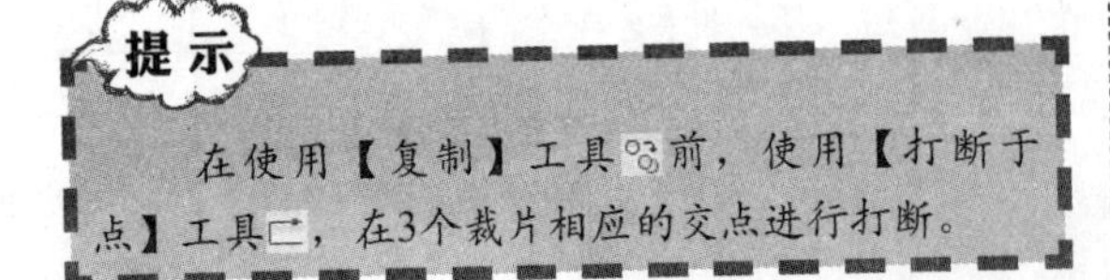

提示

在使用【复制】工具前，使用【打断于点】工具，在3个裁片相应的交点进行打断。

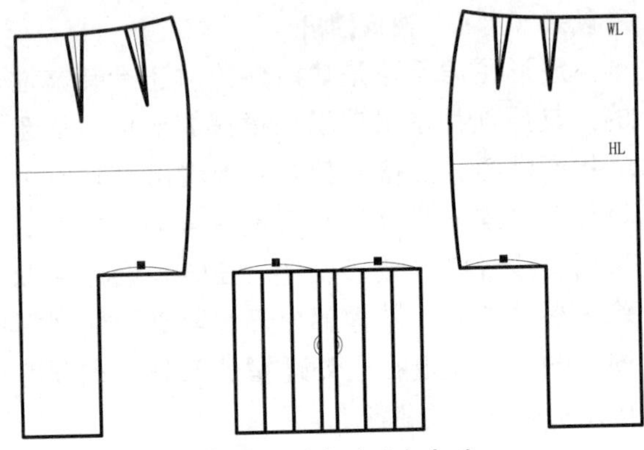

图6-56 对裙片进行裙片

10 使用【移动】工具，将褶片进行合并，得到的效果如图6-57所示。

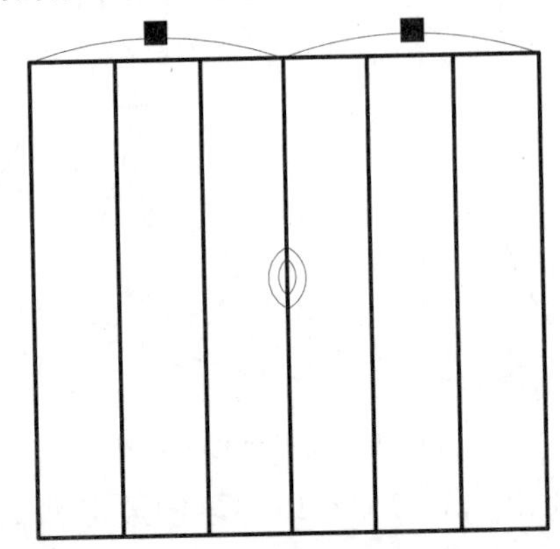

图6-57 对褶片进行合并

11 使用【圆】工具，以图6-58所示的点位圆心，绘制一个半径值为5的圆。

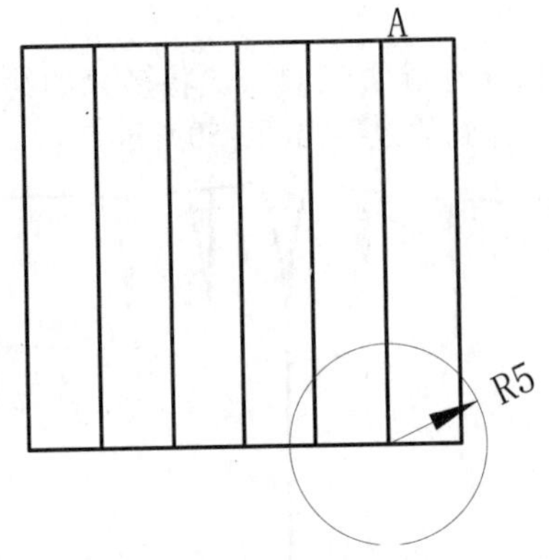

图6-58 绘制辅助图形

提示

使用【移动】工具时，有可能做不到水平移动，按F8键即可水平移动。

12 使用【旋转】工具，框选中图6-59所示的虚线部分，以A点为基点进行旋转，交于圆边。

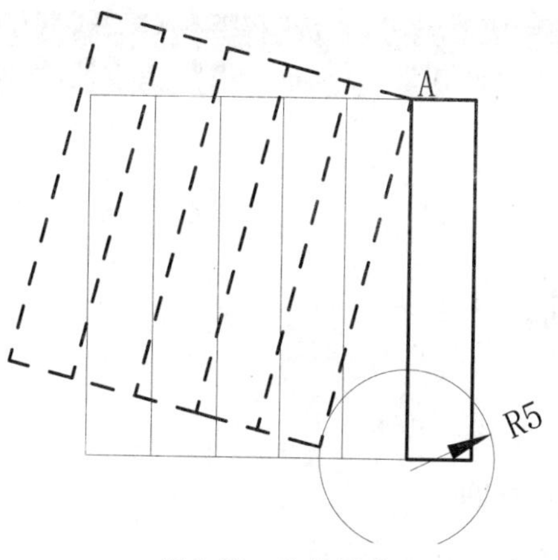

图6-59 旋转图形

13 使用上述相同的方法进行旋转，得到的效果如图6-60所示。

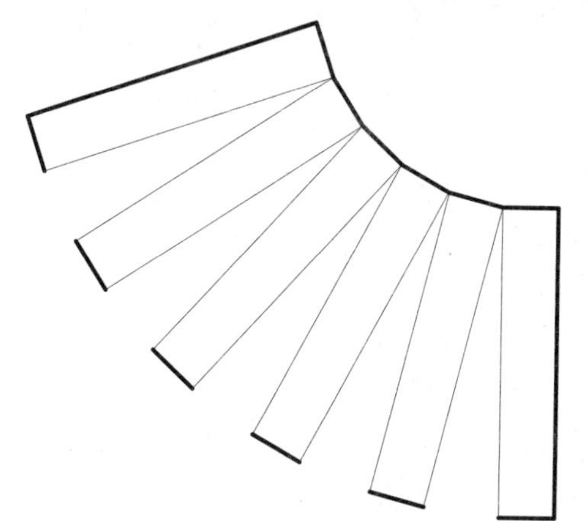

图6-60 旋转效果

在进行旋转前，使用【打断于点】工具，将褶线与边线相交的点进行打断。

14 使用【直线】工具，以褶片的一个端点为起点绘制一根水平直线。

15 使用【旋转】工具，选中褶片，以其中一个端点为基点进行旋转，直至交于直线，如图6-61所示。

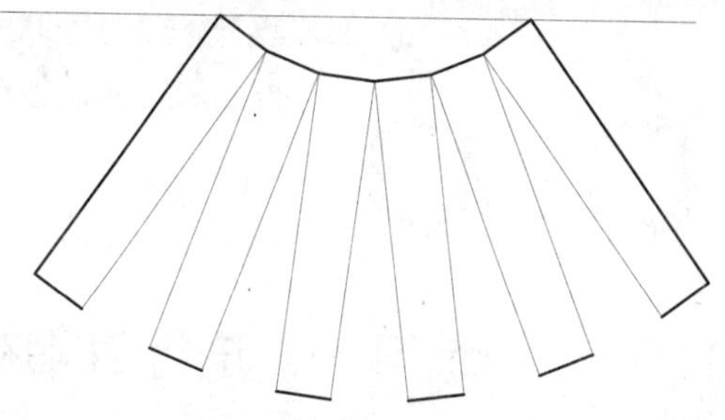

图6-61 旋转褶片

16 使用【样条曲线】工具，重新绘制褶片的两条边，得到的效果如图6-62所示。

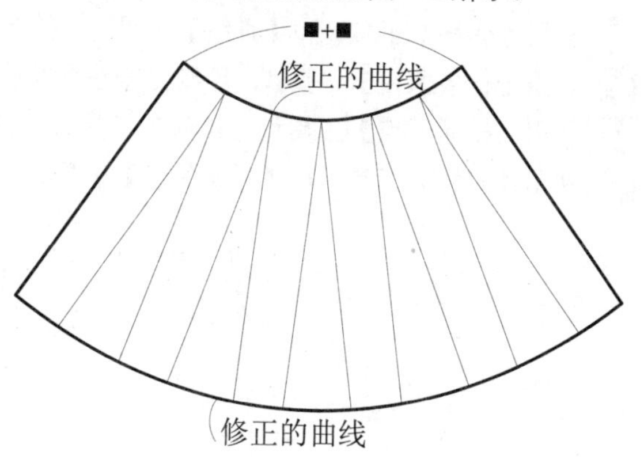

图6-62 修正边线

17 对波形褶裙进行线宽设定和规范标注，即完成该裙装结构图的绘制，如图6-63所示。

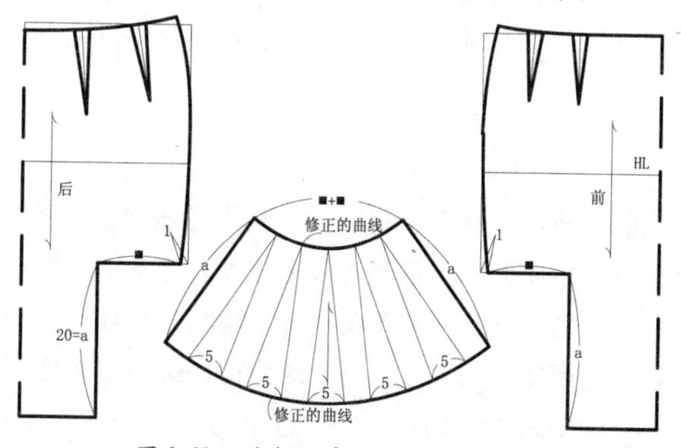

图6-63 进行线宽设定和规范标注

6.5 本课小结

本课通过对裙装款式特征的了解，掌握裙装结构基本原理，能够利用AutoCAD 2014绘制出裙装的原型结构。

以裙装原型为基础进行相应的变化，了解各种廓形裙的结构变化，灵活掌握裙装变化的原理，以及褶裙的各种分割和结构设计。

6.6 课后练习

6.6.1 练习一：进行百褶裙结构绘制

该练习的款式图如图6-64所示。

步骤提示如下。

01 打开半紧身裙结构制图，利用【删除】工具进行相应删除。

02 利用【偏移】工具和【直线】工具，绘制出新的裙长。

03 利用【样条曲线】工具，绘制分割线和褶位线。

04 利用【打断于点】工具和【移动】工具，将褶进行展开。

05 利用【直线】工具和【样条曲线】工具，绘制百褶去结构线。

图6-64 百褶裙款式图

6.6.2 练习二：对变化时装裙进行结构绘制

该练习的款式图如图6-65所示。

步骤提示如下。

01 打开半紧身裙结构制图，利用【删除】工具进行相应删除。

02 利用【偏移】工具和【直线】工具，绘制出新的裙长。

03 利用【样条曲线】工具，绘制分割线和侧缝线。

04 利用【移动】工具，对分割块进行追加褶量。

05 绘制后片结构。

图6-65 变化时装裙款式图

第7课 AutoCAD女士时装结构设计与绘制

女士时装结构设计中，为了使服装贴合复杂的人体曲面，省、褶、裥变化是衣身合体性结构设计、衣装造型肌理设计，以及展现女性曲线美的重要手段。要求服装结构设计师深入了解人体的基本结构，通过AutoCAD 2014快速准确地进行裙装结构设计。

【本课知识】

- ★ 了解连衣裙的基本结构
- ★ 掌握利用AutoCAD对不同款式连衣裙进行结构设计
- ★ 利用【镜像】工具，选中指定图形后，绘制出一根镜像线。以该线进行翻转
- ★ 利用【延伸】工具，确定边线，对较短的线进行延伸
- ★ 利用【圆角】工具，输入圆角的半径值，对成角度的两根直线进行圆角处理

7.1 连衣裙结构设计

裙装大体分为两类：连体式和分体式。连体式即是上下连接，无论是横向分割、纵向分割、紧身贴体、宽松飘逸，其整体视觉冲击力都是非常强的。其款式变化丰富，从外轮廓分类主要分为A型、X型、H型，如图7-1所示。

A型

X型

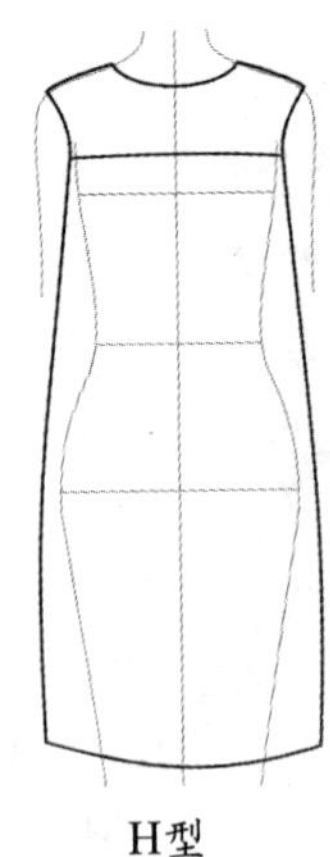

H型

图7-1　3种连衣裙款式

连衣裙的基本结构主要分为两种，一是有腰线，及上装和裙装是分开的；另一种是无腰线的，及上下装是一体的。而从内部结构线分类，主要有两种：一是纵向分割线，二是横向分割线。

★ 纵向分割线：常见的有公主线、刀背缝，如图7-2所示。这两种分割线是最能塑造女性曲线的，所以常在一些贴身、修身的连衣裙中被采用。

★ 横向分割线：横向分割线主要用于款式造型，如化身为育克、褶或裥等来加强装饰，如图7-3所示。

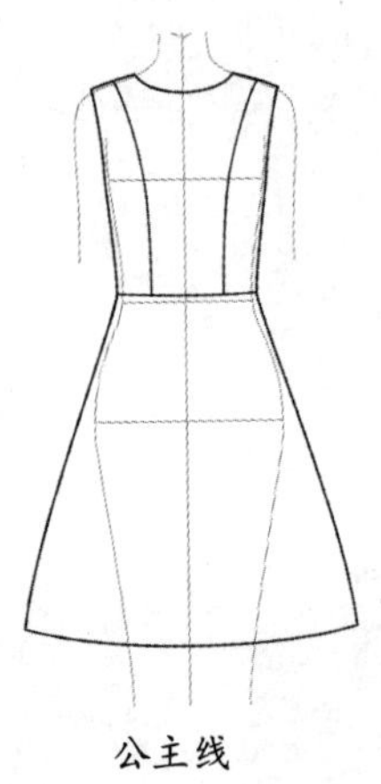

公主线

刀背缝　　育克、褶

图7-2　纵向分割处理　　图7-3　横向分割处理

7.1.1　款式（一）：长袖连衣裙

长袖连衣裙款式图如图7-4所示。

利用AutoCAD 2014绘制有袖连衣裙结构图，步骤如下。

01 打开AutoCAD 2014，创建规格尺寸表，如图7-5所示。

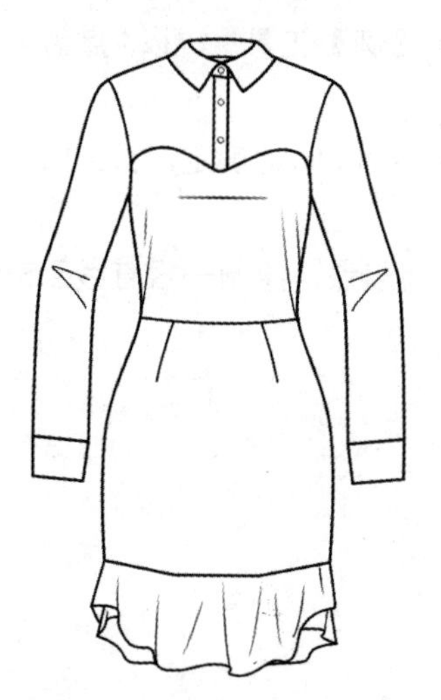

图7-4　长袖连衣裙款式图

成品规格尺寸表　　号型：$^{160}{}_{84}$A　　单位：cm

部位 分类	胸围	腰围	臀围	肩宽	裙长
净尺寸	84	66	90	40	
成品尺寸	92	68	92	38	92.5(自定义)

图7-5　长袖连衣裙尺寸表

02 绘制上平线、腰节线和前后中心线。使用【矩形】工具，绘制出图7-6所示的矩形。

03 使用【分解】工具，选中矩形，按Enter键确定分解矩形。

04 绘制侧缝线和胸围线。使用【偏移】工具，将上平线向下偏移21.5cm（B/12+3.7=21.5cm），将后中心线向右偏移22.5cm（B/4-0.5=22.5cm），得到的效果如图7-7所示。

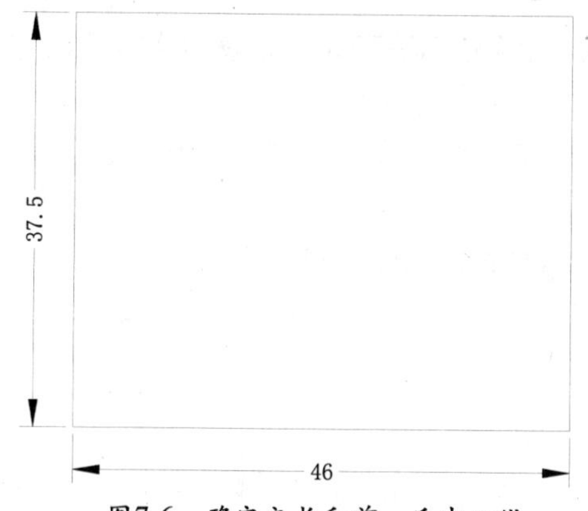

图7-6　确定衣长和前、后中心线

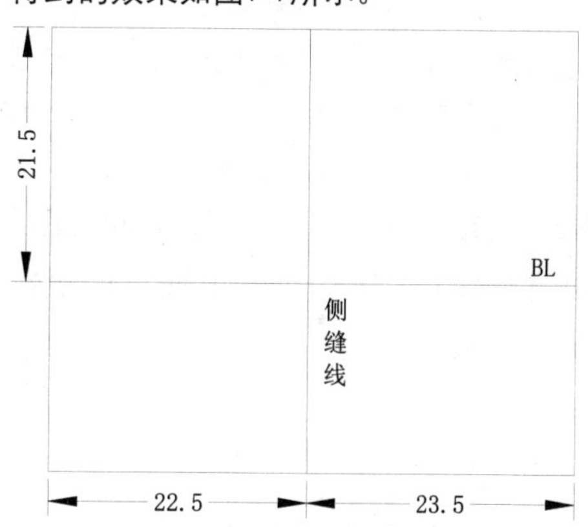

图7-7　绘制侧缝线和胸围线

05 绘制前胸宽和后背宽。使用【偏移】工具，将后中心线向右偏移17.5cm（B/8+6），将前中心线向左偏移16.5cm（B/8+5），得到的效果如图7-8所示。

06 使用【裁剪】工具，以BL线为边线，对后背宽线和前胸宽线进行裁剪，得到的效果如图7-9所示。

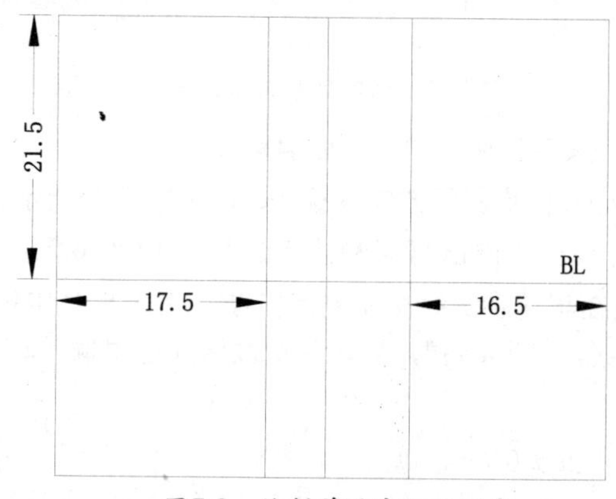

图7-8　绘制前胸宽和后背宽

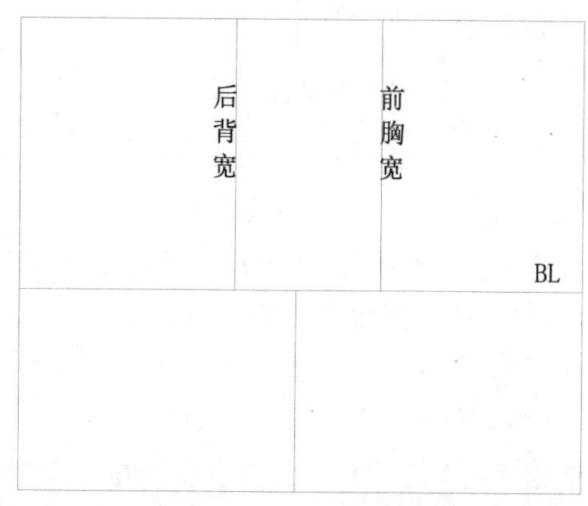

图7-9　裁剪多余线段

07 确定前片上平线（BL线至前片上平线距离为B/5+8.3=26.7）。使用【圆】工具，以A点为圆心，绘制一个半径值为26.7的圆。

08 使用【延伸】工具，选中圆为边线，按Enter键确定，选中前中心线按Enter键确定，得到的效果如图7-10所示。

09 绘制前片上平线。使用【直线】工具，以上一步绘制直线的端点为起点，绘制一根直线至前胸宽线，如图7-11所示。

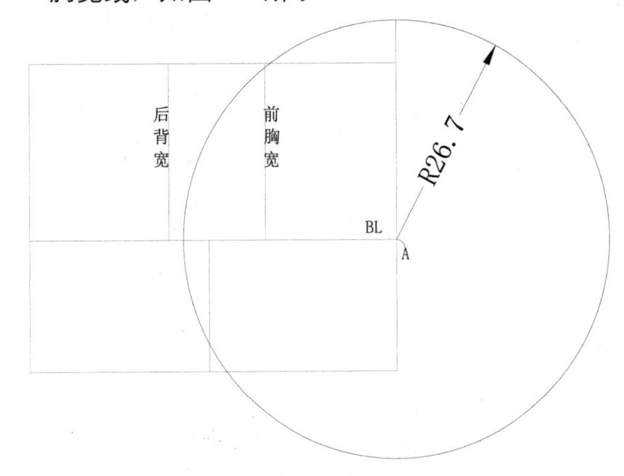

图7-10 绘制圆

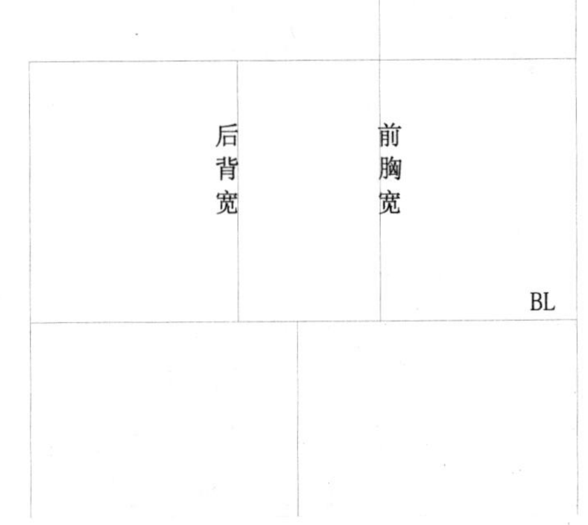

图7-11 绘制前片上平线

10 确定前片领深和领宽（领宽为B/24+3.4=7.2cm，领深为领宽+0.5=7.7cm）。使用【偏移】工具，将前片上平线向下偏移7.7，将前中心线向左偏移7.2，如图7-12所示。

11 确定后片领深和领宽（领宽为前领宽+0.3=7.5cm，领深为2.4cm）。使用【直线】工具，以BNP点为起点向上绘制一根长2.4cm的直线。

12 使用【偏移】工具，将该直线向右偏移7.5cm，得到的效果如图7-13所示。

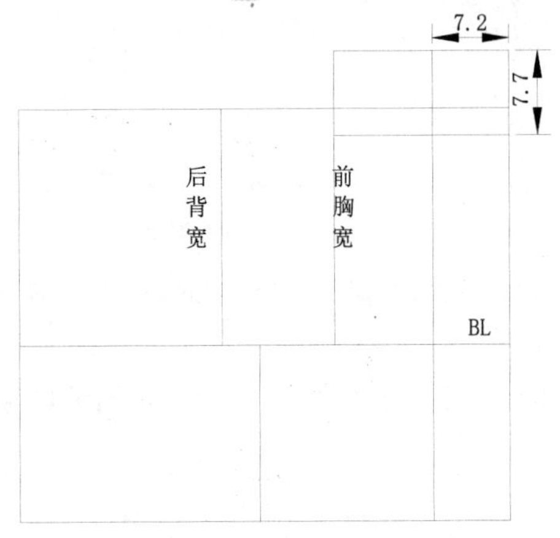

图7-12 确定前片领深、领宽

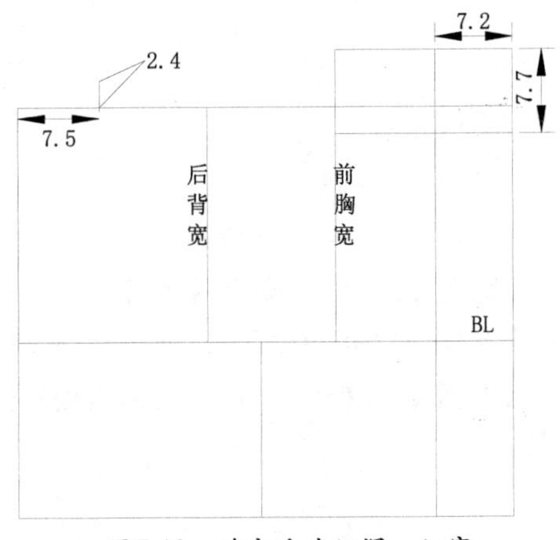

图7-13 确定后片领深、领宽

13 绘制前、后肩斜线。使用【直线】工具，绘制出图7-14所示的前、后肩斜线。

14 确定肩宽。使用【偏移】工具，分别将前后中心线向肩斜线方向偏移19cm，如图7-15所示。

15 绘制前、后领弧线和袖窿线。使用【样条曲线】工具，绘制出领弧和袖窿弧线，如图7-16所示。

16 确定BP点。使用【打断于点】工具，将BL线在与前胸宽线相交的点打断。在菜单栏中执行【绘图/点/定数等分】命令，选中刚才打断的直线，按Enter键，输入等份数值（这里输入2），按Enter键确定。

17 使用【圆】工具，以该中点为圆心绘制一个半径值为0.7cm的圆。

18 使用【点】工具，在该圆与BL线相交处单击，及BP点，如图7-17所示。

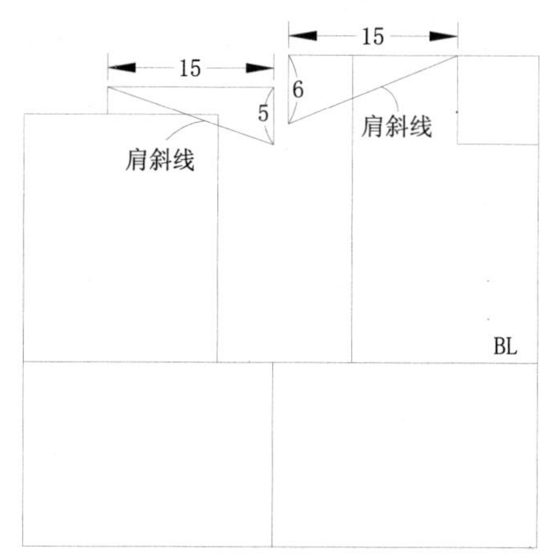

图7-14 绘制肩斜线

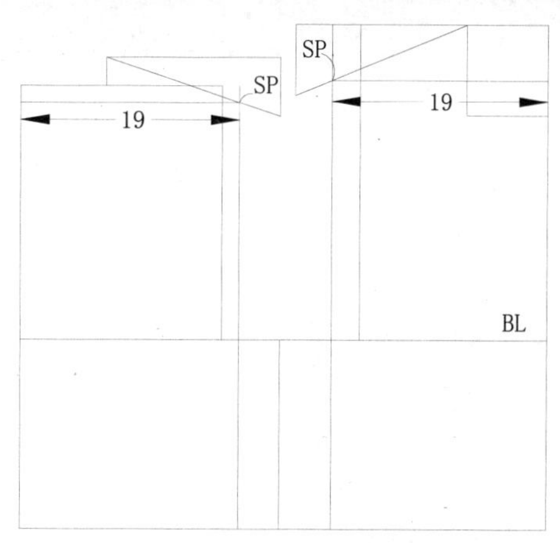

图7-15 确定肩宽

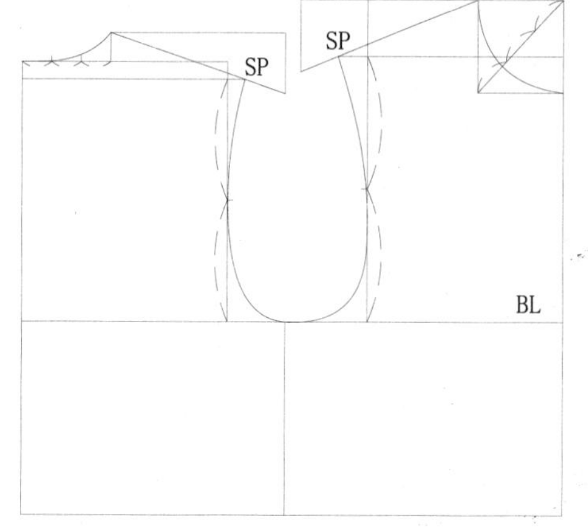

图7-16 绘制前后领弧线和袖窿线

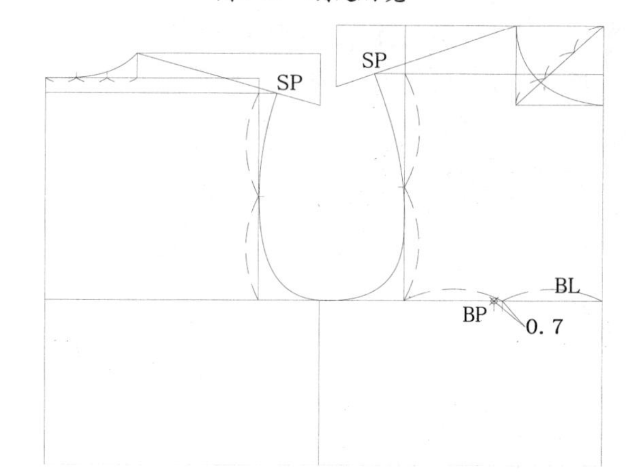

图7-17 绘制BP点

19 绘制胸省。使用【偏移】工具，将前胸宽线向左偏移2.8cm（B/32），将BL线向上偏移5.9cm，如图7-18所示。

20 使用【直线】工具，以BP点为起点，向A点绘制一根直线。

21 使用【圆】工具，以BP点为圆心，绘制一个半径值为15的圆。

22 使用【延伸】工具，以圆为边线，将直线A-BP延伸至圆，如图7-19所示。

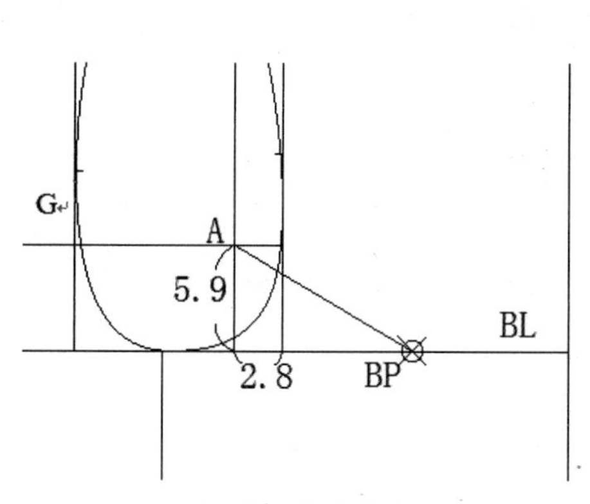

图7-18 绘制胸省

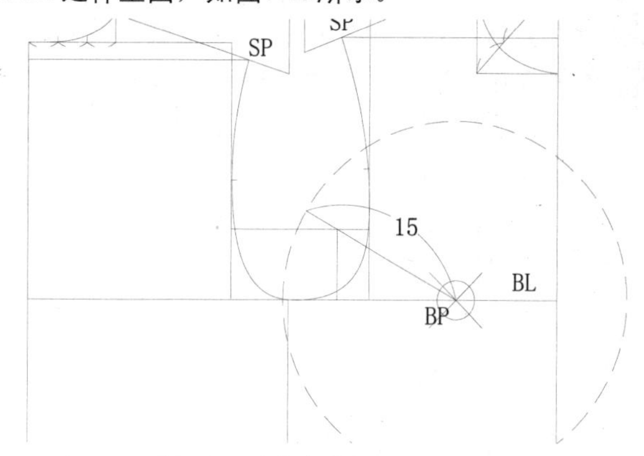

图7-19 确定省长

23 使用【直线】工具，以A点为起点，绘制一根垂直于直线A-BP，长4cm的直线。按Enter键重复【直线】命令，连接4cm线的端点和BP点，如图7-20所示。

24 使用【旋转】工具，分别以SP点和C点为基点，进行旋转，如图7-21所示。

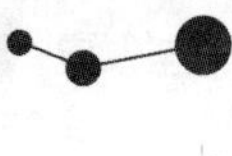

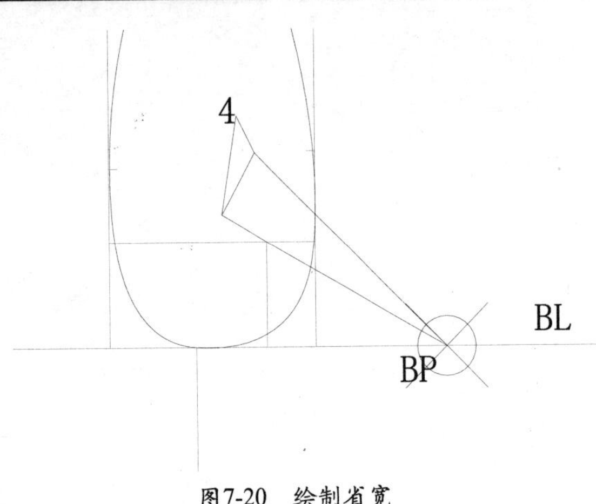

图7-20 绘制省宽

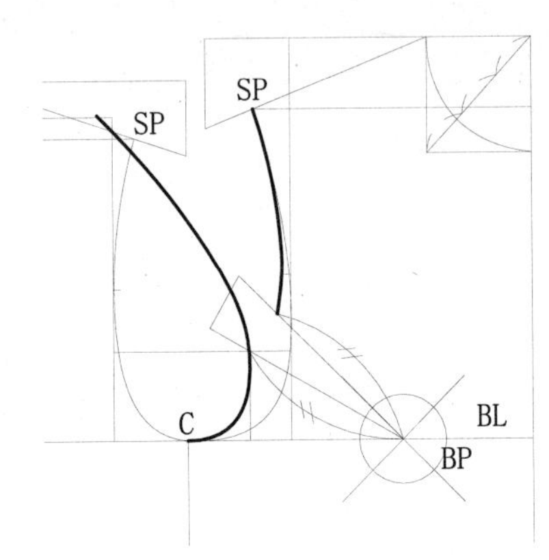

图7-21 旋转袖窿弧线

25 使用【偏移】工具，将侧缝线分别向左、右偏移1.5cm，将前、后中心线向左偏移1.5cm，将底边向上偏移1cm，得到的效果如图7-22所示。

26 绘制侧缝线、后中心线和底边。使用【样条曲线】工具，绘制出图7-23所示的侧缝线、后中心线和底边。

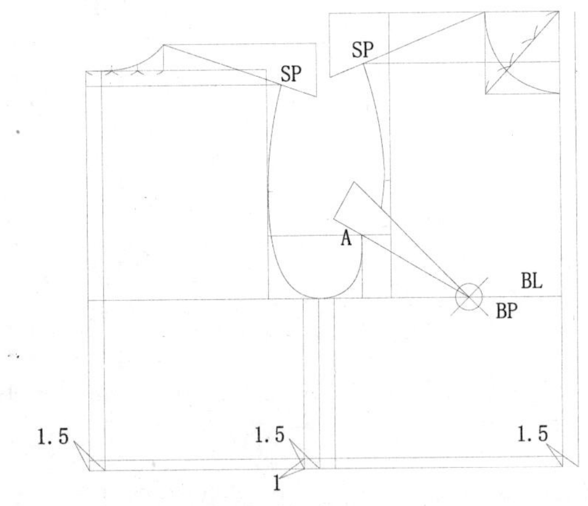

图7-22 确定起翘量、放摆量

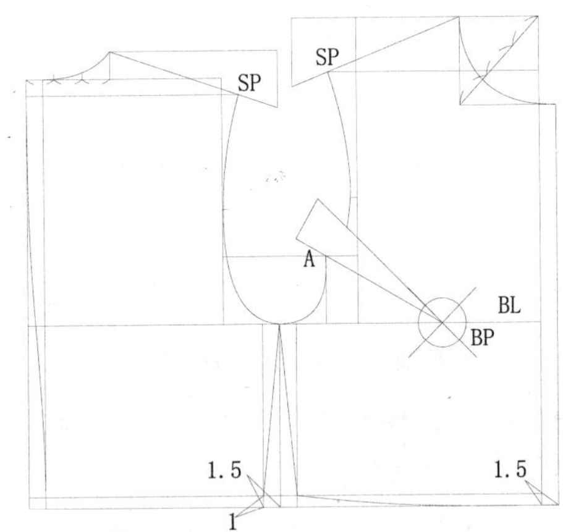

图7-23 绘制侧缝线、后中心线和底边

27 绘制省中线。使用【直线】工具，如图7-24所示，绘制出前、后片的腰省中线。

28 确定省宽。使用【圆】工具，以省中线与底边相交的点为圆心，绘制半径值为1.5cm的圆。

29 使用【直线】工具，绘制省线，如图7-25所示。

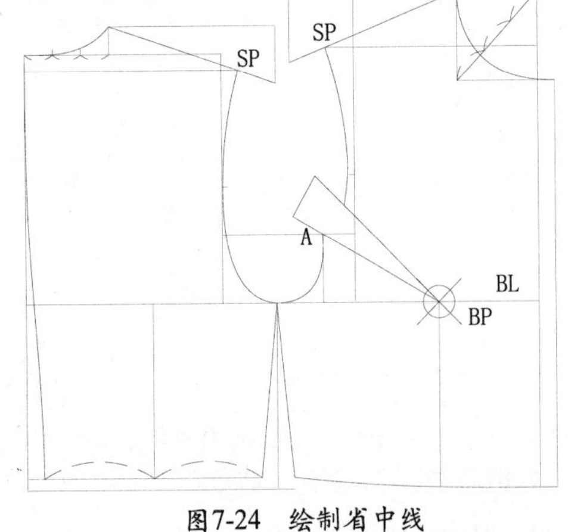

图7-24 绘制省中线

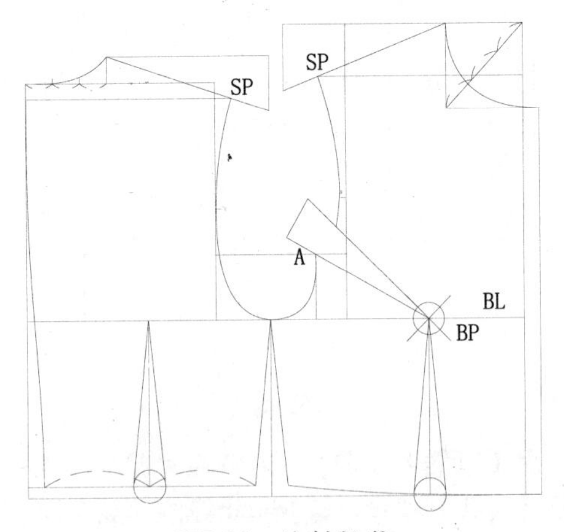

图7-25 绘制腰省

30 绘制出连衣裙上的分割线。使用【样条曲线】工具，绘制出分割线，如图7-26所示。

31 合并胸省。使用【旋转】工具，选中图7-27所示的虚线图形。

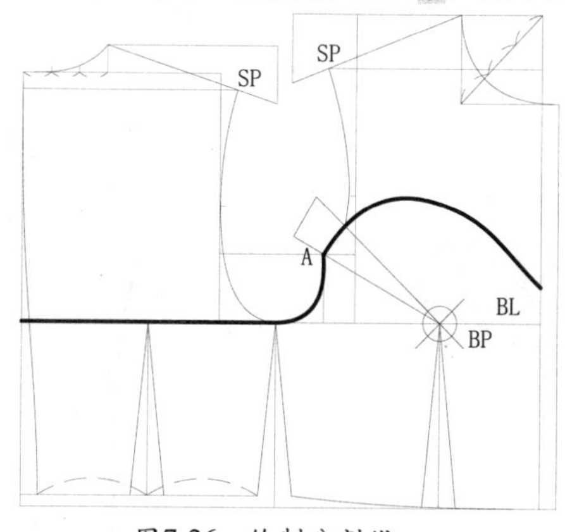

图7-26 绘制分割线

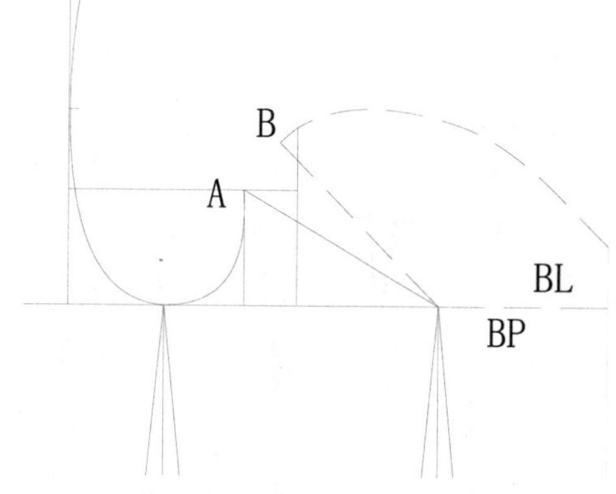

图7-27 绘制出需要旋转的图形

32 选好需要旋转的图形后，按Enter键确定。单击BP点为基点进行旋转，直至A、B点重合，如图7-28所示。

33 对连衣裙的上装裁片进行线宽设定和规范标注，如图7-29所示。

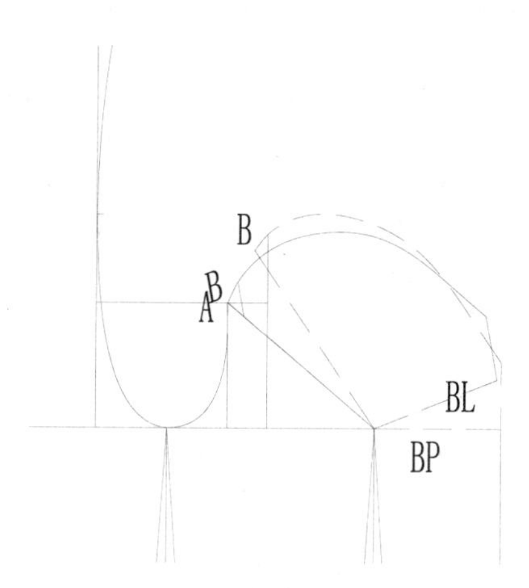

图7-28 合并袖窿省

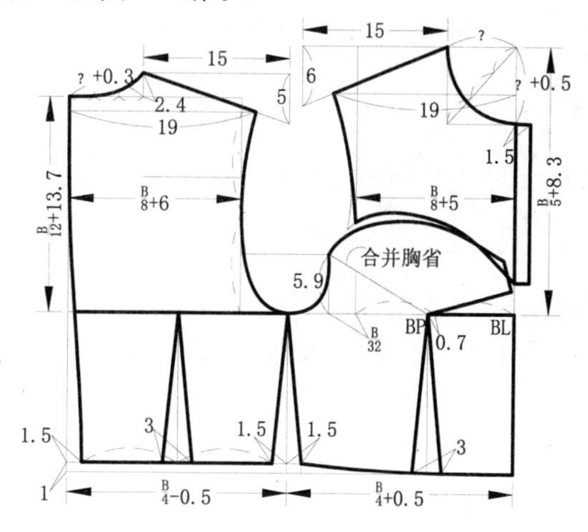

图7-29 进行线宽设定、规范标注

34 在菜单栏中执行【文件/打开】命令，打开之前绘制的半紧身裙结构图，选中多余的线的标注，按Delete键删除。框选结构图，按Ctrl+C快捷键复制，在菜单栏下的选项卡中选择连衣裙，按Ctrl+V快捷键粘贴，得到的效果如图7-30所示。

35 使用【偏移】工具，将底边向上偏移10cm，如图7-31所示。

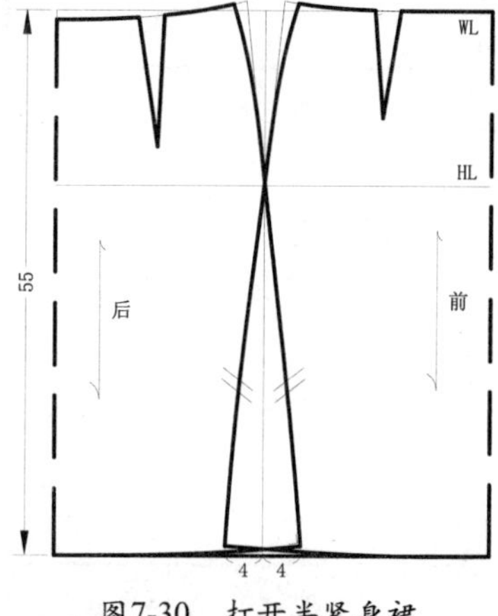

图7-30 打开半紧身裙

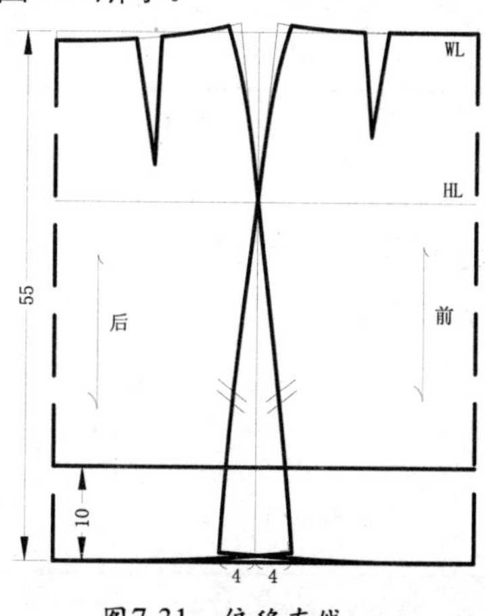

图7-31 偏移直线

36 使用【打断于点】工具，在前、后侧缝线相交的点打断。选中前、后侧缝线，按Delete键删除，得到的效果如图7-32所示。

37 使用【复制】工具，选中前片结构图，将其复制、平移至一旁。

38 使用【镜像】工具，框选中前片纸样，以前中心线为基准线，进行旋转。在命令行输入字符“N”，保留原图形，得到的效果如图7-33所示。

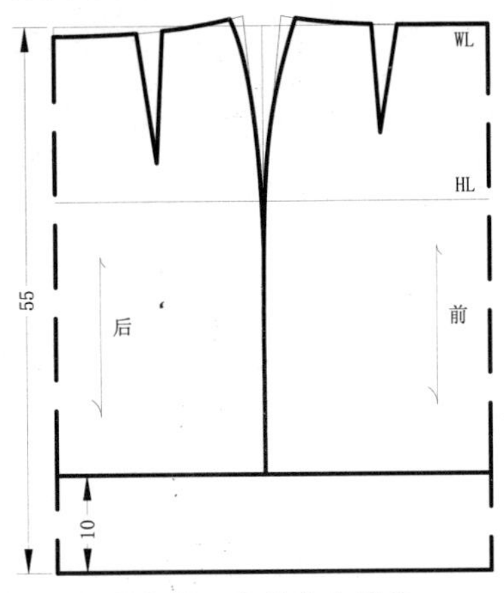

图7-32　裁剪多余线段

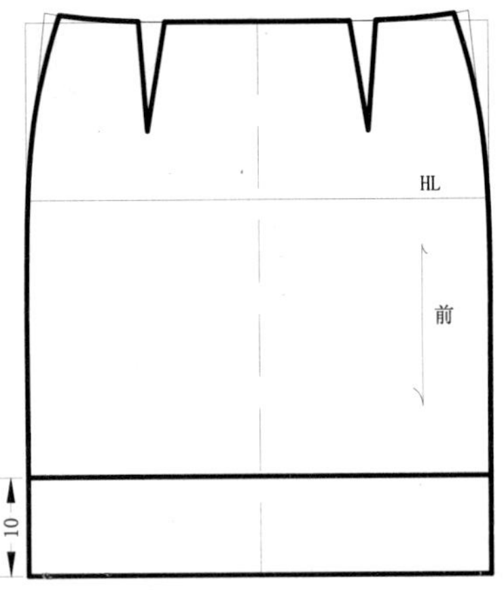

图7-33　对前片进行镜像

提示

如果执行完【定数等分】命令后，在直线上没有出现等分点，在菜单栏中执行【格式/点样式】命令，弹出“点样式”对话框，在此选择点样式和编辑点大小。

39 使用【偏移】工具，将新的底边向上偏移5cm，如图7-34所示。

40 使用【直线】工具，分别连接A、B点和C、D点，得到的效果如图7-35所示。

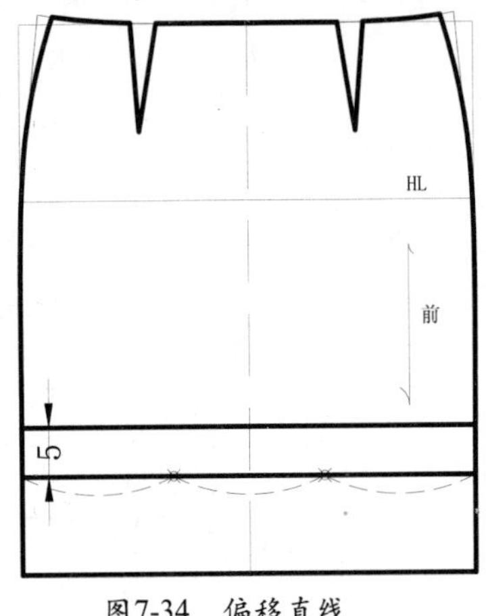

图7-34　偏移直线

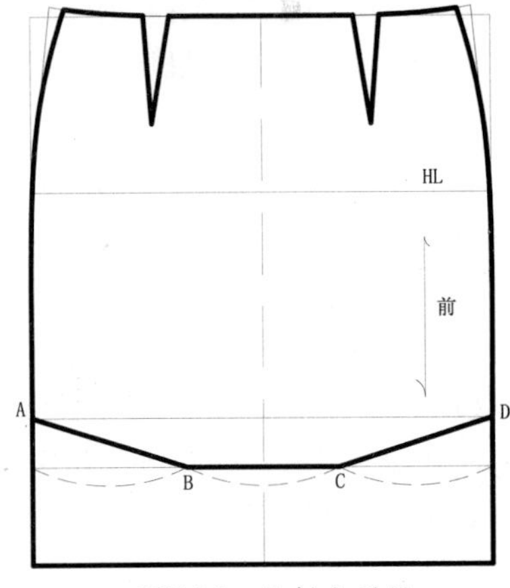

图7-35　绘制分割线

41 使用【打断于点】工具，将侧缝线在A、D点打断。

42 使用【复制】工具，选中图7-36所示的图形，将其复制到一旁。

43 使用【偏移】工具，将侧缝线向右偏移（底边/5=9.2cm）。重复该步骤，得到的效果如图7-37所示。

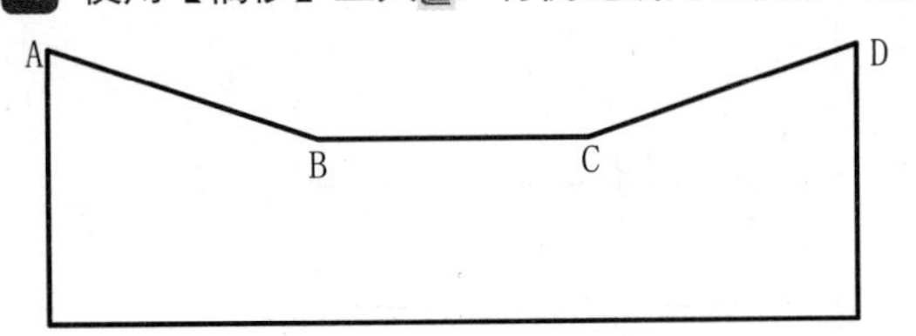

图7-36　对分割线进行打断

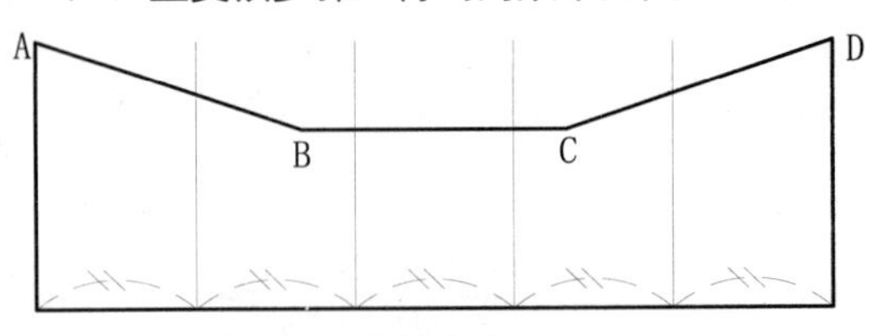

图7-37　绘制直线

44 使用【圆】工具，以E点为圆心，绘制出一个半径值为5cm的圆，如图7-38所示。

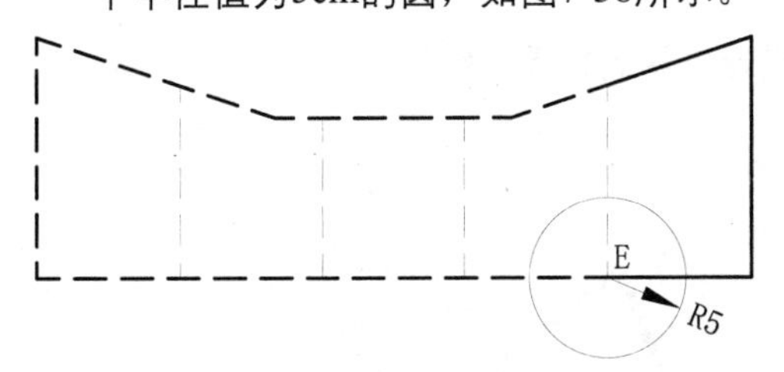

图7-38 绘制圆

45 使用【旋转】工具，选中如图所示的虚线线段。以A点为基点进行旋转，直至切于圆边，如图7-39所示。

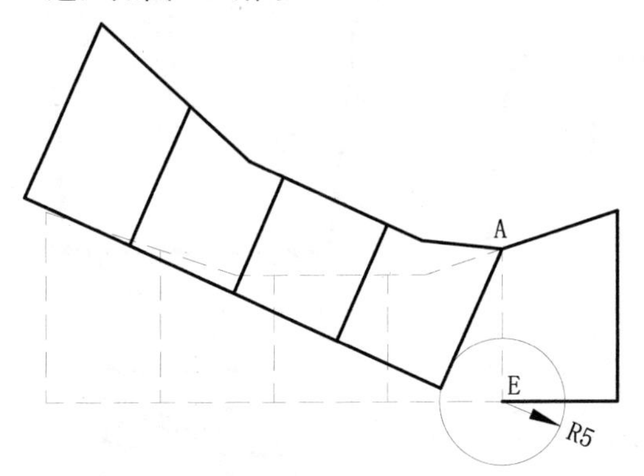

图7-39 旋转图形

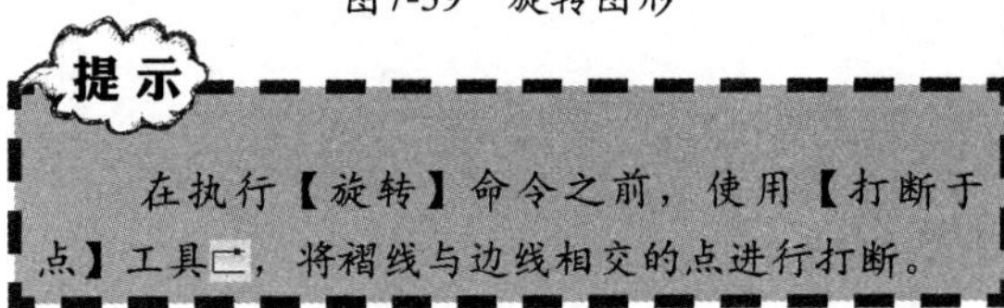

提示

在执行【旋转】命令之前，使用【打断于点】工具，将褶线与边线相交的点进行打断。

46 使用上述相同的方法，将剩余的褶线进行旋转，得到的效果如图7-40所示。

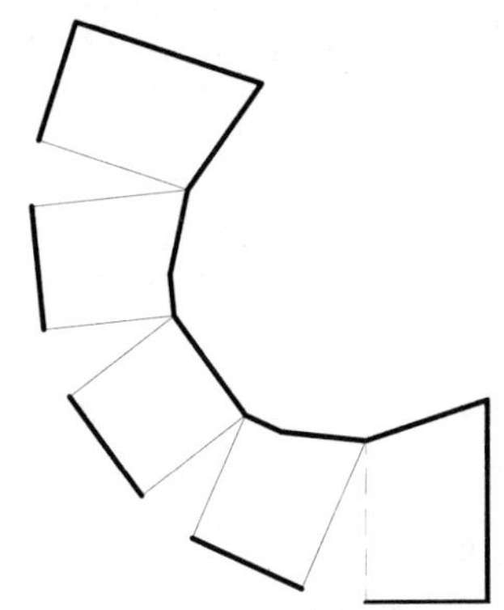

图7-40 旋转效果

47 使用【直线】工具，以任一端点为起点绘制一根水平直线。

48 使用【旋转】工具，旋转底边裁片，以直线的起点为基点进行旋转，直至另一端点交于直线，如图7-41所示。

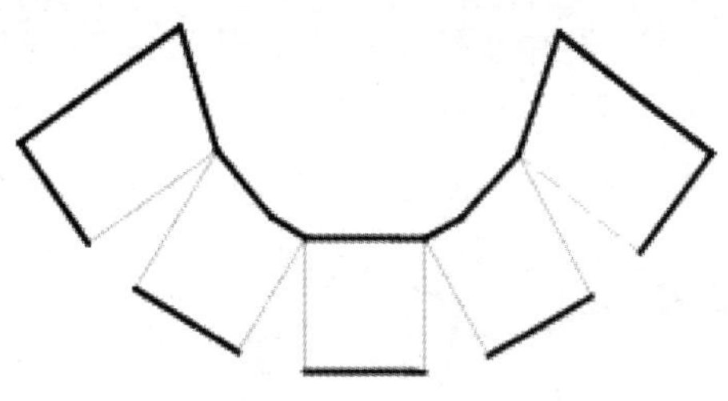

图7-41 旋转图形

49 使用【样条曲线】工具，重新绘制出边线，如图7-42所示。

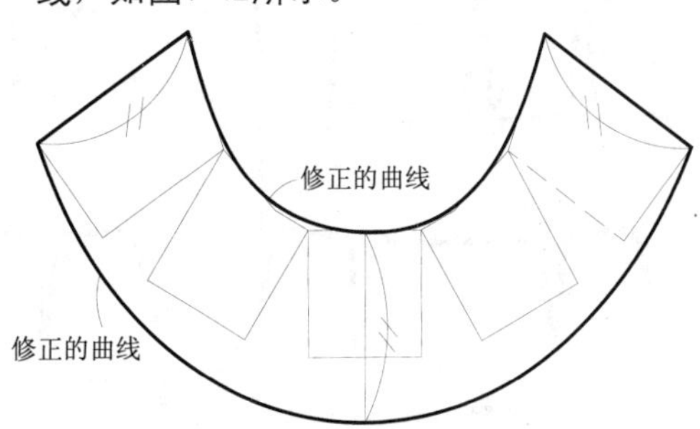

图7-42 绘制图形边线

50 参考前片的绘制，对后片纸样进行复制和镜像，得到的效果如图7-43所示。

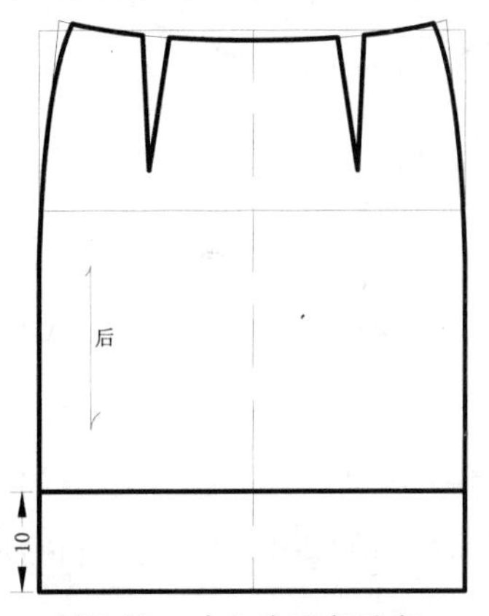

图7-43 对后片进行进行

51 使用【直线】工具，绘制后片的底边分割线，如图7-44所示。

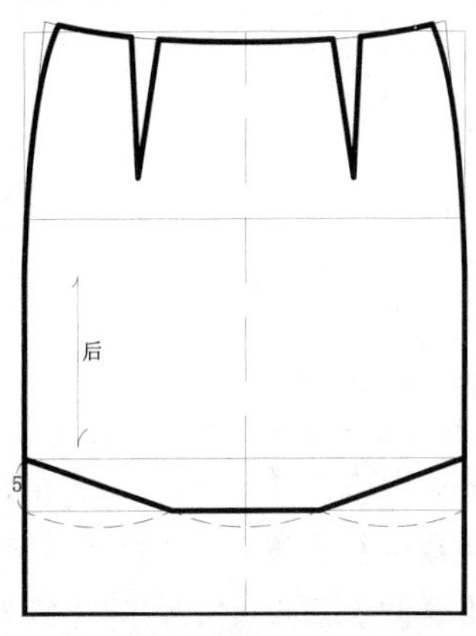

图7-44 绘制后片分割线

52 在菜单栏中执行【文件/打开】命令，打开女衬衫结构图，框选中衣袖和衣领结构图，按Ctrl+C快捷键复制。在连衣裙的绘图区，按Ctrl+V快捷键粘贴。

53 对连衣裙结构图进行线宽设定和规范标注，即完成连衣裙结构图的绘制，如图7-45所示。

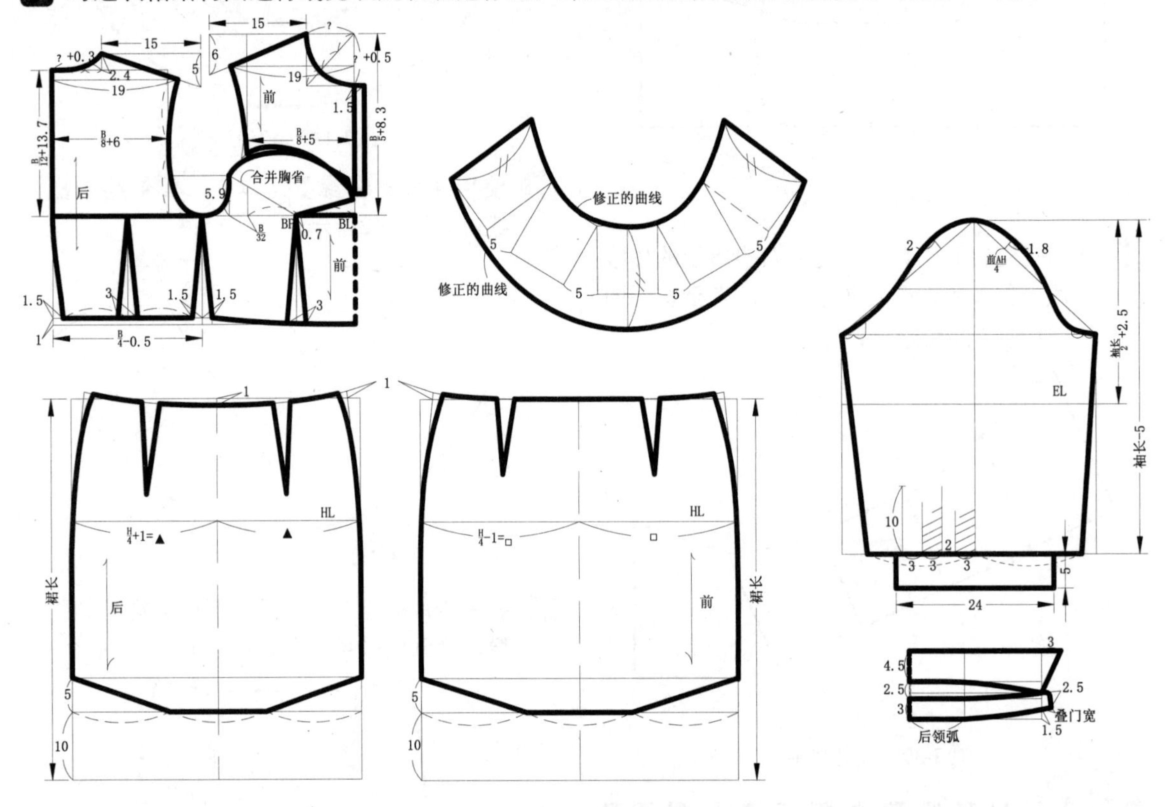

图7-45　进行线宽设定和规范标注

7.1.2　款式（二）：插肩袖连衣裙

插肩袖连衣裙款式图，如图7-46所示。

利用AutoCAD 2014绘制插肩袖连衣裙结构图，步骤如下。

01 打开AutoCAD 2014，创建连衣裙规格尺寸表，如图7-47所示。

图7-46　插肩袖连衣裙款式图

成品规格尺寸表　　号型：160/84A　　单位：cm

部位 分类	胸围	腰围	臀围	肩宽	裙长
净尺寸	84	66	90	40	
成品尺寸	92	68	92	38	87.5(自定义)

图7-47　插肩袖连衣裙尺寸表

02 在菜单栏中执行【文件/打开】命令，打开女衬衫结构图。

03 使用【裁剪】工具，以腰节线为边线，进行裁剪，得到的效果如图7-48所示。

04 使用【延伸】工具，以前片侧缝线为边线，对腋下省的省线进行延伸。

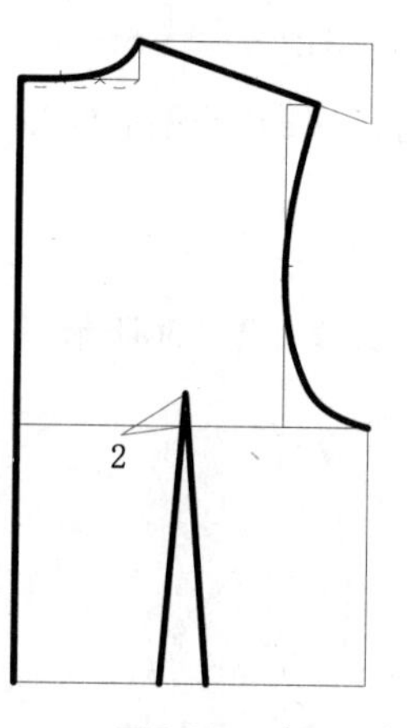

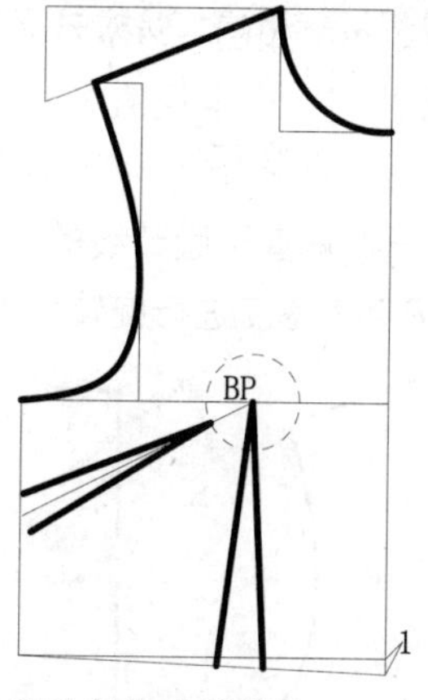

图7-48 对女衬衫结构图进行相应的删除

05 使用【直线】工具，对省线进行调整，得到的效果如图7-49所示。

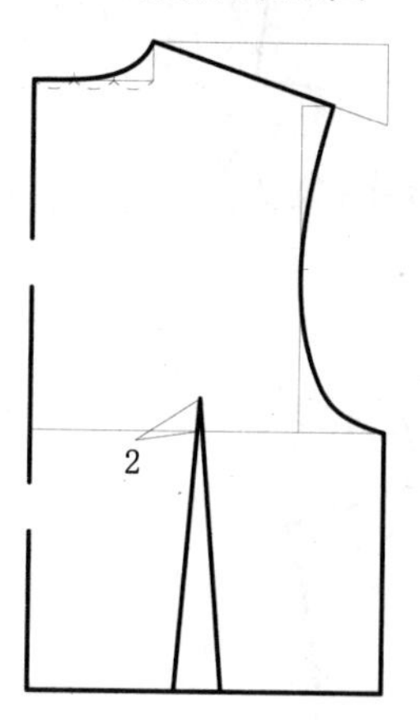

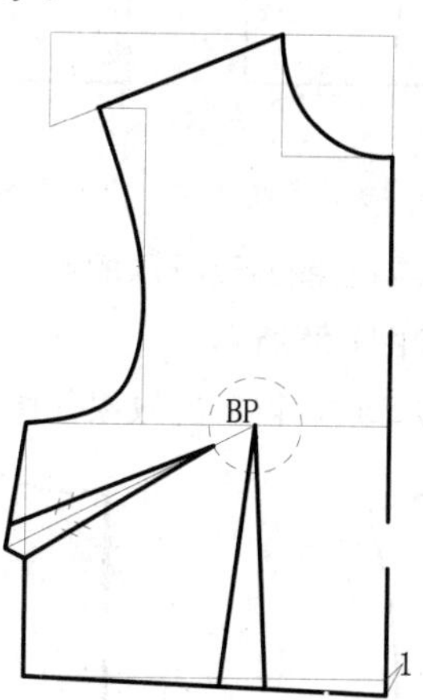

图7-49 绘制侧缝线和腰节分割线

06 使用【圆】工具，以A点为圆心，绘制出一个半径值为5cm的圆。

07 使用【直线】工具，以腋下省的省尖点为起点至腰节线与圆的交点为终点，绘制一根直线，如图7-50所示。

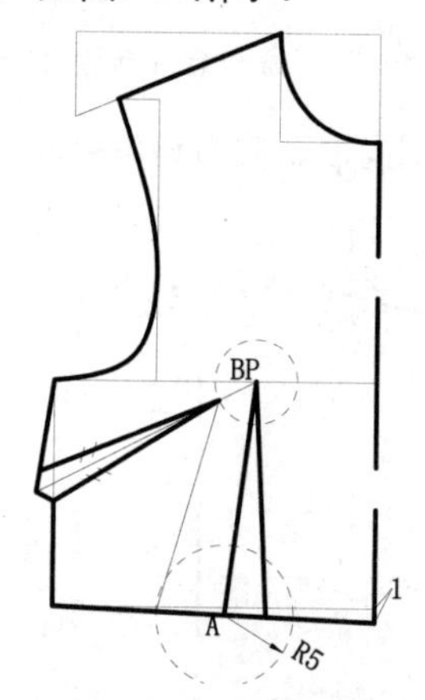

图7-50 绘制直线

08 使用【旋转】工具，选中图中虚线的线段。以腋下省的省尖点为基点，进行旋转，直至A1、A2重合，得到的效果如图7-51所示。

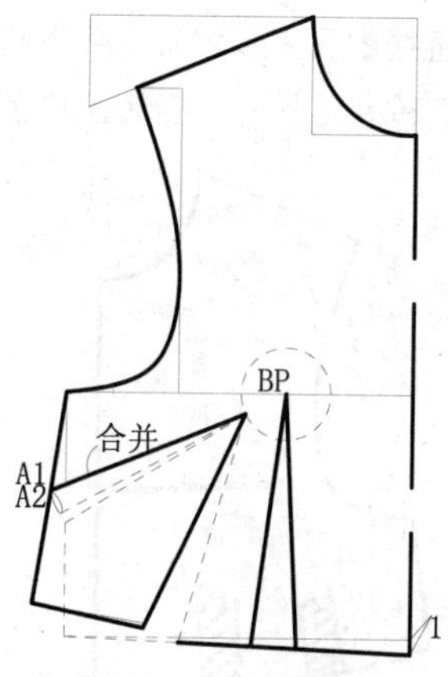

图7-51 合并腋下省

09 绘制腰节线。使用【样条曲线】工具，重新绘制腰节线，如图7-52所示。

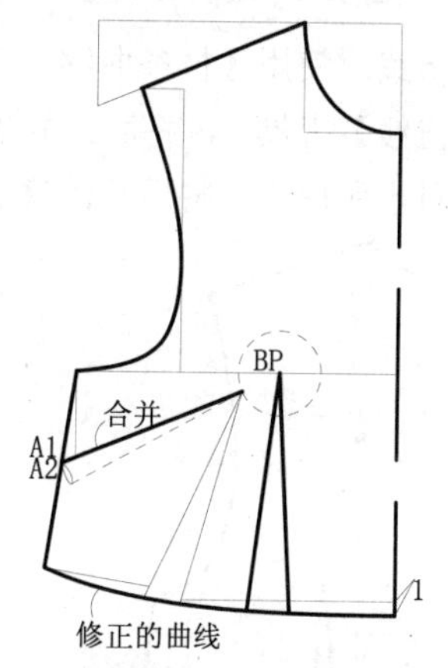

图7-52 绘制腰节线

10 绘制腰褶。使用【直线】工具，将省量转为褶，如图7-53所示。

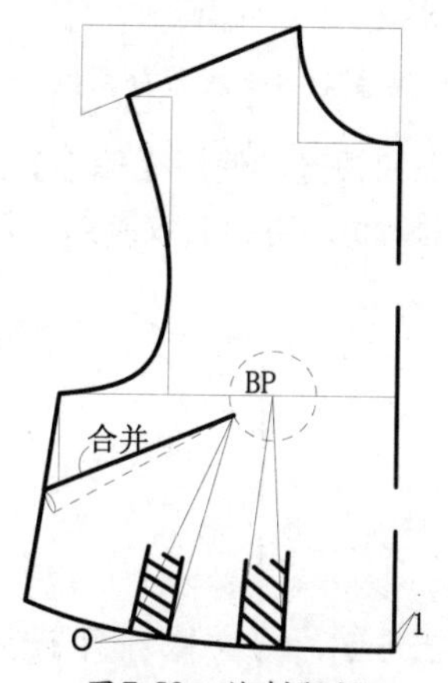

图7-53 绘制腰褶

11 使用【圆】工具，以A点为圆心，绘制一个半径值为5cm的圆。

12 使用【移动】工具，选中底边的褶，向上移动5cm，如图7-54所示。

13 使用【圆】工具，以图7-55所示的A点为圆心绘制一个半径值为5cm的圆，以E点为圆心绘制一个半径值为前片小褶量的圆。

14 使用【直线】工具，以E点为起点，向上绘制一根垂直于腰节线的直线。

15 使用【旋转】工具，旋转图中的虚线图形，以B点为基点进行旋转，得到的效果如图7-56所示。

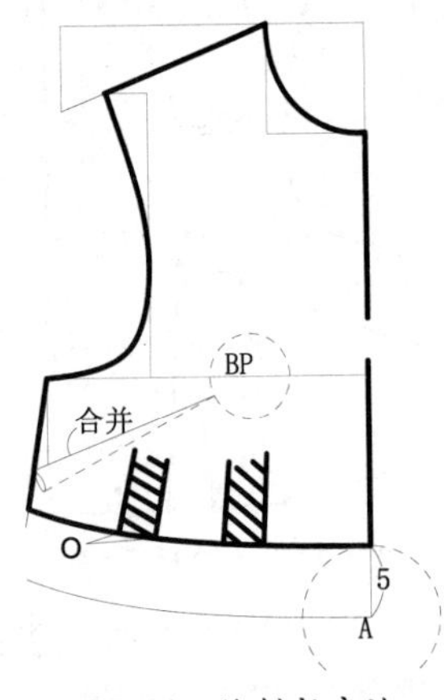

图7-54 绘制新底边

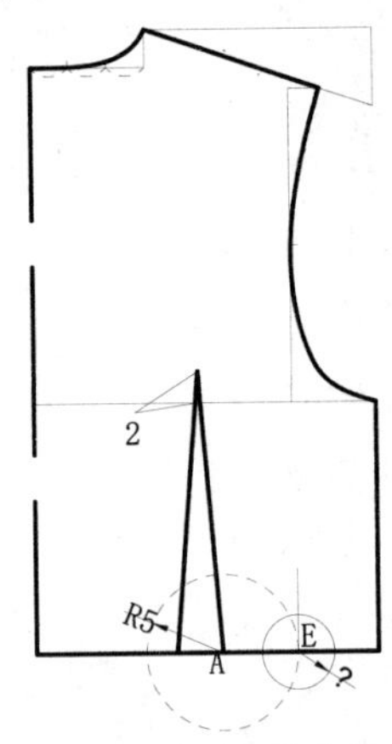

图7-55 绘制直线

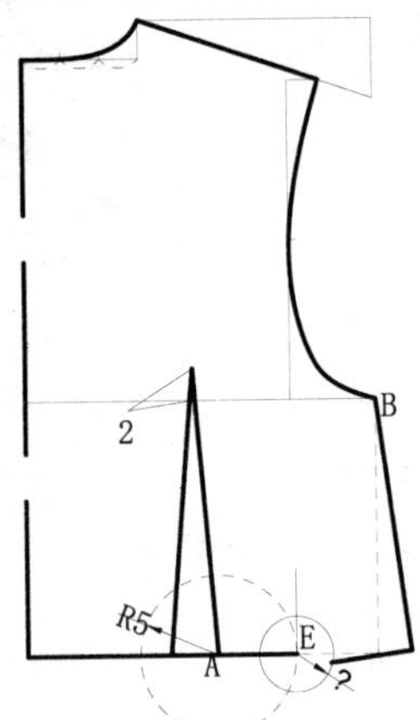

图7-56 旋转出褶量

16 绘制腰节线。使用【样条曲线】工具，重新绘制出图7-57所示的腰节线。

17 使用【直线】工具，将后片的省量转为褶，如图7-58所示。

18 参考第11步和12步，将后片的底边和褶向上移动5cm，得到的效果如图7-59所示。

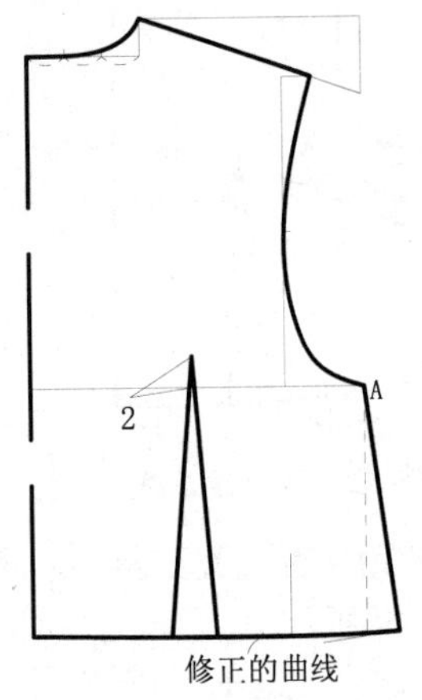

图7-57 绘制后片新腰节分割线

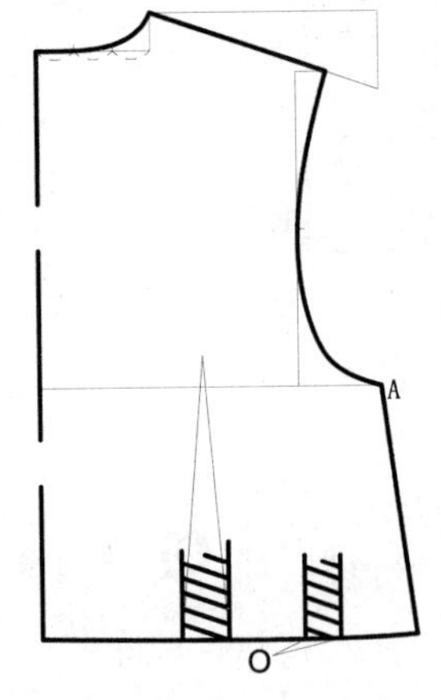

图7-58 绘制后片褶

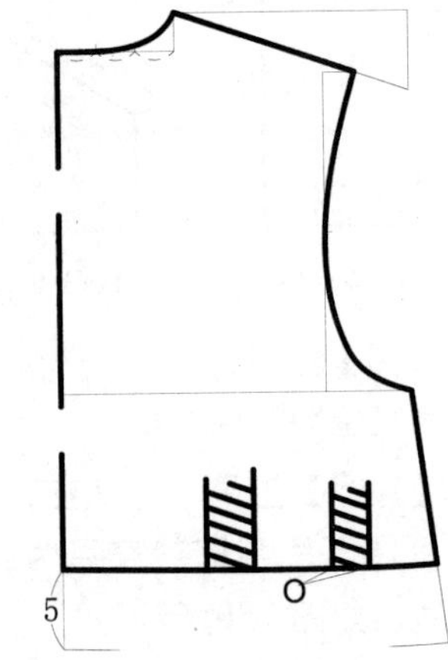

图7-59 绘制后片新腰节分割线

19 调整领深和领宽。使用【偏移】工具，将前、后片领宽分别向左、向右偏移4cm，将前片领深向下偏移2cm，得到的效果如图7-60所示。

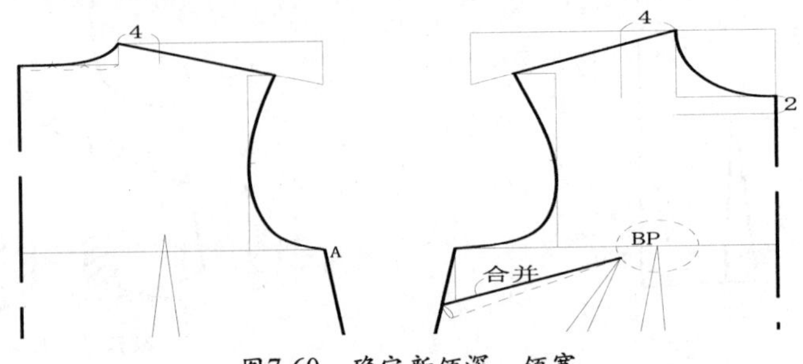

图7-60 确定新领深、领宽

20 绘制新的领口弧线。使用【样条曲线】工具，绘制出新的领口弧线，如图7-61所示。

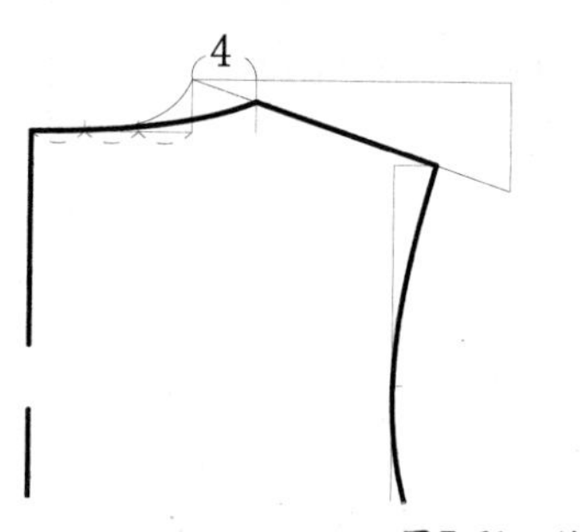

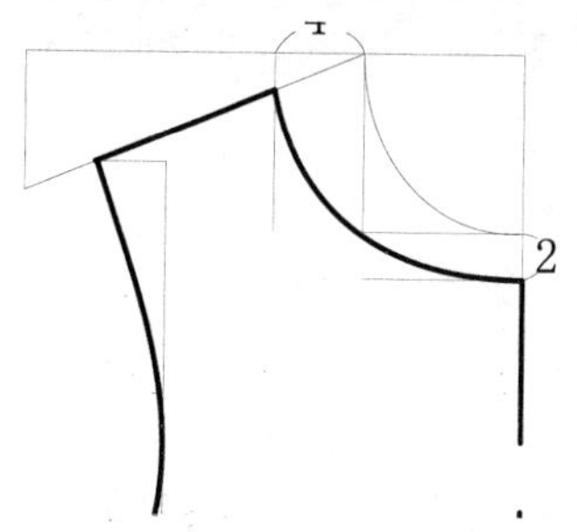

图7-61 绘制新的领口弧线

21 使用【直线】工具，以肩点为起点，分别向左向下绘制10cm长直线，再连接两根10cm线的端点，如图7-62所示。

22 在菜单栏中执行【绘图/点/定数等分】命令，选中上一步绘制的斜线，输入等份数值2。

23 使用【直线】工具，连接肩点和斜线的1/2点。

24 使用【圆】工具，以肩点为圆心，绘制一个半径值为袖长（18cm）的圆。

25 使用【延伸】工具，选中圆为边线，按Enter键确定，单击选中第23步绘制的直线，得到的效果如图7-63所示。

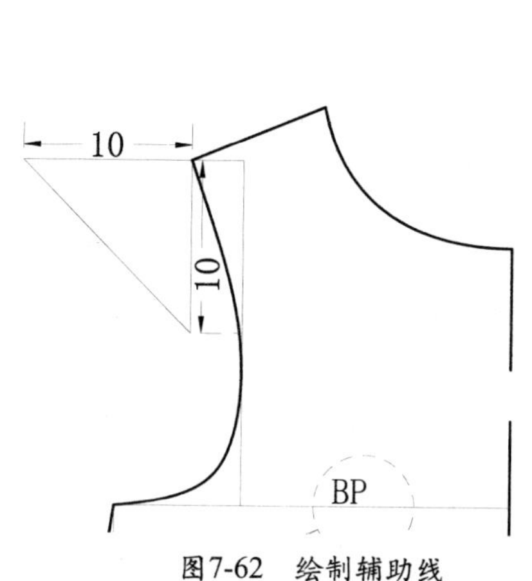

图7-62 绘制辅助线

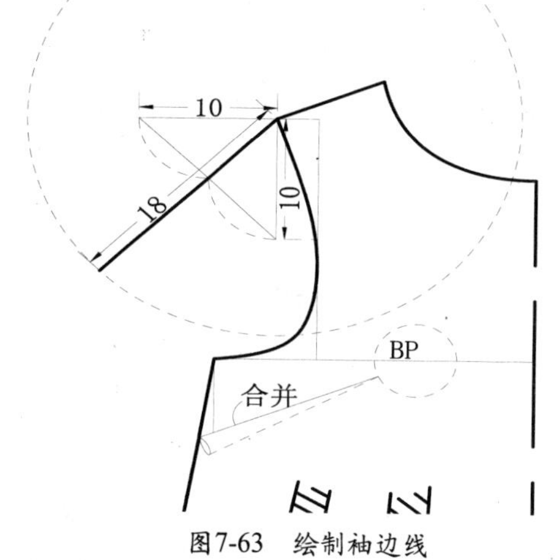

图7-63 绘制袖边线

26 使用【样条曲线】工具，重新绘制肩线，如图7-64所示。

27 绘制袖肥线。使用【圆】工具，以肩点为圆心，绘制一个半径值为袖山高（B/10+4=13.2cm）的圆。

28 使用【直线】工具，以圆和修边线相交的点为起点，绘制一根垂直于修边线的直线，如图7-65所示。

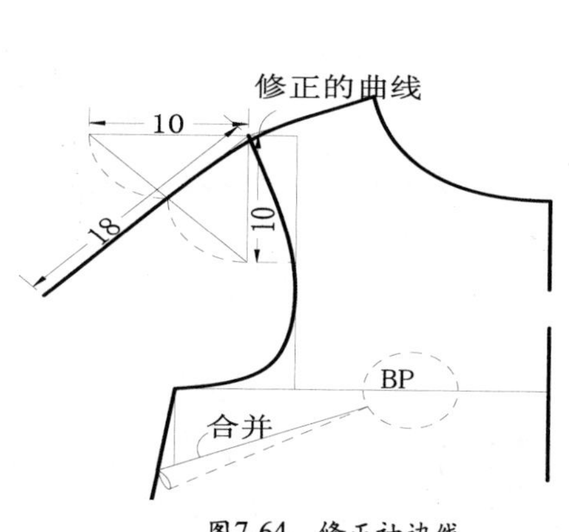

图7-64 修正袖边线

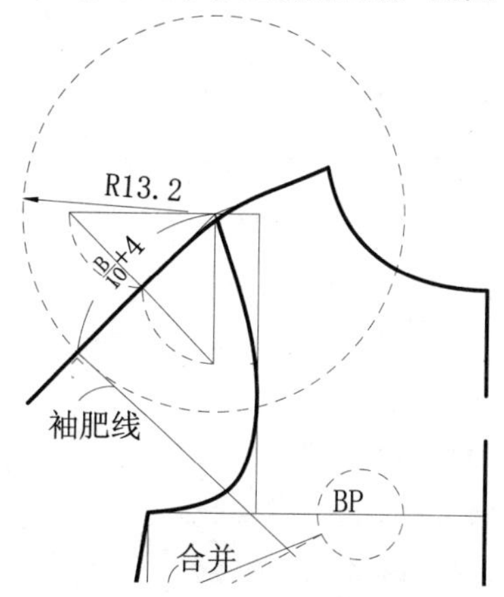

图7-65 绘制袖肥线

29 在菜单栏中执行【绘图/点/定数等分】命令，选中前片袖笼深线，按Enter键确定，输入等份数值3。

30 使用【圆】工具，以肩颈点为圆心，绘制一个半径值为4cm的圆。

31 绘制插肩袖。使用【样条曲线】工具，在领口弧线的4cm点与袖窿深线的1/3点之间绘制图7-66所示的曲线。

32 使用【样条曲线】工具，绘制完袖窿弧线，如图7-67所示。

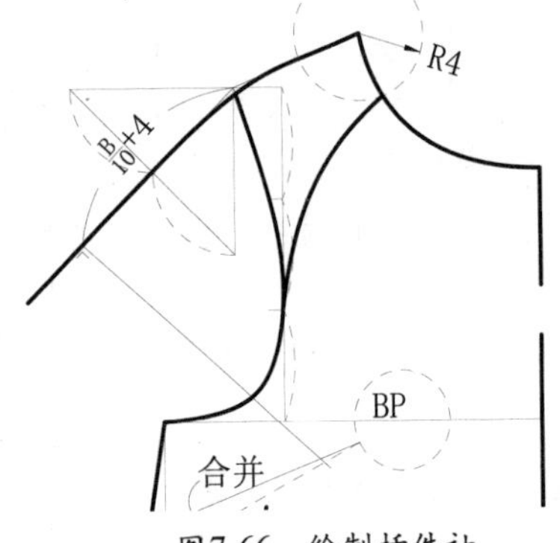

图7-66 绘制插件袖

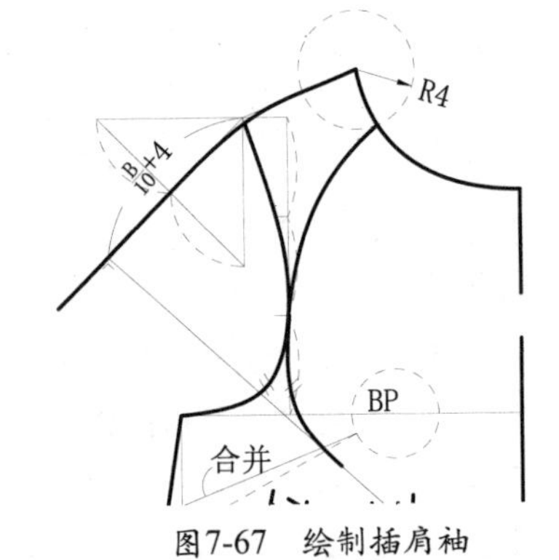

图7-67 绘制插肩袖

33 绘制袖口。使用【直线】工具，绘制一根垂直于袖边线的直线，在以袖窿弧线的下端点为起点，绘制一根垂线至袖口线。

34 使用【圆】工具，以A点为圆心，绘制一个半径值为1cm的圆。

35 使用【直】工具，以袖窿弧线的下端点为起点，至1cm圆与袖口相交的点之间绘制一根直线，如图7-68所示。

36 使用上述相同方法，绘制出后片的插肩袖，如图7-69所示。

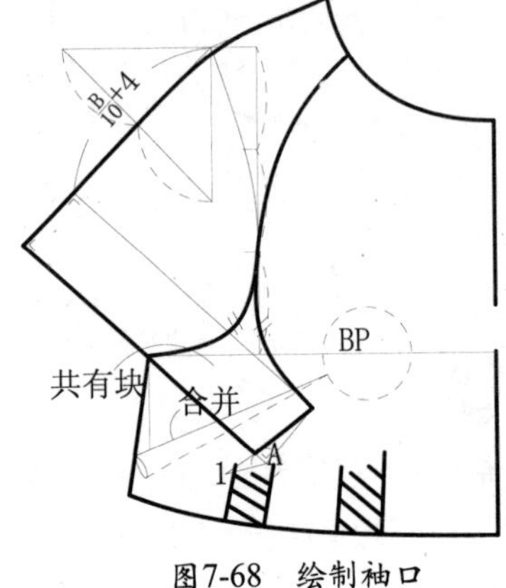

图7-68 绘制袖口

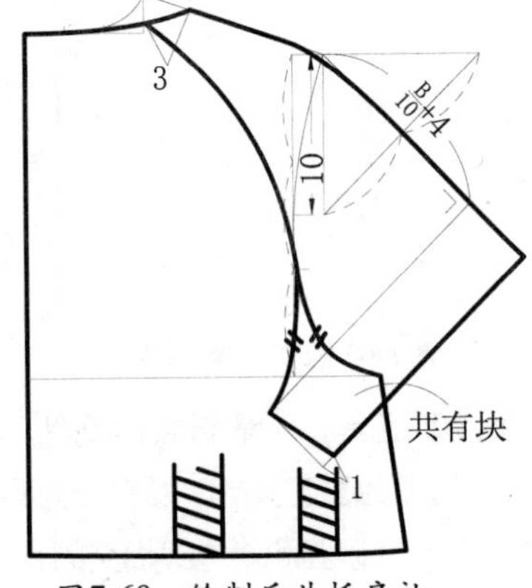

图7-69 绘制后片插肩袖

37 绘制领口分割线。使用【圆】工具，在前、后片的领口处分别以肩颈点、后颈椎点及前颈窝点为圆心，绘制半径值为2.5cm的圆。

38 使用【样条曲线】工具，根据上一步绘制出的圆与前、后中心线和前、后肩线的交点，绘制分割线，如图7-70所示。

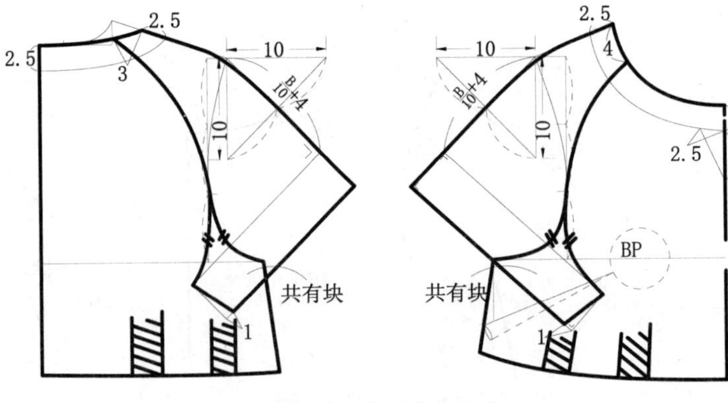

图7-70 绘制新领弧线

39 绘制连衣裙的下装。使用【直线】工具，绘制出图7-71所示的两根等长直线（长为裙长（50cm）+w+2/π=72.29cm）。

40 确定前、后中心线。使用【直线】工具，以前、后侧缝线段的交点为起点，输入该线的长度值（72.29cm），按Tab键切换至编辑角度值，输入角度值135°，按Enter键确定，得到的效果如图7-72所示。

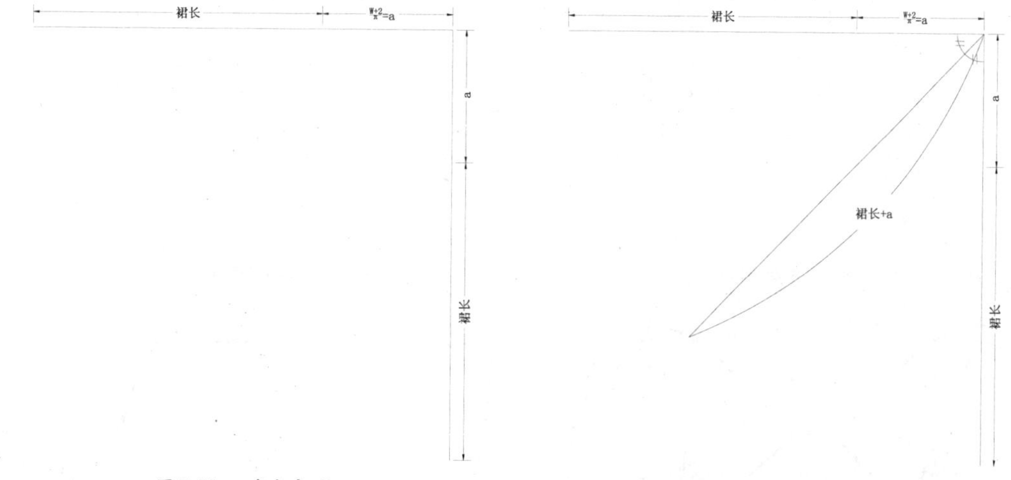

图7-71 确定裙长　　图7-72 绘制角平分线

提示

绘制前、后中心线时，先按F8键，应为第39步绘制侧缝时，直线工具为正交模式，只能绘制水平线或垂线。

41 绘制腰围线和裙摆。使用【圆弧】工具，拾取3点，绘制图7-73所示的腰围线和底边。

42 使用【偏移】工具，将侧缝线往裙片内偏移0.7cm。

43 使用【圆】工具，以A、B点为圆心，分别绘制半径值为0.7cm和0.5cm的圆。以腰围线和前、后中心线相交的点为圆心，绘制一个半径值为1cm的圆，如图7-74所示。

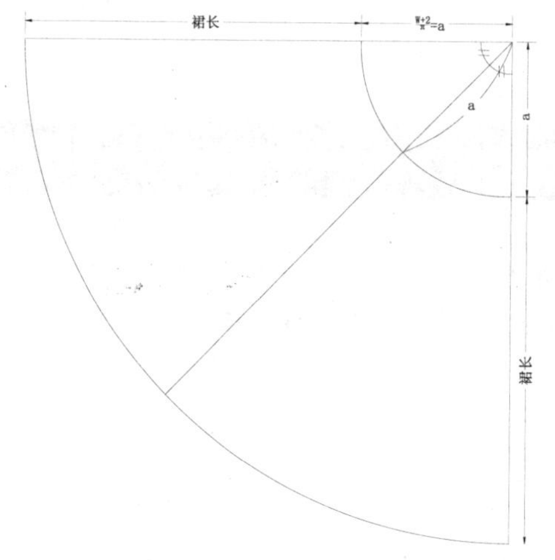

图7-73 绘制底边和腰围线

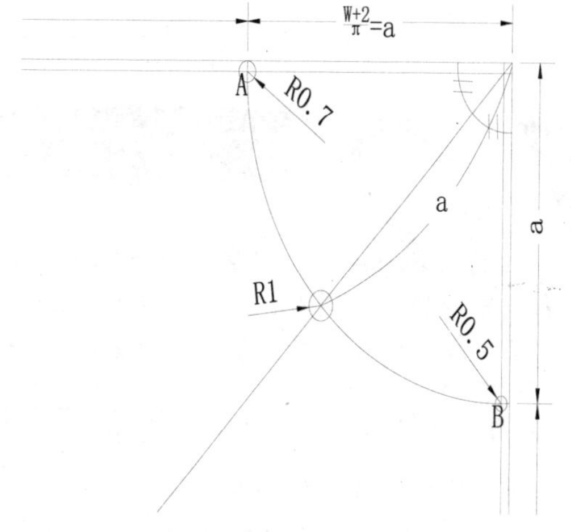

图7-74 绘制辅助图形

44 绘制后腰围线和侧缝线。使用【样条曲线】，绘制出图7-75所示的后片腰围线和侧缝线。

45 绘制腰头。使用【直线】工具，绘制出图7-76所示的腰头。

46 对插肩袖连衣裙进行线宽设定和规范标注，即完成该裙装结构图的绘制，如图7-77所示。

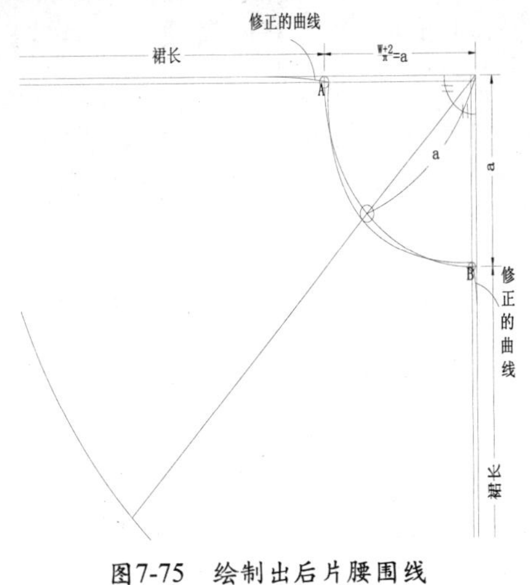

图7-75　绘制出后片腰围线

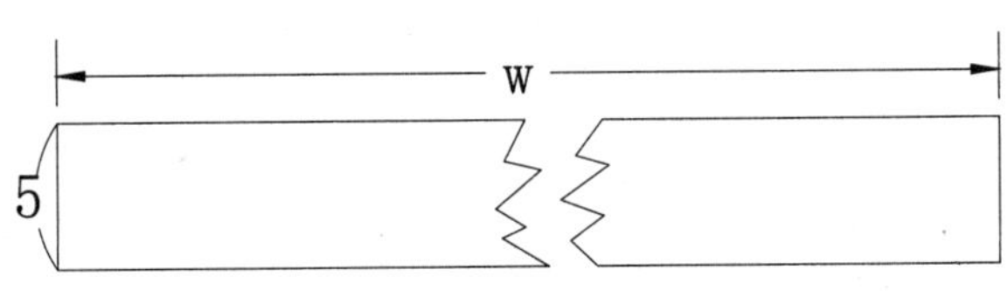

图7-76　绘制腰头

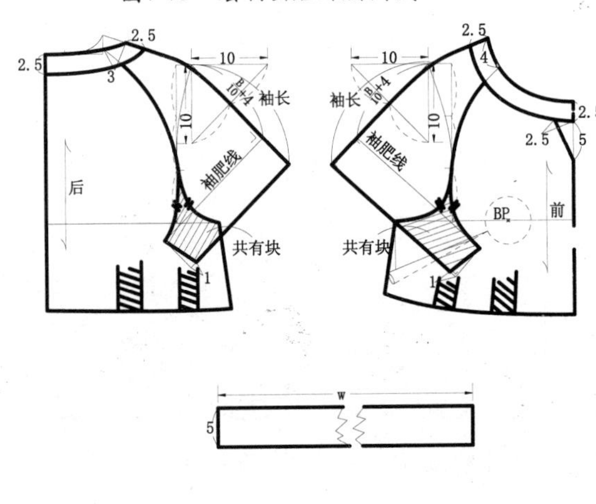

图7-77　进行线宽设定、规范标注

7.2 女装外套结构设计

外套，顾名思义即穿在最外面的服装。女士外套中包含西装外套、牛仔外套、罩衫外套、风衣、夹克、铺棉外套、连帽外套、运动外套、薄外套、短外套、长外套等形式，有棉、皮、羊毛、单宁布、羽绒等材质。

7.2.1 款式（一）：西装马甲

西装马甲款式图，如图7-78所示。

利用AutoCAD 2014绘制西装马甲的结构图，步骤如下。

01 打开AutoCAD 2014，创建规格尺寸表，如图7-79所示。

02 在菜单栏中执行【文件/打开】命令，打开女上装原型结构图。

03 绘制西装马甲的底边。使用【偏移】工具，将腰节线向下偏移16cm，如图7-80所示。

04 点击原有底边，拖动节点进行调整。

图7-78 西装马甲款式图

成品规格尺寸表　　　号型：$^{160}_{84}$A　　　单位：cm

部位 分类	胸围	腰围	臀围	肩宽	衣长
净尺寸	84	66	90	40	
成品尺寸	92	68	92	38	53.5(自定义)

图7-79 西装马甲尺寸表

05 选中后片底边，将光标放置在底边的左端点上，单击选择“拉长”，输入数值4，按Enter键确定。

06 使用【直线】工具，以4cm线的左端点为起点，向上绘制一根10cm长的直线，再向左绘制一根4cm直线，得到的效果如图7-81所示。

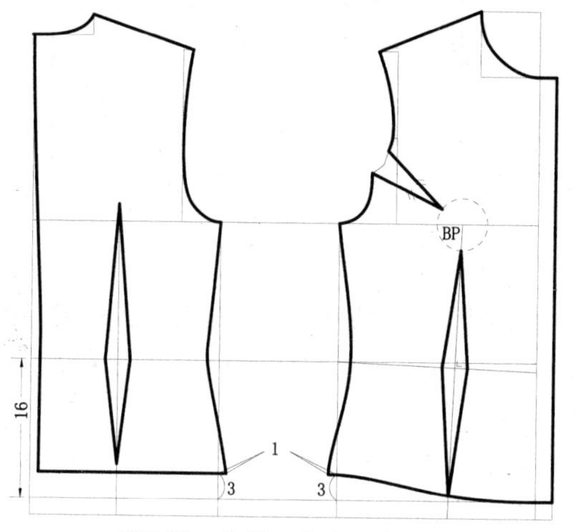

图7-80 绘制西装马甲底边

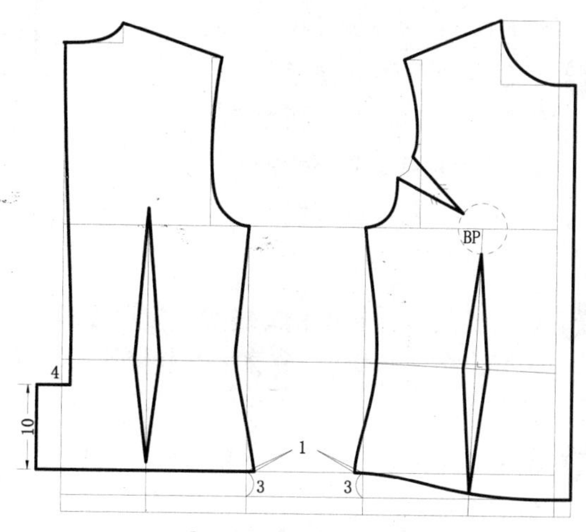

图7-81 绘制后片开叉

07 移动前片腰省。在菜单栏中执行【绘图/点/定数等分】命令，将腰节线分成2等份。使用【圆】工具，以腰节的1/2点为圆心，绘制一个半径值为1cm的圆。

08 使用【移动】工具，选中腰省，按Enter键确定。选中省中线与腰节线的交点为基点，移动至1cm圆与腰节线相交的点，单击该点确定，得到的效果如图7-82所示。

09 修改省宽。使用【圆】工具，以省中线与腰节线的交点为圆心，绘制一个半径值为1cm的圆。

10 选中省线的中端点，将其移动至圆与腰节线相交的点，如图7-83所示。

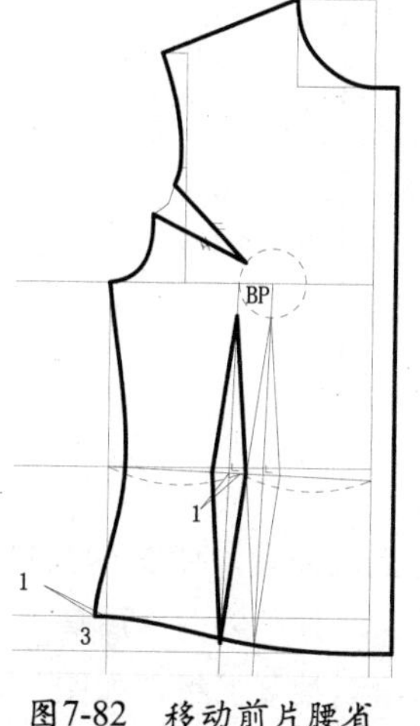

图7-82 移动前片腰省

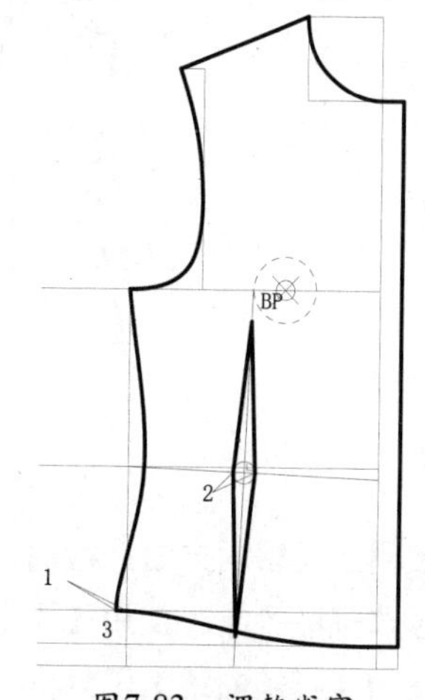

图7-83 调整省宽

11 绘制刀背线，首先绘制出大前片的刀背线。使用【偏移】工具，将袖窿深线的1/2点处的标记向下偏移1cm。使用【样条曲线】工具，以该点为起点，过省尖点至腰节线，绘制大前刀背线。

12 绘制前小片的刀背线。使用【偏移】工具，将偏移的1cm标记向下偏移2cm。使用【样条曲线】工具，以该点为起点，过省尖点至腰节线，绘制小前片刀背线。

13 调整小前片刀背线。使用【打断于点】工具，分别将两根刀背线在省尖处打断。分别选中a、b两根曲线段，输入字符“list”命令，按Enter键确定，在弹出的对话框中出现线段的长度。

14 使用【圆】工具，以小前片的刀背线上端点为圆心，绘制一个半径值为a-b的圆。

15 使用【延伸】工具，以上一步绘制的圆为边线，选中小前片的刀背线进行延伸，得到的效果如图7-84所示。

16 确定口袋位置。使用【偏移】工具，将腰节线向下偏移8cm，为口袋位置。

17 绘制腰省中线。使用【直线】工具，以前胸宽的1/2点为起点，向下绘制一根垂线，直至口袋线，如图7-85所示。

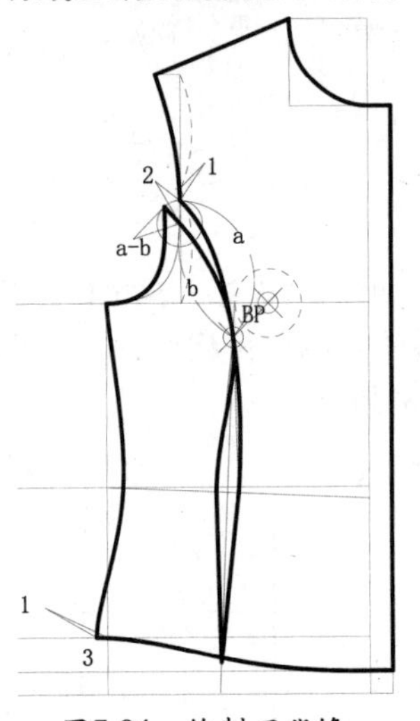

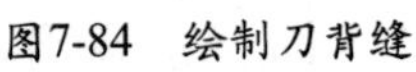

图7-84 绘制刀背缝

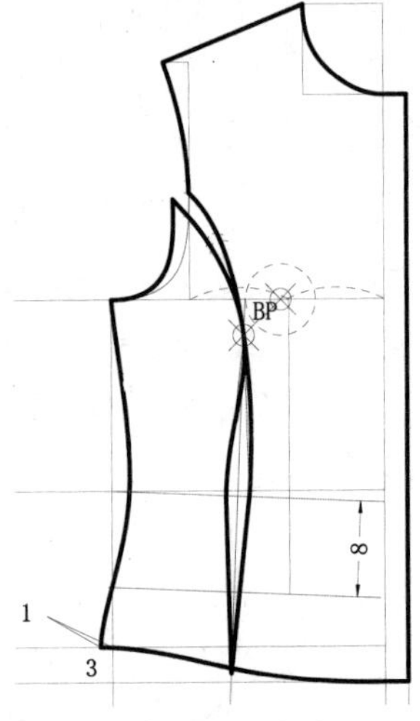

图7-85 确定口袋位

18 确定省尖点、省宽和口袋宽。使用【圆】工具，绘制出图7-86所示圆作为辅助。其中省尖点为胸围线下4cm处；省宽为之前修改腰省使用余下的量（1cm）；口袋宽为B/10+5=14.2cm（这里取14cm）。

19 使用【直线】工具，绘制出省线与口袋，如图7-87所示（这里口袋位线左端起翘1cm，使其平行于底边）。

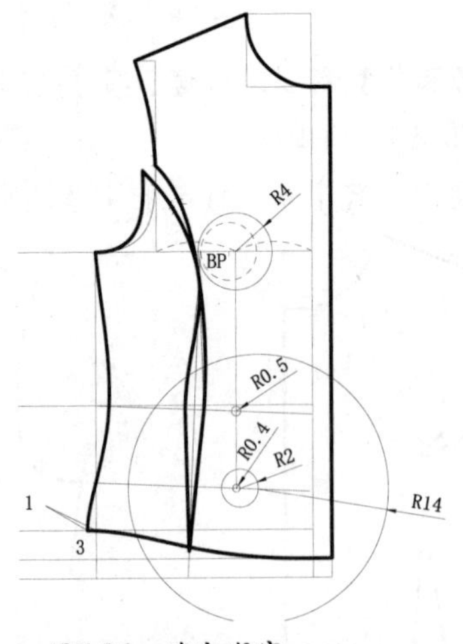

图7-86 确定省宽

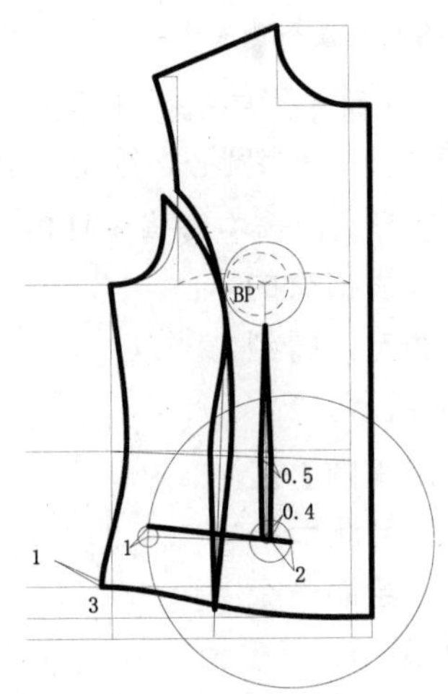

图7-87 绘制省线和口袋

20 使用上述相同方法，绘制出后片上的刀背，如图7-88所示。

21 修改袖窿弧线。使用【圆】工具，分别以前、后肩点为圆心，绘制半径值为1cm的圆。

22 使用【样条曲线】工具，重新绘制袖窿弧线，如图7-89所示。

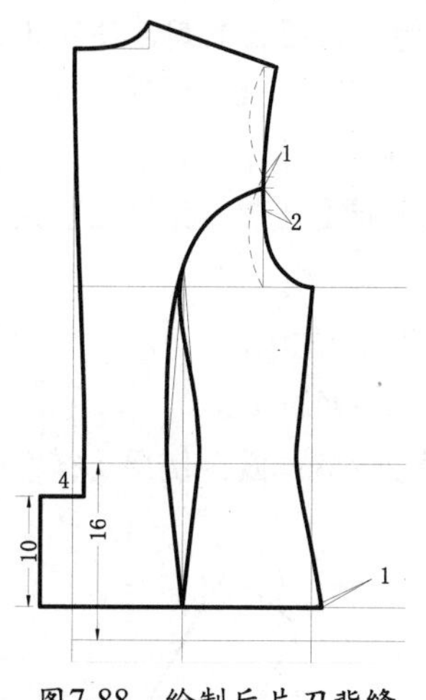

图7-88 绘制后片刀背缝

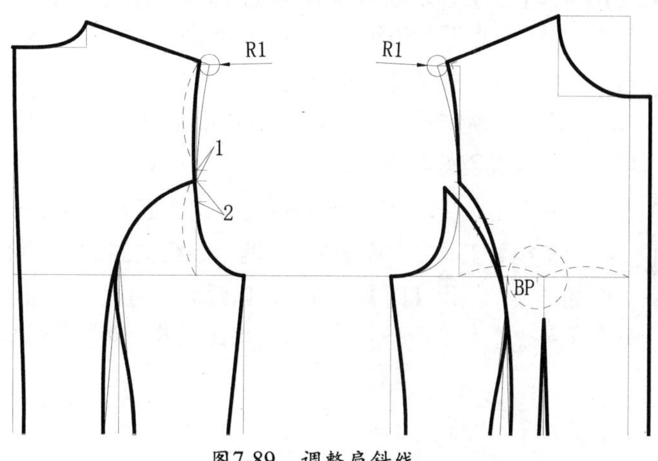

图7-89 调整肩斜线

23 修改后领弧线。使用【圆】工具，以后肩颈点和后颈椎点为圆心，分别绘制半径值为1.5cm和0.5cm的圆。

24 使用【样条曲线】工具，重新绘制后领弧线，如图7-90所示。

25 绘制串口线和驳口线。使用【偏移】工具，将前片上平线向下偏移31cm（即第一粒扣位），将领宽线向右偏移0.5cm。

26 在菜单栏中执行【绘图/点/定数等分】命令，选中领宽线，按Enter键确定，输入等分数值3。

27 使用【直线】工具，连接领宽线的1/3点和B点（前中心线和领深线的交点），为串口线；连接A点和C点（第一粒扣位线与叠门相交的点），为驳口线，得到的效果如图7-91所示。

28 测量后领弧线长度。选中后领弧线，输入字符“list”，按Enter键确定，在弹出的对话框中出现弧线长度。

29 选中驳口线，将光标放置在上端点的节点上，出现快捷菜单，选择“拉长”命令。将鼠标向上移动，输入拉长数值（这里输入后领弧长）。使用相同的方法将串口线向左拉长0.5cm，得到的效果如图7-92所示。

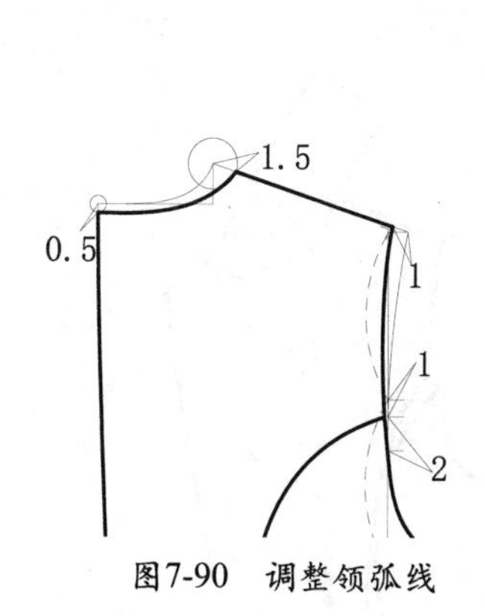

图7-90 调整领弧线

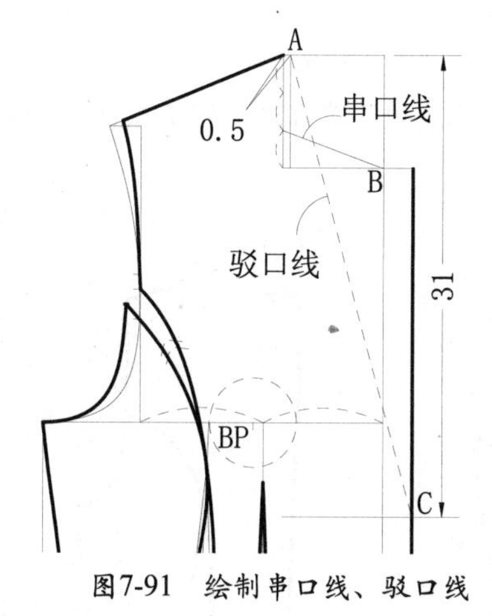

图7-91 绘制串口线、驳口线

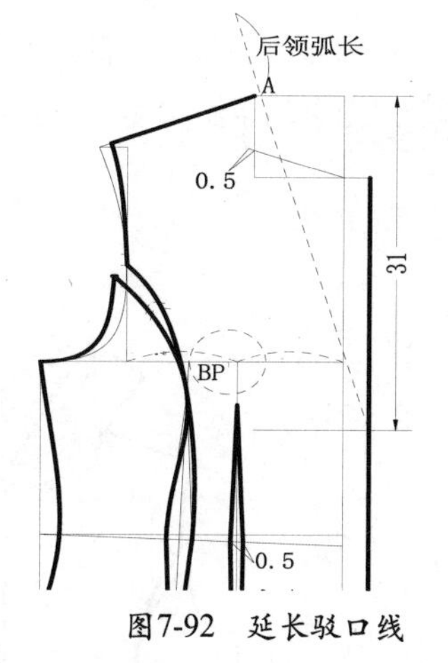

图7-92 延长驳口线

30 使用【直线】工具，以驳口线的上端点为起点，向左绘制一根长3cm的垂线。按Enter键重复命令，连接3cm线的端点与A点。

31 使用【圆】工具，以前肩点为圆心，绘制一个半径值为1.5cm的圆。

32 使用【移动】工具，选中第29步绘制的斜线，按Enter键确定。选中A点为基点，移动至圆与肩斜线相交的点，单击完成移动。

33 使用【圆】工具，以圆与肩斜线的交点为圆心，绘制一个半径值为后领弧长的圆。使用【裁剪】工具，以圆为边线，选中上一步移动的线超出圆的部分，得到的效果如图7-93所示。

34 绘制领中心线。使用【直线】工具，以A点为起点，向右绘制一条垂线。使用【圆】工具，以A点为圆心，绘制一个半径值为7cm的圆，使用【裁剪】工具和【延伸】工具完善之前绘制的垂线，使其刚好与圆相交。

35 使用【圆】工具，以7cm直线的右端点为圆心，绘制一个半径值为0.2cm的圆。

36 使用【直线】工具，连接A点和两个圆相交的点，为领中心线，如图7-94所示。

37 绘制翻驳领。使用【圆】工具，以颈窝点为圆心，绘制一个半径值为3cm的圆。使用【样条曲线】工具，连接各部位点，绘制出翻驳领，如图7-95所示。

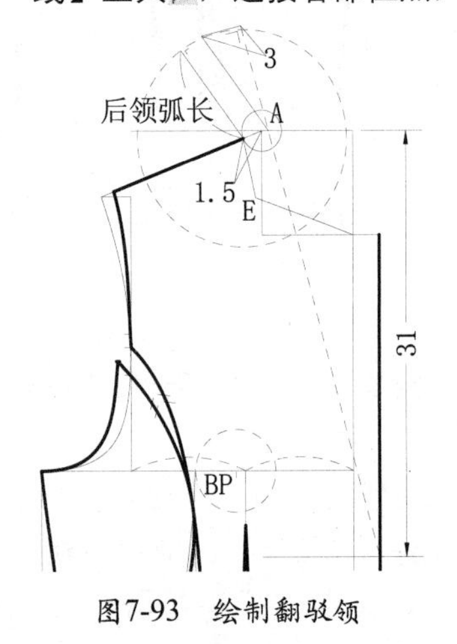

图7-93 绘制翻驳领

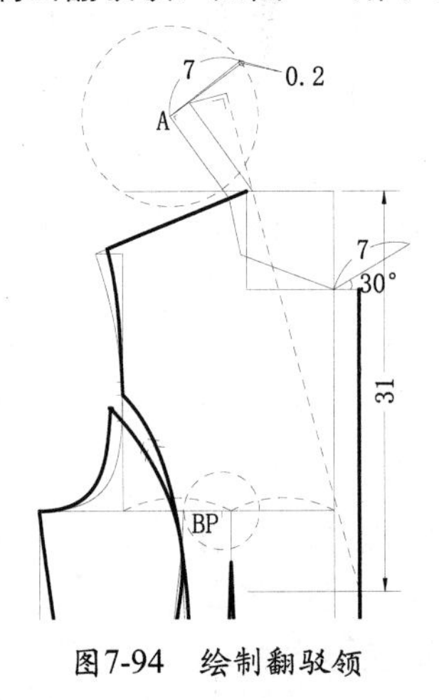

图7-94 绘制翻驳领

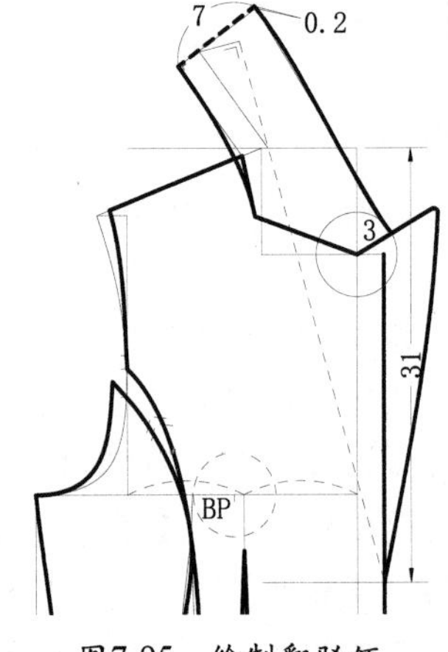

图7-95 绘制翻驳领

38 绘制扣位线。使用【直线】工具，以口袋位线的右端点为起点，向右绘制一根水平直线。使用【偏移】工具，将该线向上偏移2cm，即最后一粒扣位确定。

39 使用【打断于点】工具，将止口线分别在第一粒扣位和最后一粒扣位的点进行打断。

40 在菜单栏中执行【绘图/点/定数等分】命令，选中第一粒扣位和最后一粒扣位间的线段，按Enter键确定，输入等分数值2，按Enter键确定，1/2则会出现标记点。使用【直线】工具，在该点绘制扣位线，得到的效果如图7-96所示。

41 对西装马甲结构图进行线宽设定和规范标注，即完成该马甲结构图的绘制，如图7-97所示。

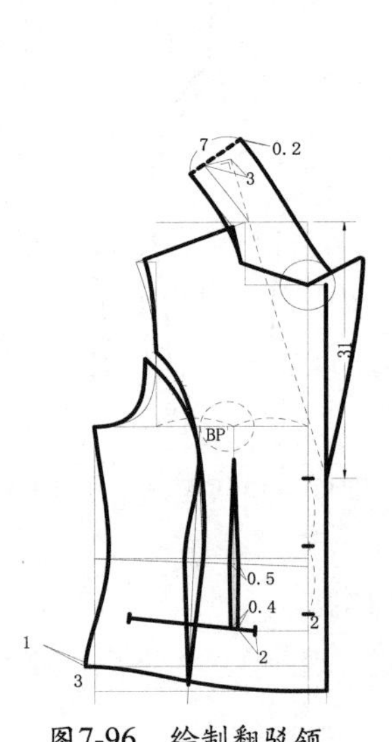

图7-96 绘制翻驳领

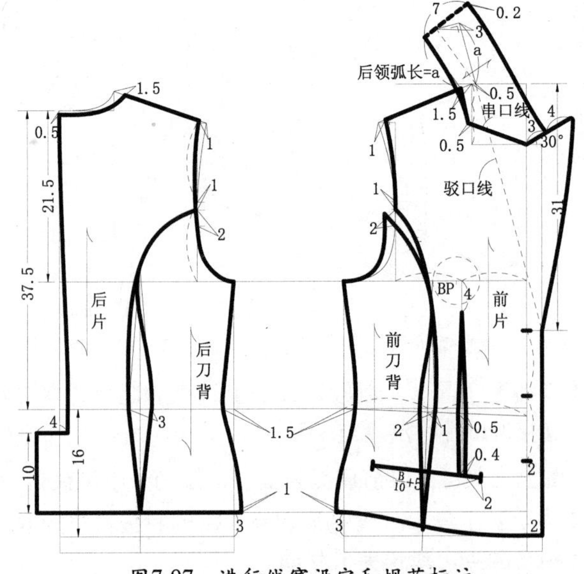

图7-97 进行线宽设定和规范标注

提示

在绘制戗驳头时，使用【圆角】工具绘制。

7.2.2 款式（二）：双排扣大衣

双排扣大衣款式图，如图7-98所示。

利用AutoCAD 2014绘制双排扣大衣结构图，步骤如下。

01 打开AutoCAD 2014，创建规格尺寸表，如图7-99所示。

图7-98 双排扣大衣款式图

成品规格尺寸表　　号型：160/84A　　单位：cm

分类＼部位	胸围	腰围	臀围	肩宽	衣长
净尺寸	84	66	90	40	
成品尺寸	92	68	92	38	80(自定义)

图7-99 双排扣大衣尺寸表

02 修改领深和领宽。使用【圆】工具，分别以前、后片的肩颈点和前片的颈窝点为圆心，绘制半径值为2cm的圆，如图7-100所示。

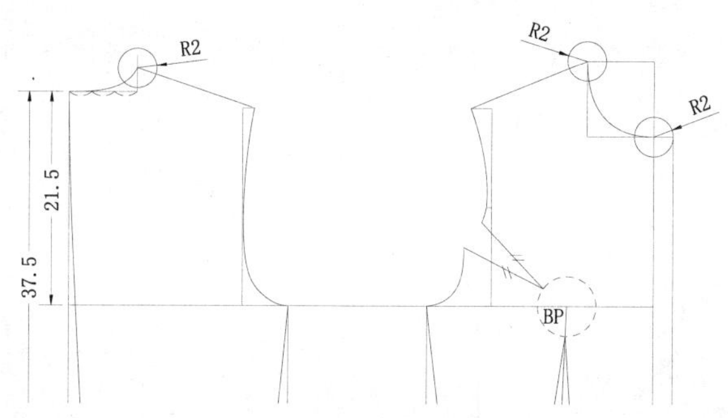

图7-100 调整领弧线

03 绘制新的领口弧线。使用【样条曲线】工具，绘制出图7-101所示的领口弧线。

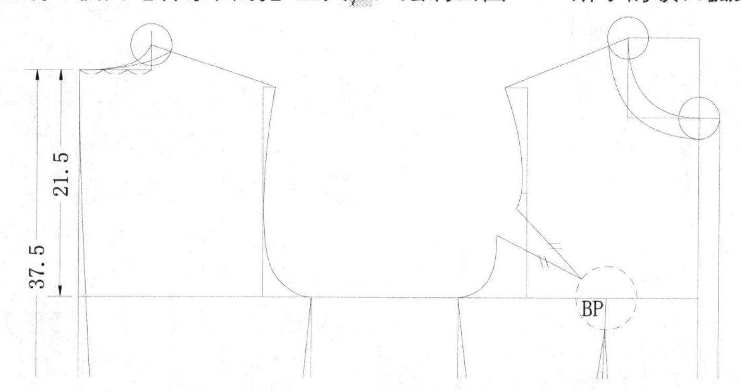

图7-101 绘制新领口弧线

04 修改叠门宽度和衣长。使用【偏移】工具，将叠门向右偏移6cm（新叠门宽度为8cm，减去原有的叠门宽2cm，所以这里偏移6cm）；将上平线向下偏移80cm为衣长。

05 使用【延伸】工具，以新底边为边线，选中叠门线、止口线、侧缝线和后中心线进行延伸，得到的效果如图7-102所示。

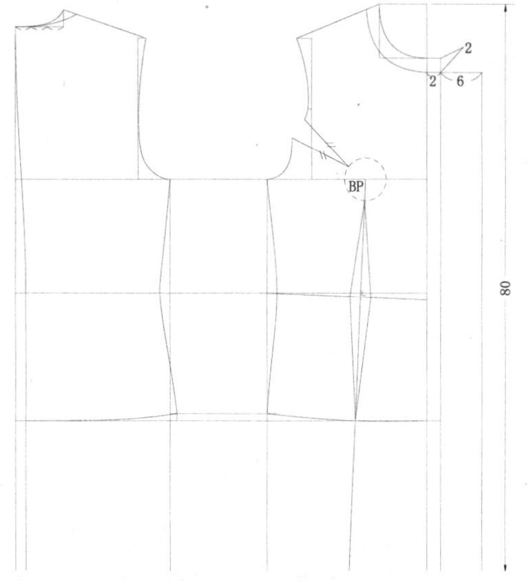

图7-102 修改叠门宽度和衣长

06 绘制侧缝线和底边。使用【偏移】工具，将底边向上偏移5cm，将前、后片侧缝线分别偏移4cm和2.5cm。使用【样条曲线】工具，绘制出前、后片侧缝线和底边，如图7-103所示。

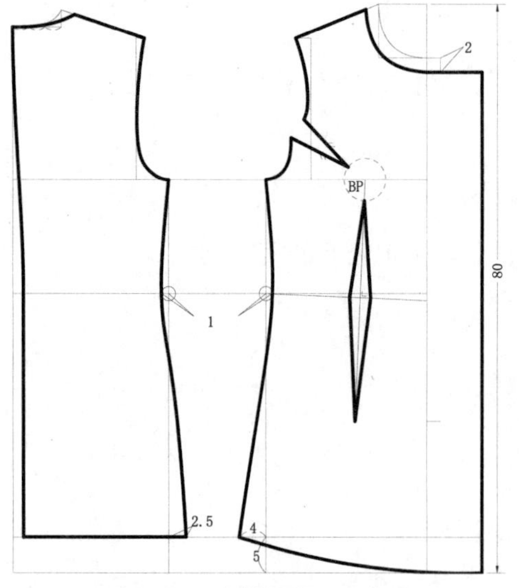

图7-103 绘制侧缝线、底边

07 绘制公主线。使用【样条曲线】工具，将光标放置在肩斜线上移动，到1/2点时，线上出现三角形标志，以该点为起点，过BP点至腰节处省宽点，得到的效果如图7-104所示。

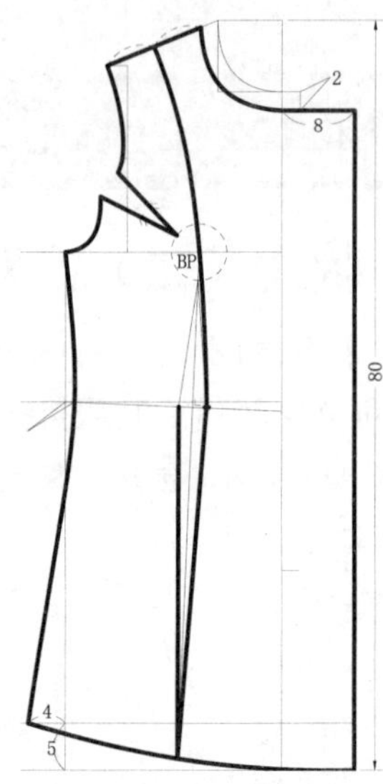

图7-104 绘制刀背缝

08 合并袖窿省。使用【旋转】工具，旋转图中的虚线部分，以省尖点为基点进行旋转，直至A1、A2点重合，得到的效果如图7-105所示。

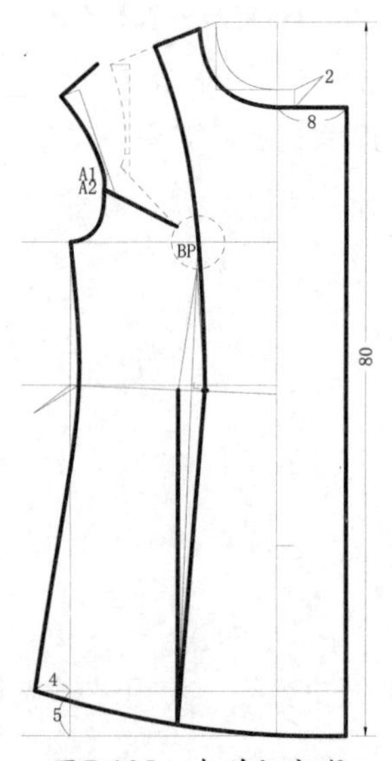

图7-105 合并袖窿省

09 绘制小前片的公主线。使用【样条曲线】工具，绘制小前片的公主线，如图7-106所示。

10 确定口袋与口袋盖位置。使用【偏移】工具，将腰节线按图7-107所示的数据进行偏移。

11 确定口袋宽。使用【圆】工具，以A1、A2点为圆心，绘制半径值为2cm的圆。重复该命令，以B1、B2点为圆心，分别绘制半径值为口袋宽（16.5cm）和口袋底边宽（口袋宽+0.8cm=17.3cm）的圆。

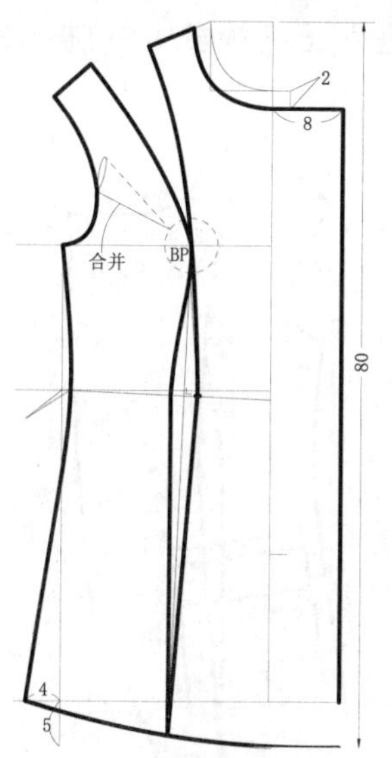

图7-106 绘制刀背缝

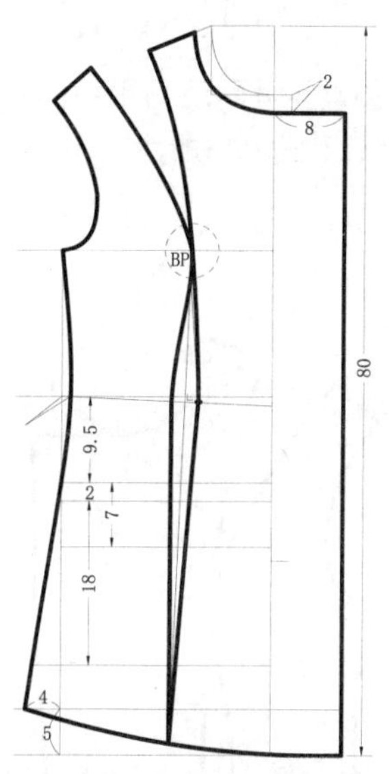

图7-107 确定口袋位置

12 使用【直线】工具，分别连接A1、A2点和B1、B2点，即口袋宽线，如图7-108所示。

13 口袋起翘，使其平行于底边。使用【圆】工具，绘制半径只为2.5cm的圆。使用【直线】工具， 绘制新的口袋，如图7-109所示。

14 对口袋进行圆角处理。使用【圆角】工具，在命令行输入字符“R”，按Enter键确定。输入半径值（这里输入0.5cm），按Enter键确定，分别单击圆角的两条边，完成圆角处理，得到的效果如图7-110所示。

15 修改门襟。使用【圆】工具，以A、B点为圆心，绘制半径值为5cm的圆。

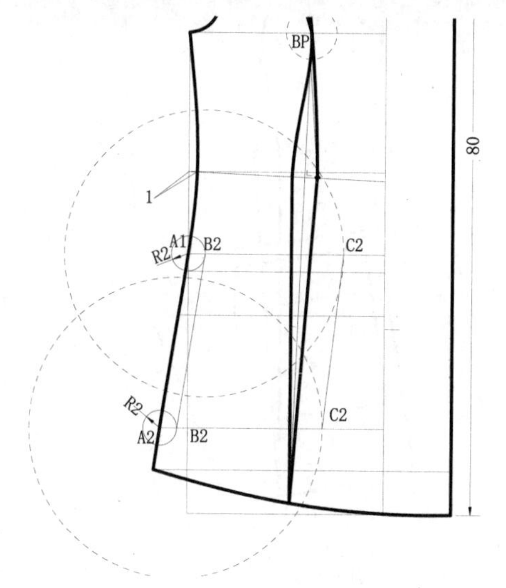

图7-108 确定口袋宽

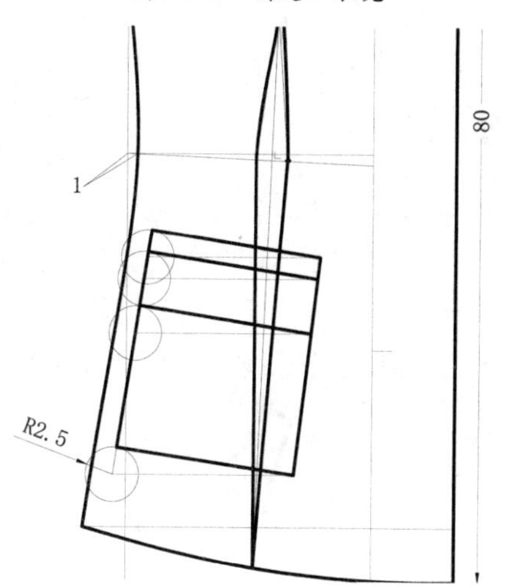

图7-109 对口袋进行起翘

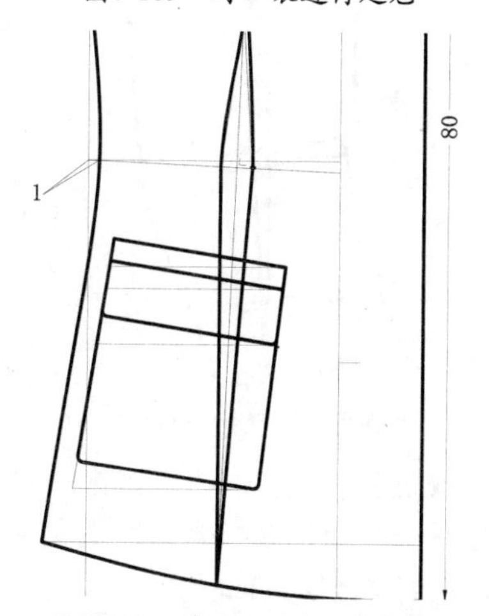

图7-110 对口袋进行圆角处理

16 使用【样条曲线】工具，连接两个圆与底边的交点，如图7-111所示。使用【圆角】工具，对门襟进行圆角处理，这里圆角的半径值为3cm。

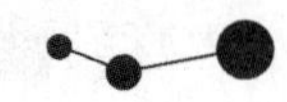

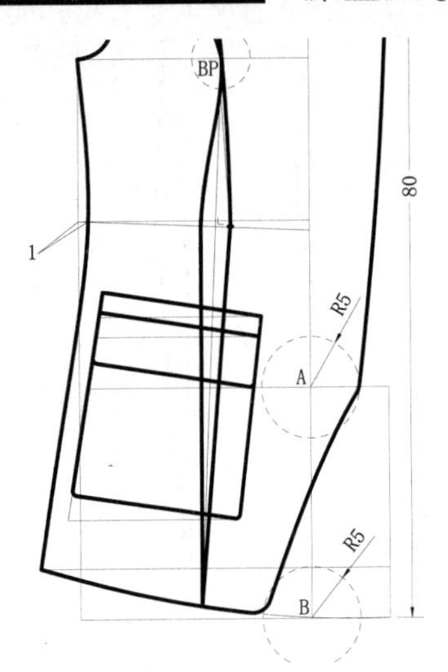

图7-111　绘制门襟线

17 确定扣位。使用【偏移】工具，将新的领深线向下偏移2cm；将口袋的第一根直线向上偏移4cm。

18 使用【打断于点】工具，将A、B点进行打断。在菜单栏中执行【绘图/点/定数等分】命令，选中直线AB，输入等分数值3，按Enter键确定。使用【直线】工具，分别在1/3点处绘制水平直线，如图7-112所示。

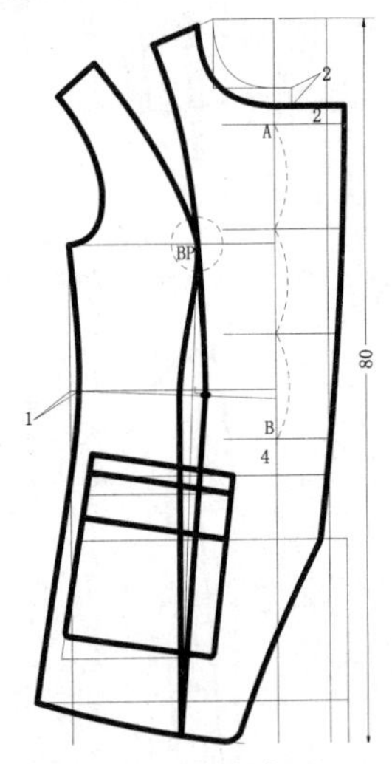

图7-112　绘制扣位线

19 使用【圆】工具，分别以第一粒扣位线和最后一粒扣位线与叠门线相交的点为圆心，绘制半径值为2cm的圆。

20 使用【直线】工具，连接圆与扣位线相交的两个点。

21 使用【镜像】工具，选中上一步绘制的直线，按Enter键确定，以止口线为基线（按F8键进入正交模式），得到的效果如图7-113所示。

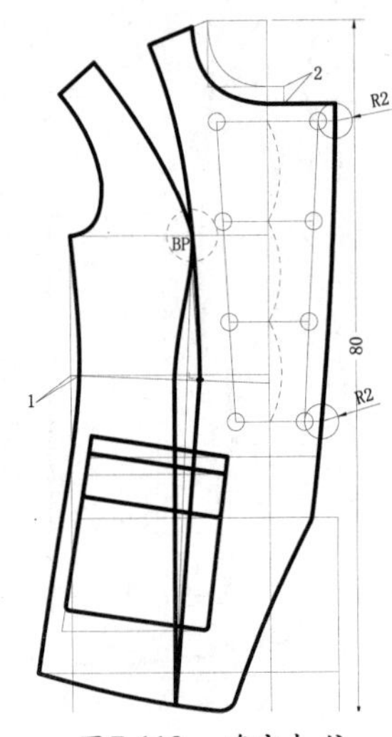

图7-113　确定扣位

22 绘制衣领。参考西装马甲中的衣领绘制，得到的效果如图7-114所示。

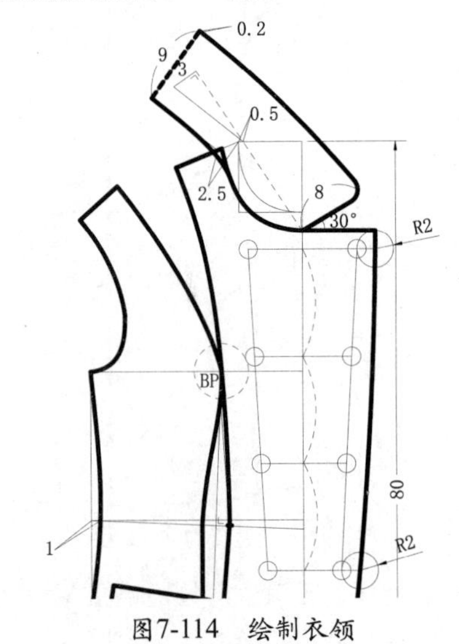

图7-114　绘制衣领

23 绘制袖子。在菜单栏中执行【文件/打开】命令，打开女衬衫结构制图。使用【偏移】工具，就将上平线向下偏移58cm（袖长）；按Enter键重复命令，将上平线向下偏移31.5cm（袖长/2+2.5），即袖肘线，如图7-115所示。

24 使用【打断于点】工具，将袖肥线在A点处打断。在菜单栏中执行【绘图/点/定数等分】命令，分别将两段袖肥线等分成2等份。

25 绘制袖偏线，使用【直线】工具，分别以1/2点为起点绘制垂线，如图7-116所示。

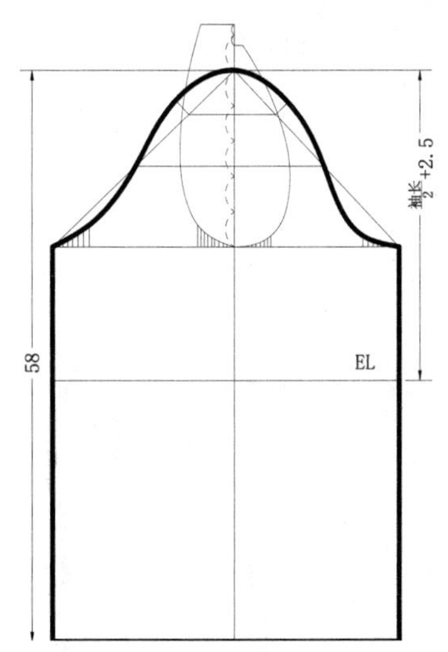

图7-115　打开女衬衫结构图、复制衣袖

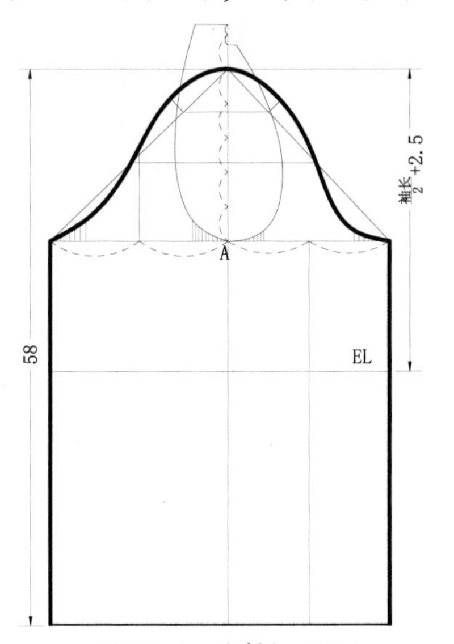

图7-116　绘制袖肥线

26 绘制大、小袖偏线。使用【偏移】工具，将袖偏线分别向左、向右偏移3cm；将另一1/2点的直线向左、向右偏移1.5cm；将底边向上偏移0.5cm，向下偏移1cm，最后得到的效果如图7-117所示。

27 绘制袖口和袖边线。使用【圆】工具，分别以大、小袖偏线为圆心，绘制半径值为1cm的圆；按Enter键重复命令，以袖偏线与0.5cm线相交的点为圆心，绘制半径值为13.2cm（袖口宽=B/10+4）的圆。

28 使用【样条曲线】工具，绘制出袖边线和袖口，如图7-118所示。

29 绘制袖窿弧线。使用【样条曲线】工具，绘制袖窿曲线，如图7-119所示。

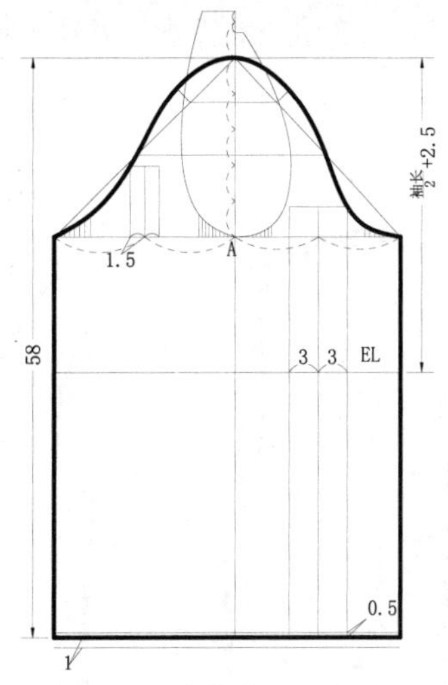

图7-117　绘制大、小袖偏线

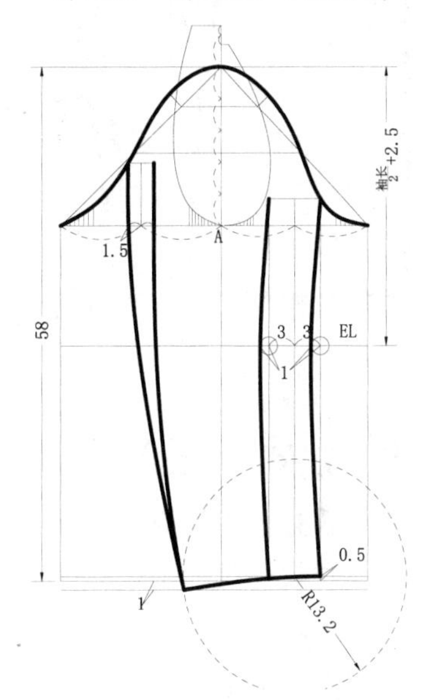

图7-118　绘制修边线

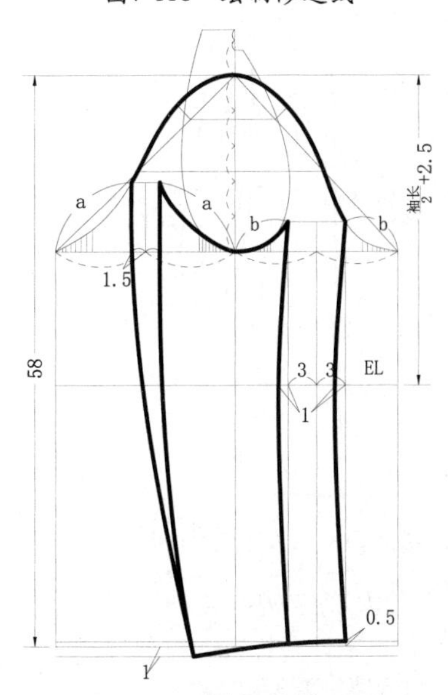

图7-119　绘制小袖窿弧线

30 对双排扣大衣进行线宽设定和规范标注，即完成该服装结构图的绘制，如图7-120所示。

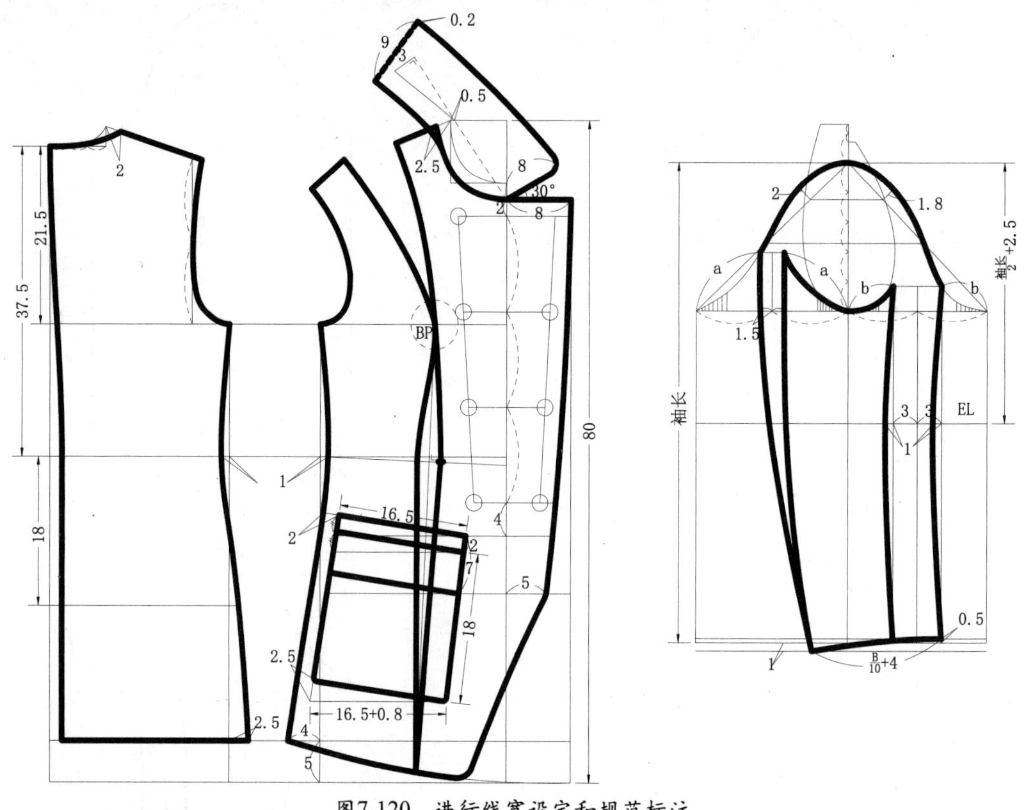

图7-120　进行线宽设定和规范标注

7.2.3 款式（三）：插肩袖大衣

插肩袖大衣款式图如图7-121所示。

插肩袖大衣规格尺寸表如图7-122所示。

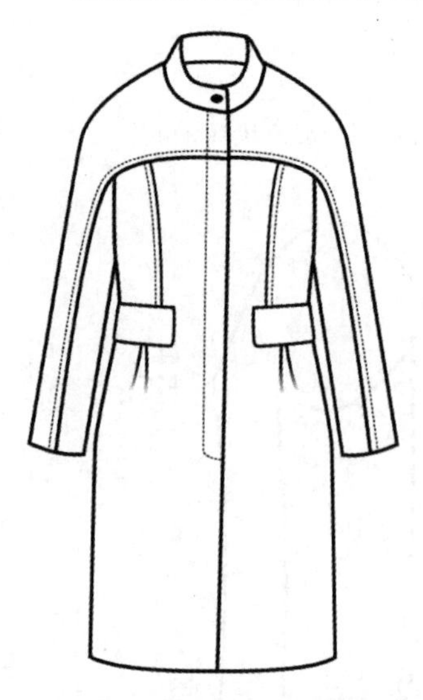

图7-121　插肩袖大衣款式图

成品规格尺寸表　　号型：$^{160}/_{84}$A　　单位：cm

部位 分类	胸围	腰围	臀围	肩宽	衣长
净尺寸	84	66	90	40	
成品尺寸	92	68	92	38	90(自定义)

图7-122　插肩袖大衣尺寸表

插肩袖大衣结构图如图7-123所示。

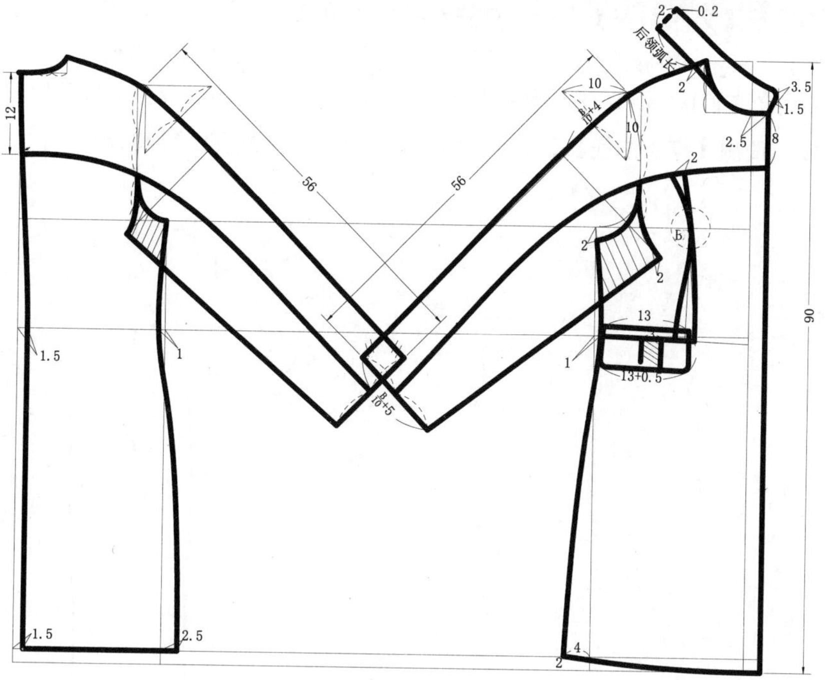

图7-123 插肩袖大衣结构图

7.3 女士晚礼服结构设计

礼服的结构构成复杂多样，无论是对称与不对称，长与短，设计师都可以充分利用各种形式美的法则进行设计，有抹胸式、深V式，以及拖尾式和短裙式等不同款式。下面介绍抹胸式礼服结构绘制。

7.3.1 款式（一）：抹胸礼服

这款抹胸礼服衣身简洁，时尚性感，充分展现出女性的曲线与柔美。其款式图如图7-124所示。利用AutoCAD 2014绘制抹胸礼服结构图，步骤如下。

01 打开AutoCAD 2014，创建规格尺寸表，如图7-125所示。

图7-124 抹胸礼服款式图

成品规格尺寸表 号型：$^{160}/_{84}A$ 单位：cm

部位 分类	腰围	臀围	臀长	裙长
净尺寸	66	90	18	
成品尺寸	68	92	18	155

图7-125 抹胸礼服尺寸表

02 在菜单栏中执行【文件/打开】命令，打开女衬衣结构图。

03 使用【偏移】工具，将腰围线向下偏移35cm，重复命令，将腰围线向下偏移18cm；将前、后侧缝线分别向右、向左偏移1.5cm；将偏移的35cm直线向上片加以1.5cm，得到的效果如图7-126所示。

04 绘制侧缝线。使用【样条曲线】工具，绘制出图7-127所示的侧缝线和分割线。

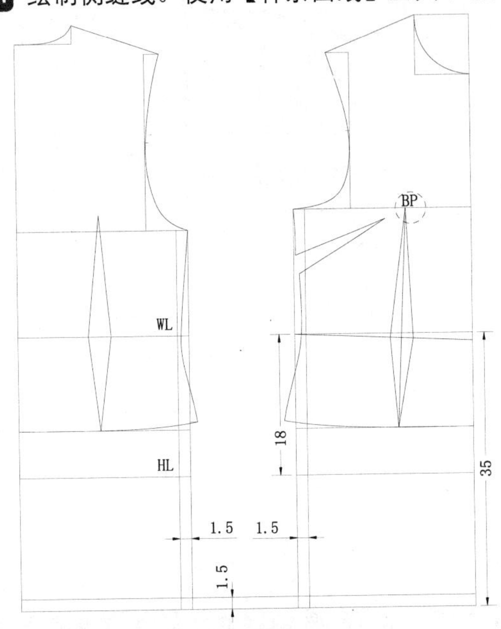

图7-126　绘制底边分割线和臀围线

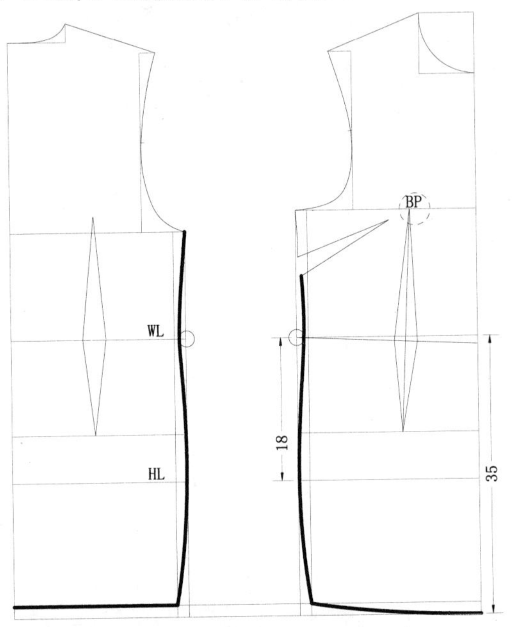

图7-127　绘制侧缝线和底边分割线

05 确定前片分割线的端点位置。使用【圆】工具，分别以A、BP、C、D、E点为圆心，绘制出图7-128所示的不同大小的圆。使用【延伸】工具，以前片肩斜线为边线，将腰省中线延伸至肩斜线。

06 绘制分割线。使用【样条曲线】工具，连接各交点绘制出前片上的分割线。使用【偏移】工具，将后片腰节线向下偏移4.5cm（前片分割线下偏的距离），即后片分割线，如图7-129所示。

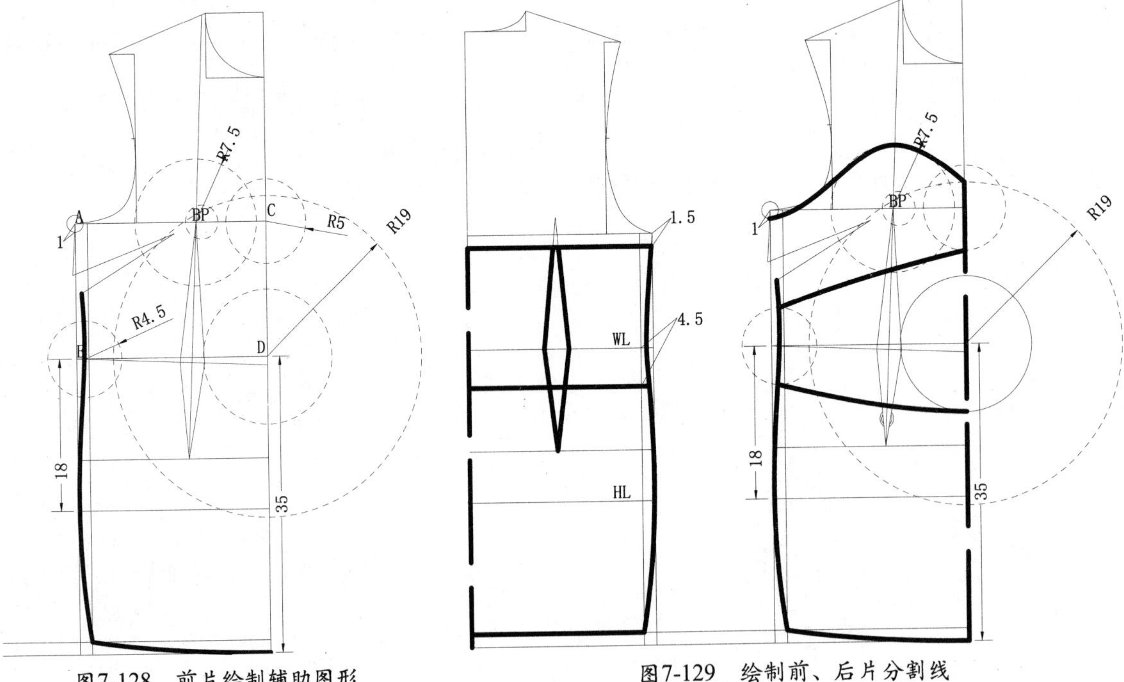

图7-128　前片绘制辅助图形

图7-129　绘制前、后片分割线

07 合并腋下省。使用【打断于点】工具，将分割线与省中线相交的点进行打断。

08 使用【旋转】工具，选中图7-130所示的虚线图形，以省尖点为基点进行旋转，直至A、B点重合。

09 绘制分割线。使用【样条曲线】工具，绘制出图7-131所示的分割线。

10 绘制裙摆。使用【偏移】工具，将上平线向下偏移155cm（裙长）；将前片侧缝线向左偏移10cm；将后片侧缝线向右偏移8cm；将底边分别向上偏移2cm和1.5cm。

11 使用【样条曲线】工具，连接各点，绘制出图7-132所示的裙摆侧缝线和底边。

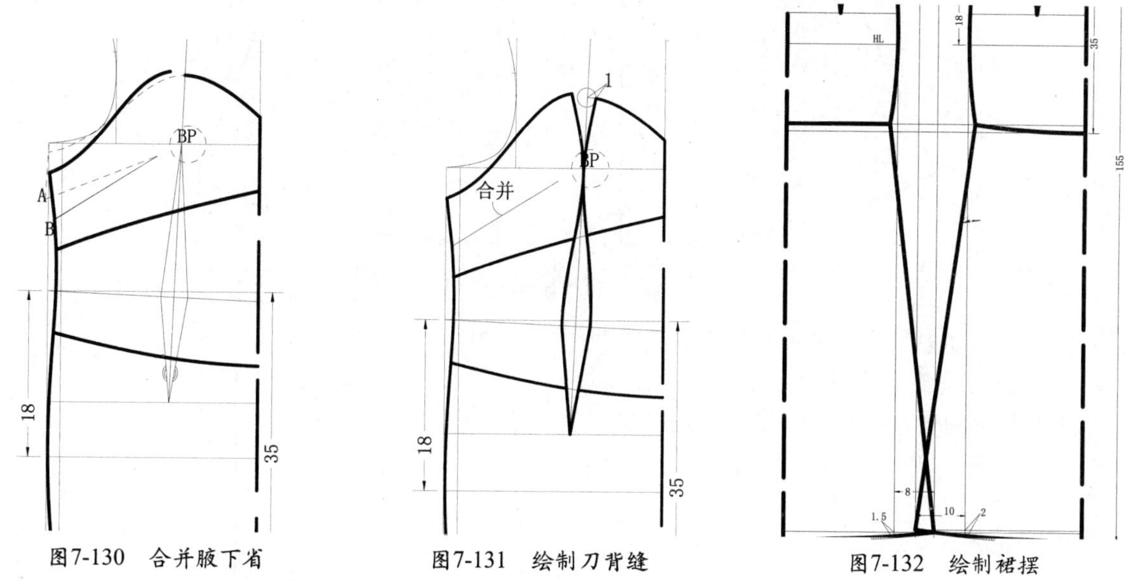

图7-130 合并腋下省　图7-131 绘制刀背缝　图7-132 绘制裙摆

12 在裙摆加入褶量。在菜单栏中执行【绘图/点/定数等分】命令，分别选中上下边，输入等分数值“6”，按Enter键确定。

13 使用【直线】工具，连接上下各等分点，得到的效果如图7-133所示。

14 使用【打断于点】工具，在A点处进行打断。使用【圆】工具，以A点为圆心，绘制半径值为8cm的圆。

15 使用【旋转】工具，选中图7-134所示的虚线图形，以B点为基点进行旋转，直至交于圆边。

16 使用【圆】工具，以B点为圆心，绘制一个半径值为3cm的圆。使用【偏移】工具，将上一步旋转的图形，以A点为基点进行旋转，直至交于3cm圆，如图7-135所示。

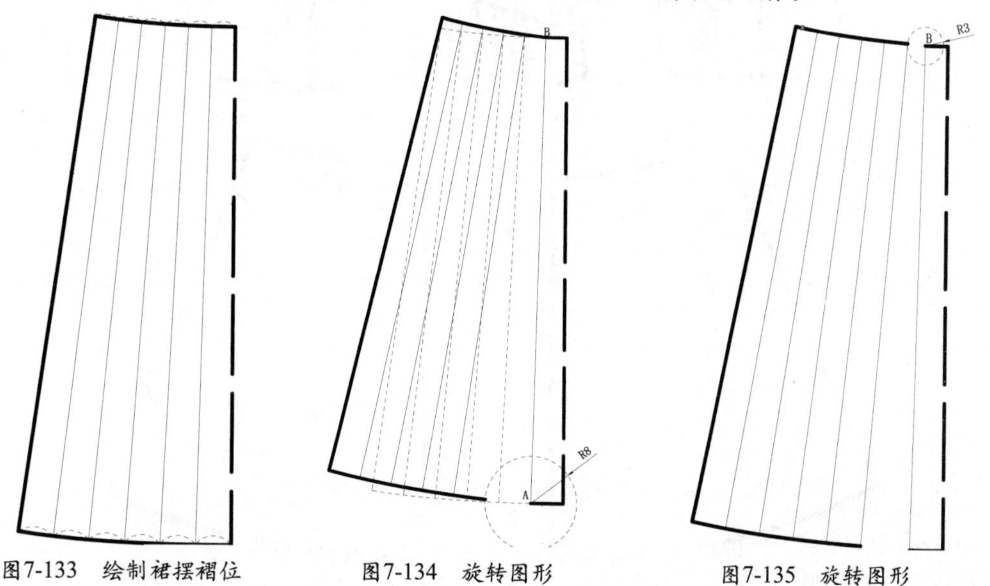

图7-133 绘制裙摆褶位　图7-134 旋转图形　图7-135 旋转图形

17 使用上述相同的方法，将其他分割线以后片分割线进行旋转，得到的效果如图7-136所示。

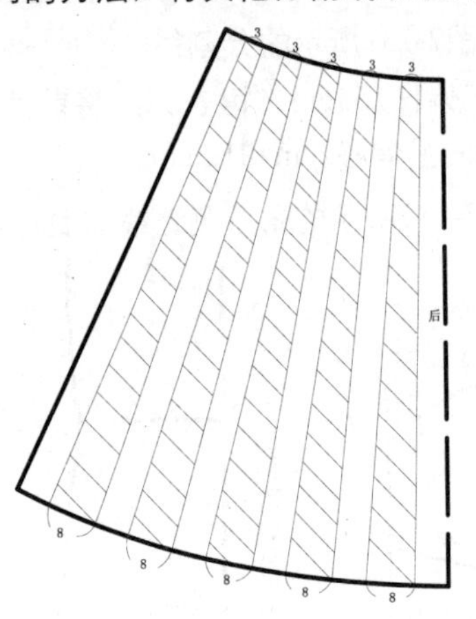

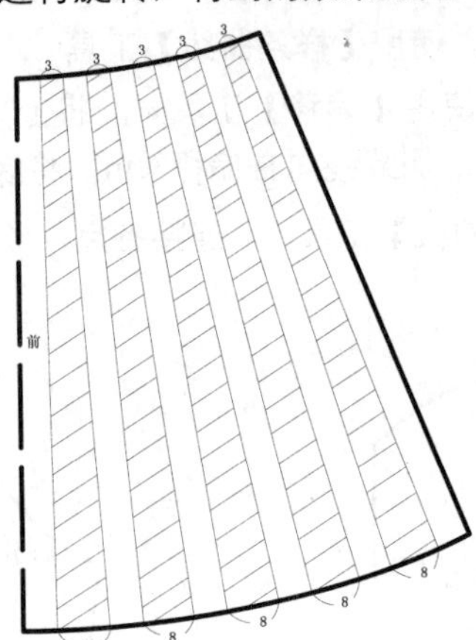

图7-136 旋转效果

18 使用【移动】工具，选中礼服臀围下的裁片。使用【旋转】工具，将前、后片裁片上剩余的省进行合并，得到的效果如图7-137所示。

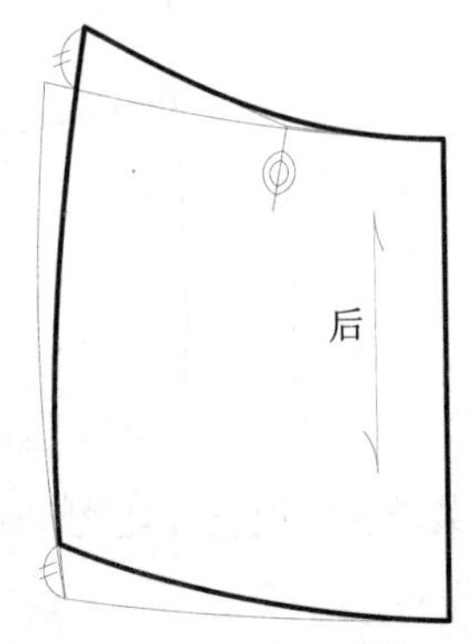

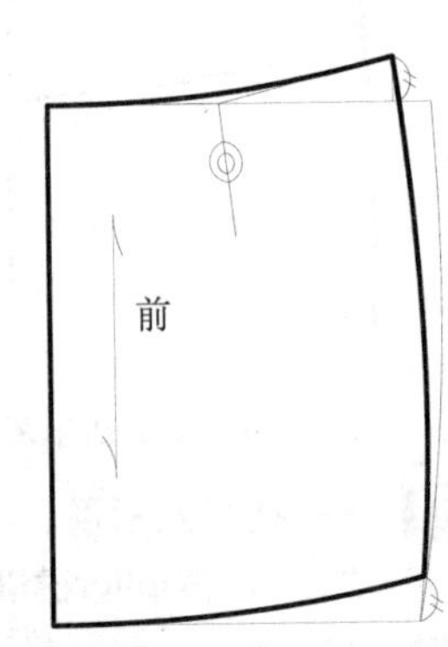

图7-137 合并腰省

19 对礼服进行线宽设定和规范标注，即完成抹胸礼服的结构图绘制，如图7-138所示。

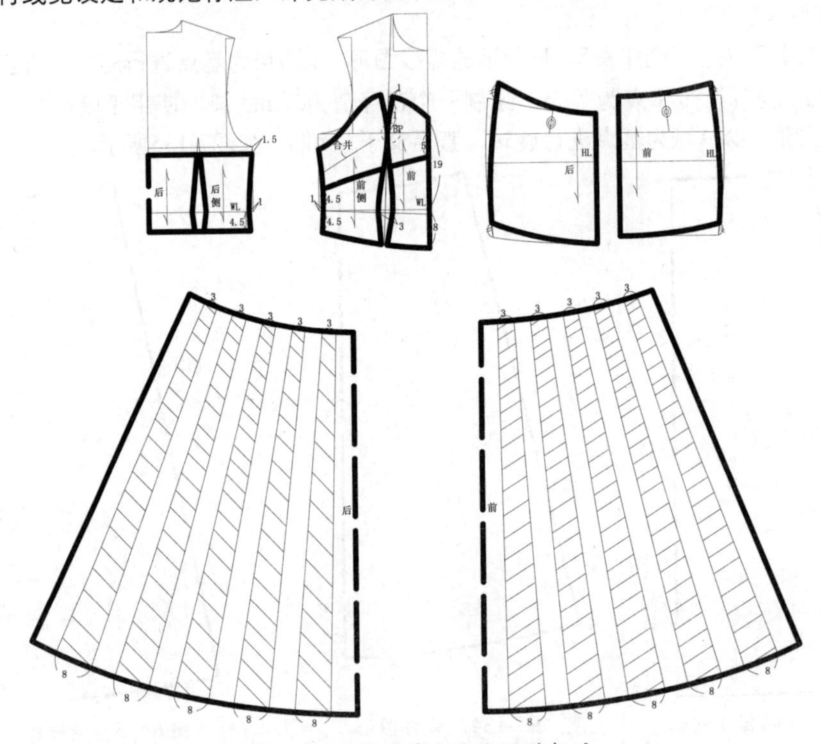

图7-138 进行线宽设定和规范标注

7.3.2 款式（二）：无袖斜襟旗袍

无袖斜襟旗袍款式图如图7-139所示。

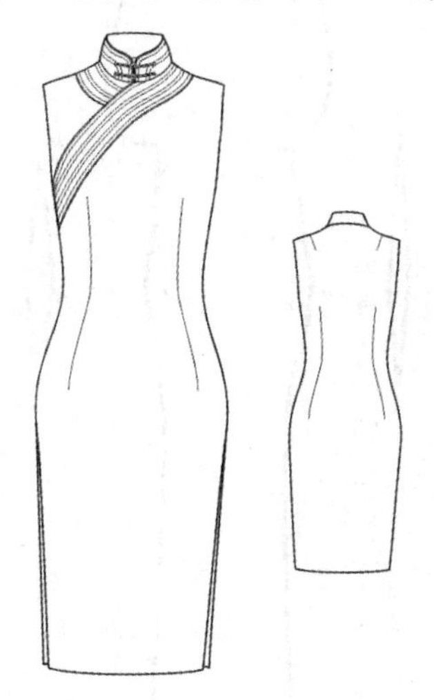

图7-139 旗袍款式图

利用AutoCAD 2014绘制无袖斜襟旗袍结构图，步骤如下。

01 利用AutoCAD 2014创建规格尺寸表，如图7-140所示。

成品规格尺寸表　　号型：160/84A（旗袍式）　　单位：cm

分类 \ 部位	胸围	腰围	臀围	肩宽
净尺寸	84	66	90	40
成品尺寸	88	68	92	38

图7-140 旗袍尺寸表

02 在菜单栏中执行【文件/打开】命令，打开女上装结构图。

03 确定旗袍的裙长。使用【偏移】工具，将腰节线向下偏移81cm（2*腰节长+6=81cm）。按Enter键重复命令，将前中心线向左偏移22.5cm（B/4+0.5=22.5cm），将后中心线向右偏移21.5cm（B/4-0.5=21.5cm），得到的效果如图7-141所示。

04 调整腰省位，移动后腰省。选中后腰省，将光标放置在省尖点，选择“拉长”选项，输入数值0.5cm。

05 在菜单栏中执行【绘图/点/定数等分】命令，将后背宽线等分成2等份。

06 使用【移动】工具，选中整个后片腰省，以省中线与后背宽线的交点为基点进行移动至1/2点，单击鼠标完成移动。

07 移动前腰省。使用【直线】工具，以BP点为起点，至腰节线绘制一根直线，作为新的腰省中线。

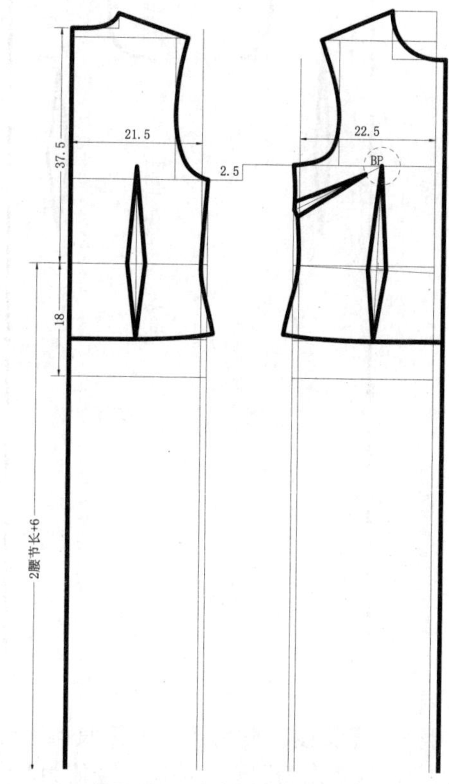

图7-141 绘制臀围线和底边

08 使用【移动】工具，选中整个腰省，以省中线与腰节线的交点为基点进行移动，直至新省中线与腰节线的交点，单击鼠标完成移动。

09 使用【圆】工具，以BP点为圆心，绘制一个半径值为2cm的圆。将前片省尖点移动至与圆相交的点，最后得到的效果如图7-142所示。

10 绘制侧缝线与底边。确定后片腰围宽，使用【圆】工具，以腰节线后中心线的交点为圆心，绘制半径值为19（W/4-0.5+省宽（2.5）=19cm）的圆；确定前片腰围宽，以腰节线前中心线的交点为圆心，绘制半径值为21（W/4+0.5+省宽（3.5）=21cm）的圆。

11 使用【偏移】工具，将前、后片侧缝线分别向中心线方向偏移2cm，将底边向上偏移0.5cm。

12 使用【样条曲线】工具，连接胸围宽点、腰围宽点和底边宽点，即侧缝线，如图7-143所示。

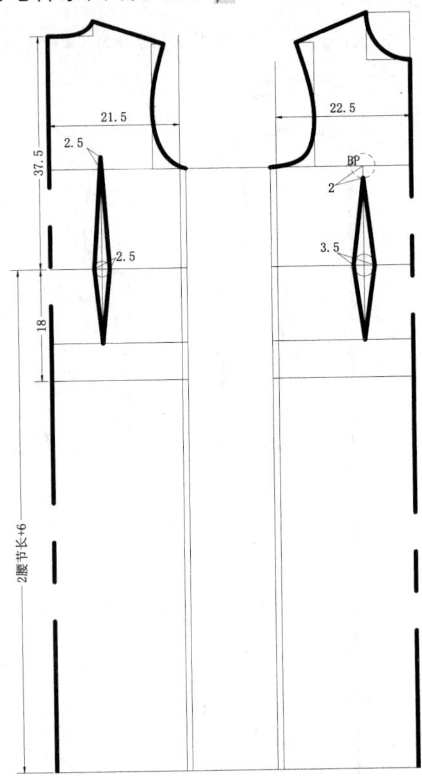

图7-142　调整腰省

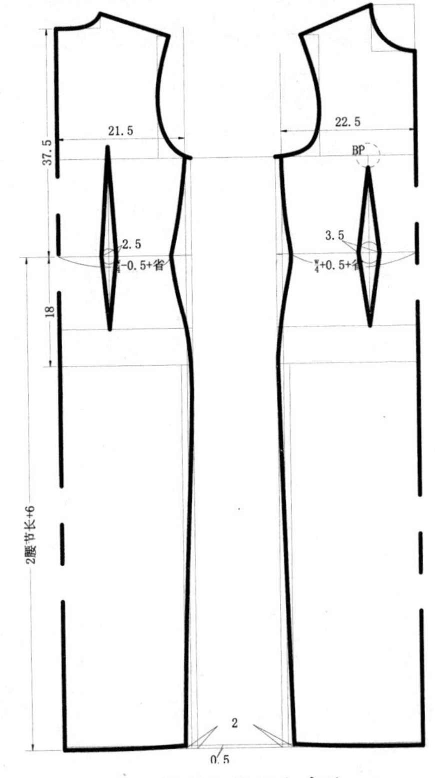

图7-143　绘制侧缝线和底边

13 调整袖窿弧线。使用【圆】工具，分别以前、后肩点为圆心，绘制半径值为2cm的圆；以后片胸围宽点为圆心，绘制一个半径值为1cm的圆。

14 使用【样条曲线】工具，绘制出新的袖窿弧线，如图7-144所示。

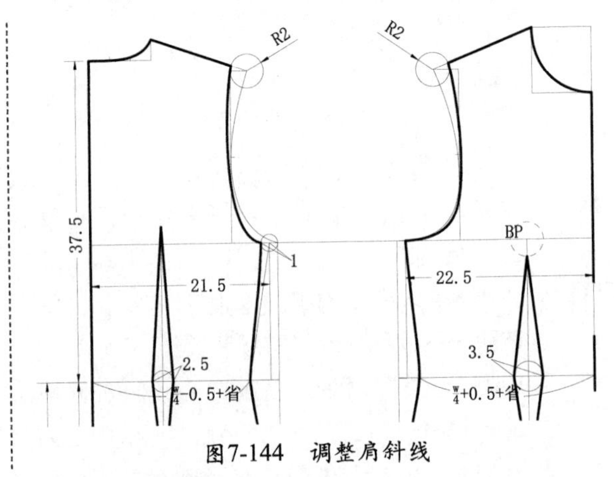

图7-144　调整肩斜线

15 绘制肩省。使用【圆】工具，以后肩颈点为圆心，绘制半径值为4.5cm的圆。

16 使用【直线】工具，以圆与肩斜线的交点为起点，至腰省省尖点绘制一根斜线，为肩省省中线。

17 使用【圆】工具，以省中线与肩斜线的交点为圆心，绘制两个圆，半径值分别为1.5cm（省宽）和7cm（省长）。

18 使用【直线】工具，绘制出肩省线，如图7-145所示。

19 修正侧缝线。使用【偏移】工具，将臀围线向下偏移15cm。使用【打断于点】工具，将前、后片侧缝线在15cm线与之交点打断。

20 使用【偏移】工具，将打断的前、后片侧缝线分别向左、向右偏移2cm。

21 使用【直线】工具，连接偏移的线与侧缝线，得到的效果如图7-146所示。

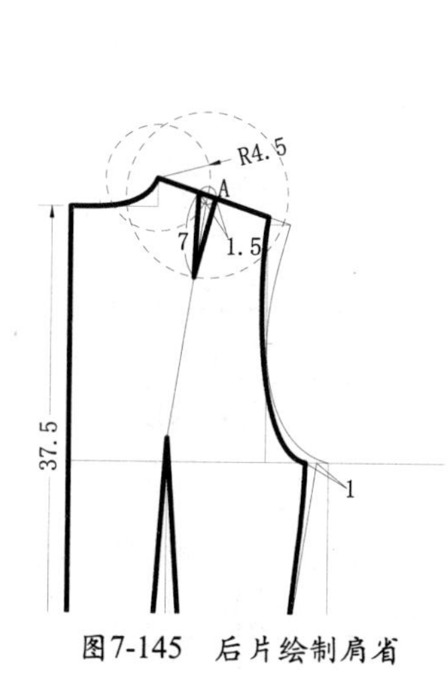

图7-145 后片绘制肩省

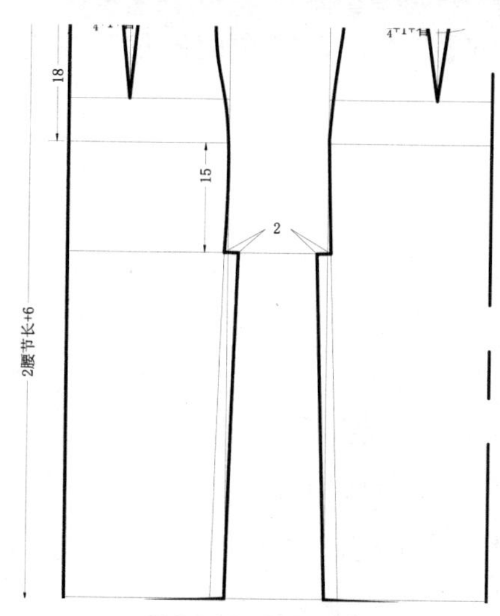

图7-146 侧缝绘制衩口

22 绘制门襟分割线。使用【镜像】工具，框选中前片，按Enter键确定。以前中心线为基线，按Enter键确定。

23 使用【圆】工具，分别以肩颈点和右前片的胸围线端点为圆心，绘制半径值为6cm的圆。

24 使用【样条曲线】工具，绘制出门襟的分割线，如图7-147所示。

25 绘制衣领。分别选中前、后领弧线，在菜单栏中输入“list”命令，按Enter键确定，在弹出对话框中显示弧线长度。

26 使用【矩形】工具，在画面中单击一点，在菜单栏中输入字符“D”，按Enter键确定。输入长度值（后领弧长+前领弧长），输入宽度值5cm，按Enter键确定，随意单击一点完成矩形的绘制，如图7-148所示。

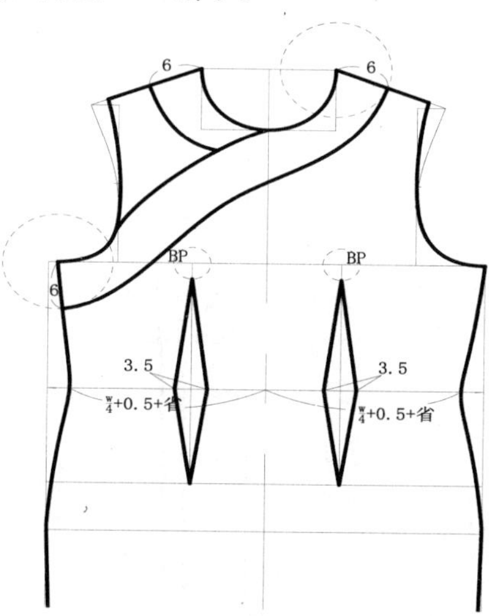

图7-147 绘制门襟

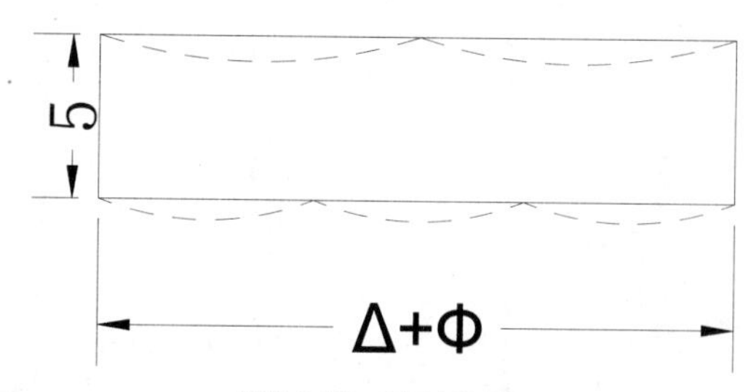

图7-148 绘制衣领

提示

在21步使用【镜像】工具，选中基线时，按F8键，打开正交模式。在选定基线后，弹出“要删除原对象吗？”对话框，系统默认保留原对象，按Enter键确定即可。如果要删除原对象，输入字符“Y”即可。

27 使用【分解】工具，框选中矩形，按Enter键完成分解。

28 在菜单栏中执行【绘图/点/定数等分】命令，分别将矩形的长边分成2等份和3等份。

29 使用【偏移】工具，将下方的长边向上偏移2cm。

30 使用【直线】工具，绘制出图7-149所示的斜线。

31 使用【样条曲线】工具，绘制出圆顺的衣领边线，如图7-150所示。

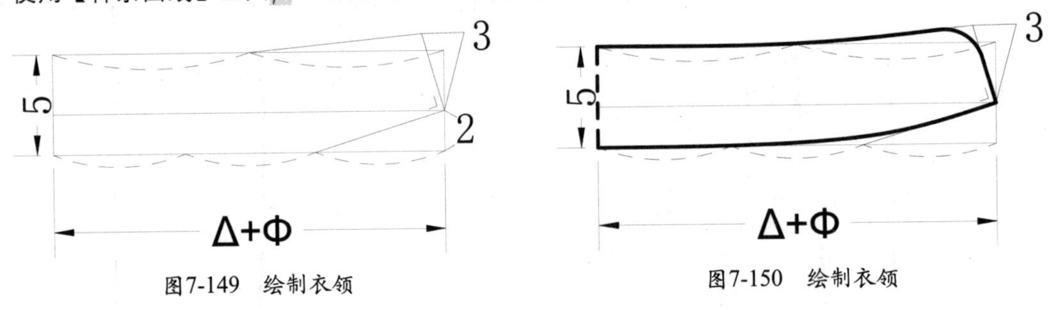

图7-149 绘制衣领

图7-150 绘制衣领

32 对该结构线进行线宽设定和规范标注，即完成旗袍结构图的绘制，如图7-151所示。

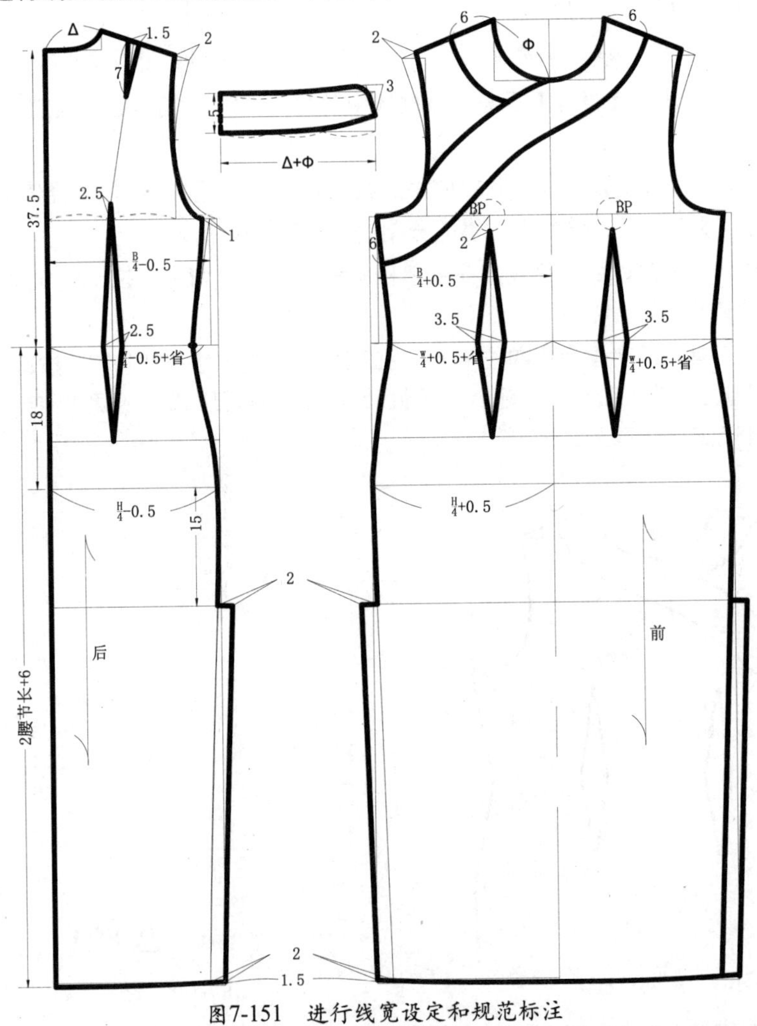

图7-151 进行线宽设定和规范标注

7.4 本课小结

本课以丰富的实例，充分地讲解了不同时节、不同场合的女装结构纸样设计。详细地阐述了上装中横、纵分割线，以及化省为褶等结构设计，让读者深入了解服装的中分割线的处理方法，能够独立完成复杂的服装结构设计。在本课中还重点讲解了利用AutoCAD 2014在裙摆加褶的结构绘制方法。

读者通过本课的案例学习，能够掌握到更多的女装结构设计原理及其运用方法。

7.5 课后练习

7.5.1 练习一：进行无袖连衣裙结构绘制

该练习的款式图如图7-152所示。

步骤提示如下。

01 打开女上装原型制图，利用【删除】工具，进行相应的删除。

02 利用【偏移】工具，偏移出腰节线和裙长。

03 利用【样条曲线】工具，绘制出分割结构线。

04 利用【旋转】工具，将袖窿省进行合并，将腰省转为褶。

05 绘制后片结构。

图7-152 无袖连衣裙款式图

7.5.2 练习二：进行变化款式连衣裙结构绘制

该练习的款式图如图7-153所示。

步骤提示如下。

01 打开女上装原型制图，利用【删除】工具进行相应的删除。

02 利用【偏移】工具，偏移出裙长和领深。

03 利用【直线】工具，以BP点为起点至领弧线绘制直线。

04 利用【旋转】工具，合并袖窿省和腰节省，将省量转移至领口。

05 追加褶量。

06 利用【镜像】工具和【打断于点】工具，修正领口弧线。

07 绘制后片结构。

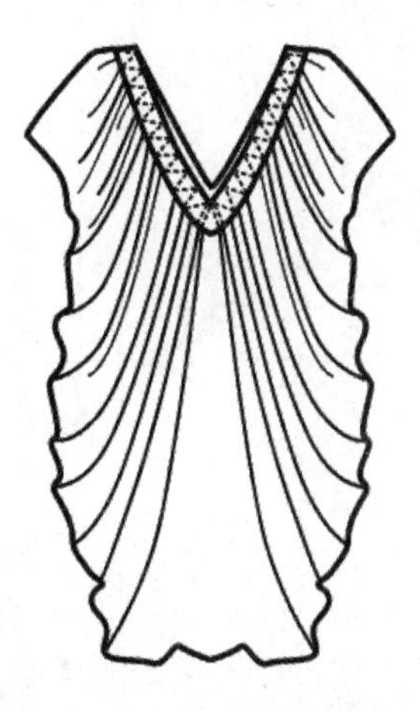

图7-153 变化款式连衣裙款式图

第8课 AutoCAD裤装结构设计与绘制

在服装款式日益丰富的今天，裤子从长短上可以分为三类：一是长裤，二是中裤，三是短裤；从结构和款式上来分可以分为：直筒裤、小脚裤、喇叭裤、灯笼裤等，如图8-1所示。

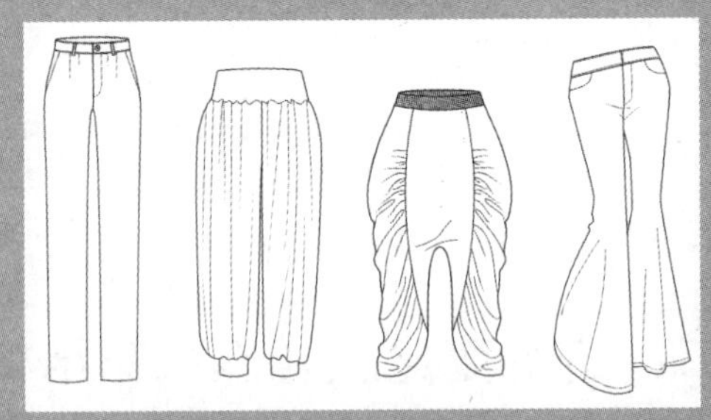

直筒裤　灯笼裤　哈伦裤　喇叭裤

图8-1　不同类型裤子款式图

【本课知识】

★　了解裤装的结构设计要点

★　掌握利用AutoCAD对女士西裤进行结构设计

★　掌握利用AutoCAD对女士低腰牛仔小脚裤进行结构设计

★　掌握利用AutoCAD对阔腿裤进行结构设计

★　掌握利用AutoCAD对低腰短裤进行结构设计

★　利用【旋转】工具，合并腰省

★　利用【定数等分】工具，对指定线段进行等分

8.1 裤装的结构设计要点

裤子是包裹着人体下半身的一种服装，特别是对人体的臀部和腿部曲线的塑造，这要求结构图设计师必须对人体的基本结构了若指掌，如图8-2所示。

在进行裤子的结构设计时，要正确地把握大小裆弯、后翘和后中心线倾斜度等参数的比例关系，这是裤子结构设计的关键所在。

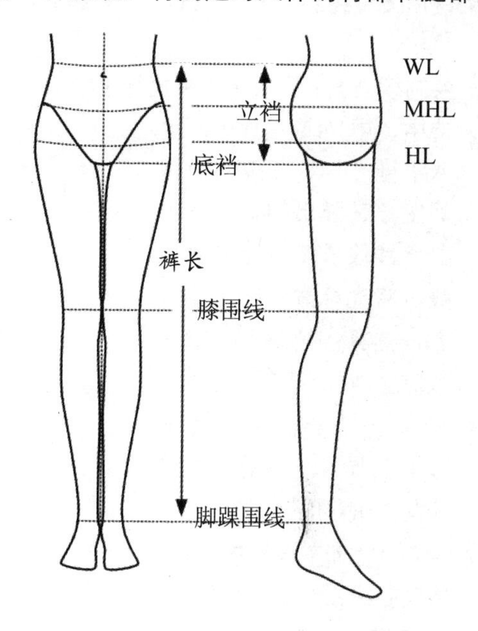

图8-2 人体臀部、腿部各部位名称

8.1.1 女装长裤的结构制图

款式（一）：女士西装裤，其款式图如图8-3所示。

利用AutoCAD 2014绘制女士西裤结构图，步骤如下。

01 打开AutoCAD 2014，创建规格尺寸表，如图8-4所示。

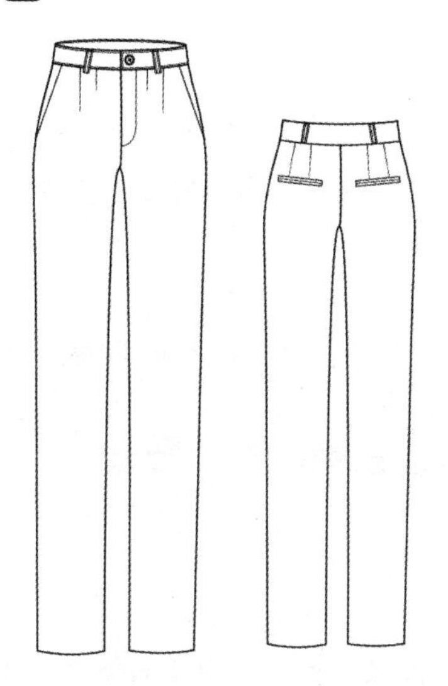

图8-3 女士西裤款式图

成品规格尺寸表　　号型：160/66A　　单位：cm

分类＼部位	腰围	臀围	立裆	裤长	脚口
净尺寸	66	90	27-28		
成品尺寸	68	94-98	27	100	40

图8-4 女士西裤尺寸表

02 确定上平线、下平线、臀围线和立裆。使用【矩形】工具，绘制出一个矩形，长为裤长-腰头=96cm，宽为H/4-1=22.5cm。

03 使用【分解】工具，选中矩形，按Enter键确定分解。

04 使用【偏移】工具，将上平线向下偏移23cm，为底裆线。

05 使用【打断于点】工具，将矩形长于底裆线的部分从相交的点处进行打断。在菜单栏中执行【绘图/点/定数等分】命令，选中上平线至底裆线间的线段，按Enter键确定，输入等分数值3。

06 使用【直线】工具，以1/3点为起点，绘制一根水平直线，为臀围线，最后得到的效果如图8-5所示。

07 绘制横裆宽。在菜单栏中执行【绘图/点/定数等分】命令，将底裆线等分为4等份。

08 选中其中1/4底裆线段，输入字符“list”，按Enter键确定，在弹出的对话框中显示线段长度。选中底裆线，将光标放置在左端点上，选择“拉长”，输入数值底裆线/4-1。

09 绘制烫迹线。使用【偏移】工具，将前片侧缝线向左偏移0.7cm。

10 使用【打断于点】工具，将底裆线在0.7cm处打断。在菜单栏中执行【绘图/点/定数等分】命令，将底裆宽等分为2等份。使用【直线】工具，自1/2点，连接上平线和下平线，即烫迹线，得到的效果如图8-6所示。

图8-5 确定个围

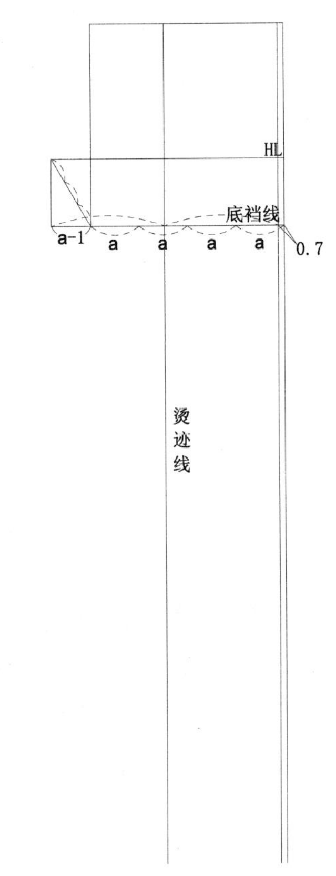

图8-6 绘制横裆宽、烫迹线

11 绘制裆弯线和侧缝线。使用【偏移】工具，将臀围宽线向右偏移1cm；按Enter键重复步骤，将1cm线向右偏移20.5cm（腰围/4-1+省（2）+褶（2.5）=20.5cm）。

12 使用【样条曲线】工具，绘制出图8-7所示的裆弯线和侧缝线。

13 确定褶宽和省位。使用【偏移】工具，将烫迹线向左偏移2.5cm，为褶宽线；按Enter键重复步骤，将烫迹线向右偏移3cm，将臀围线向上偏移3cm。

14 使用【圆】工具，将3cm线与上平线的交点为圆心，绘制半径值为省宽（2cm）的圆，如图8-8所示。

15 绘制省线。使用【直线】工具，连接各点绘制省线，如图8-9所示。

16 绘制膝围线和中裆线。使用【打断于点】工具，将臀围线与侧缝线相交的点进行打断。使用【直线】工具，以打断后线段的1/2点向右绘制一根水平直线，即膝围线。使用【偏移】工具，将膝围线向上偏移5cm，即中裆线。

17 确定中裆宽和脚口宽。使用【圆】工具，以下平线与烫迹线相交的点为圆心，绘制半径值为9cm的圆（脚口围/2-2=18cm）；按Enter键重复步骤，以中裆线与烫迹线的交点为圆心，绘制半径值为10cm的圆，得到的效果如图8-10所示。

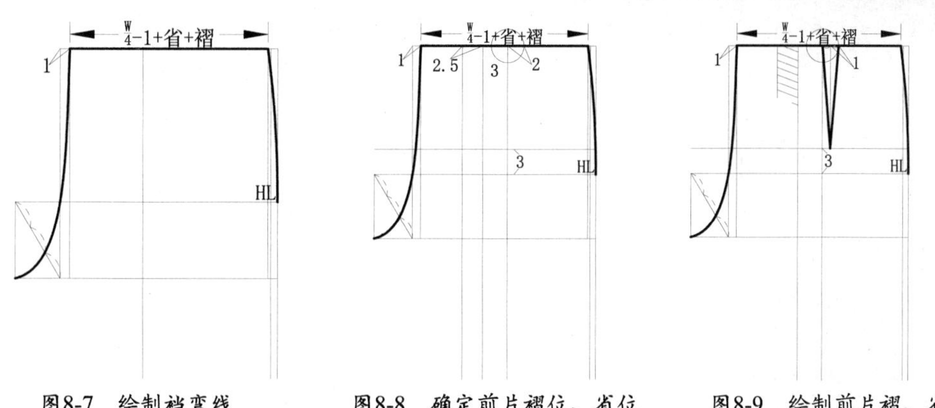

图8-7 绘制裆弯线 图8-8 确定前片褶位、省位 图8-9 绘制前片褶、省

18 绘制前片外结构线。使用【样条曲线】工具，如图8-11所示，连接各点绘制出外结构线。

19 参照前片的绘制方法，绘制出后片结构图，如图8-12所示。

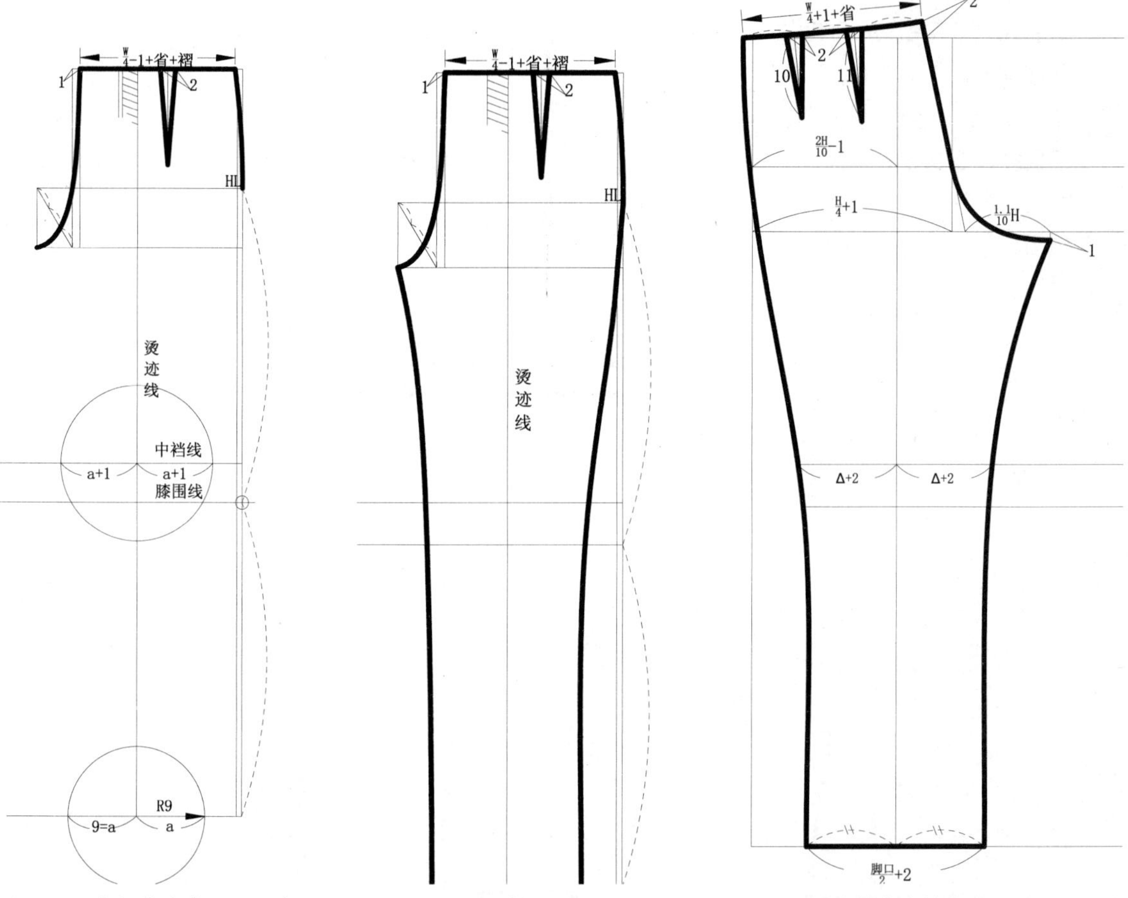

图8-10 确定前片脚口围、中裆线 图8-11 绘制侧缝线 图8-12 绘制后片结构图

20 绘制后袋。使用【直线】工具，以10cm省的省尖点为起点，向左绘制一根2cm的直线，平行于腰围线。

21 使用【圆】工具，以2cm线的左端点为圆心，绘制半径值为14cm（口袋宽）的圆。使用【延伸】工具，以圆为边线，将2cm线进行延伸。

22 绘制前片插袋。使用【圆】工具，以A点为圆心，绘制半径值为3.5cm的圆；按Enter键重复步骤，以B点为圆心，绘制半径值为17cm（插袋宽）的圆。使用【直线】工具，连接B点至圆与侧缝线相交的点，为插袋，最后得到的效果如图8-13所示。

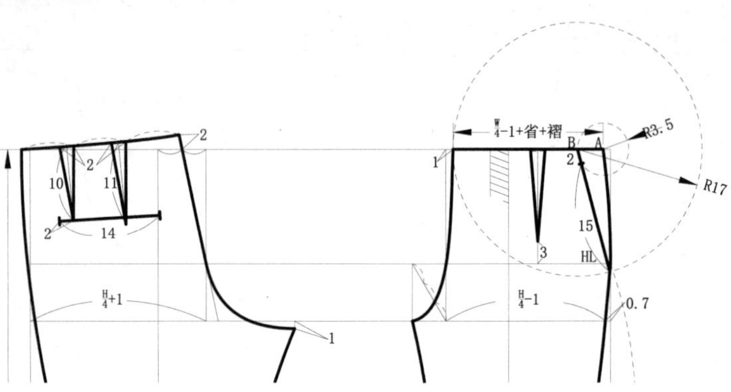

图8-13 绘制前、后片口袋

23 绘制口袋布。使用【矩形】工具、【直线】工具和【圆角】工具，绘制出图8-14所示的口袋布结构图。

24 绘制腰头。使用【矩形】工具和【偏移】工具，绘制出图8-15所示的腰头结构图。

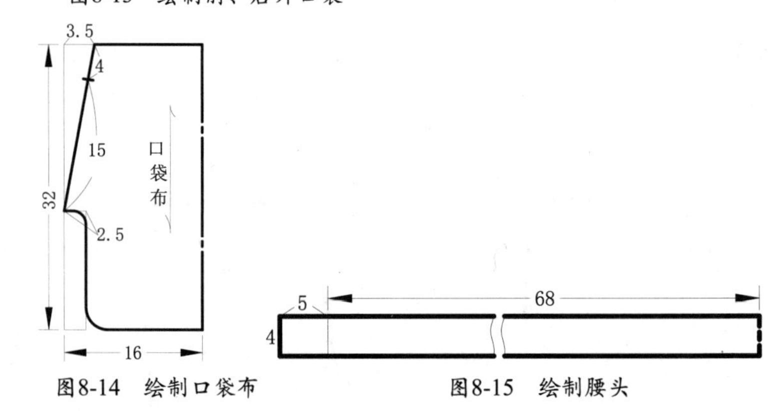

图8-14 绘制口袋布

图8-15 绘制腰头

25 对女士西裤进行线宽设定和规范标注，即完成结构图的绘制，如图8-16所示。

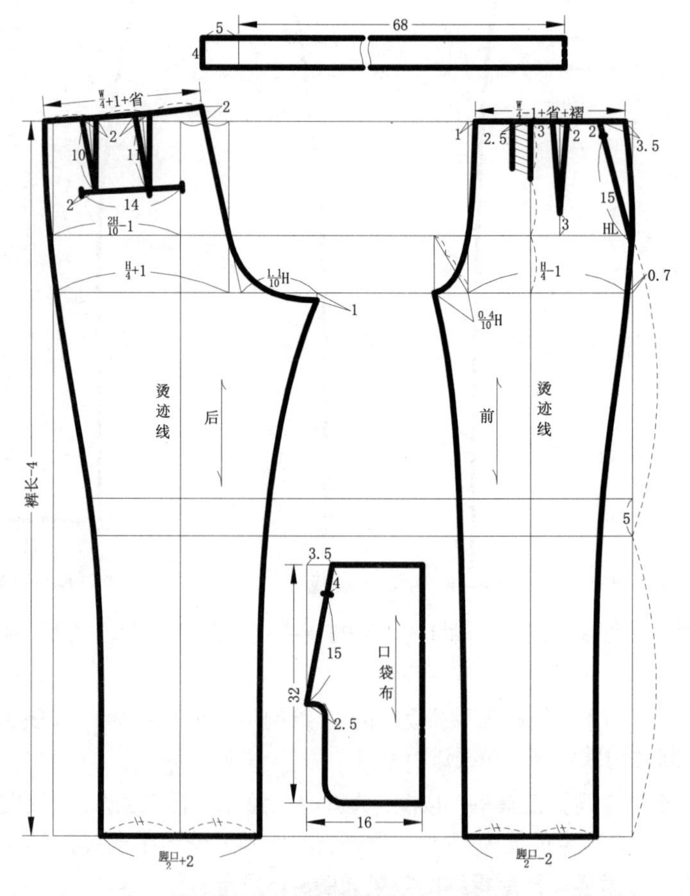

图8-16 进行线宽设定、规范标注

款式（二）：女士牛仔小脚裤，其款式图如图8-17所示。

利用AutoCAD 2014绘制牛仔小脚裤结构图，步骤如下所述。

01 打开AutoCAD 2014，创建规格尺寸表，如图8-18所示。

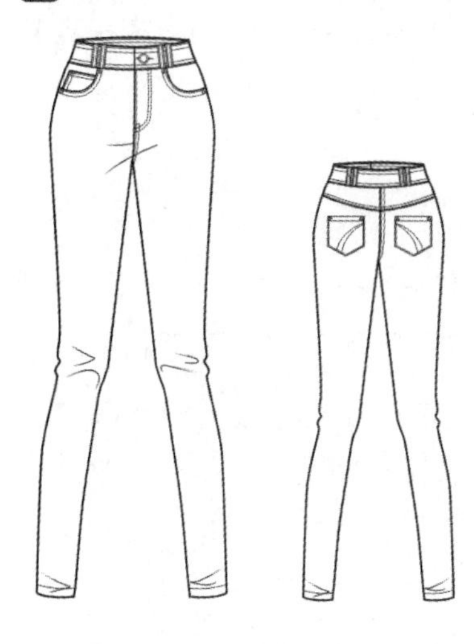

图8-17　女士小脚裤款式图

成品规格尺寸表　　号型：160/66A　　单位：cm

部位 分类	腰围	臀围	立裆	裤长	脚口	中裆
净尺寸	66	90	27-28			
成品尺寸	66	88	26	100	32	36

图8-18　女士小脚裤尺寸表

02 确定上平线、下平线及前、后片的臀围宽（前片臀围宽=H/4-1=21cm；后片臀围宽=H/4+1=23cm）。使用【直线】工具和【偏移】工具，绘制出图8-19所示的图形。

03 绘制臀围线、底裆线、中裆线和膝围线。使用【偏移】工具，将上平线向下偏移18cm（臀高），即臀围线；将上平线向下偏移26cm（立裆），即底裆线。

04 使用【打断于点】工具，在臀围线与前片侧缝线相交的点进行打断。在菜单栏中执行【绘图/点/定数等分】命令，选中打断的侧缝线的下段线，将其等分为2等份。使用【直线】工具，在该1/2点向右绘制一根水平直线，即膝围线。

05 使用【偏移】工具，将膝围线向上偏移4cm，即中裆线，最后得到的效果如图8-20所示。

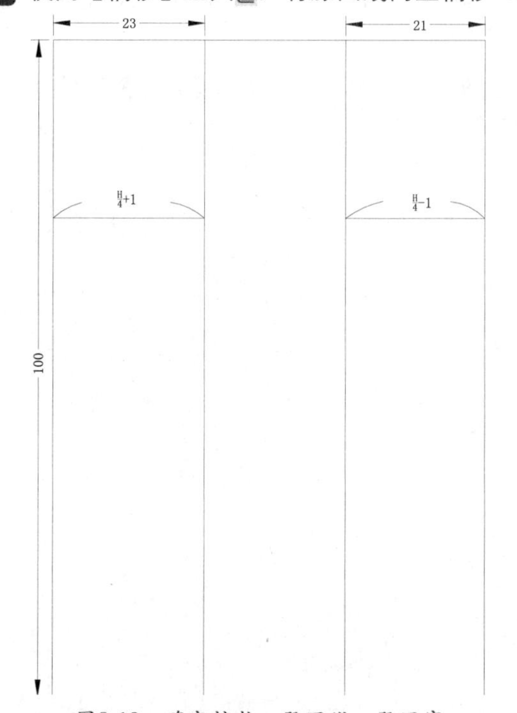

图8-19　确定裤长、臀围线、臀围宽

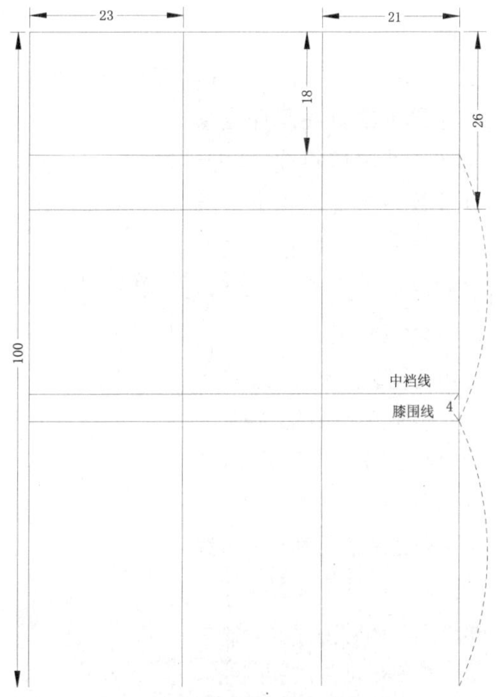

图8-20　确定底裆线、中裆线

06 绘制横裆宽（大裆宽值为0.09H=7.92cm，小裆宽值为0.03H=2.64cm）。使用【偏移】工具，将前片臀围宽线向左偏2.64cm，即小裆宽。选中后片底裆线，将光标放置在底裆线的左端点上，选择“拉长”，将鼠标向左移动，输入拉上数值7.92cm，即大裆宽。

07 绘制烫迹线。使用【偏移】工具，将前、后片的侧缝线分别向左偏移0.5cm。使用【打断于点】工具，将前、后片底裆线与0.5线相交的点进行打断。在命令行输入“DIVIDE”命令，按Enter键确定，执行【定数等分】命令，分别选中底裆线，将其等分为2等份。

08 使用【圆】工具，分别以前、后片底裆线的1/2点为圆心，前片绘制半径值为0.5cm的圆，后片绘制半径值为1.5cm的圆。

09 使用【直线】工具，以前、后底裆线上圆与底裆线的交点为起点，分别向上、向下绘制垂线，即烫迹线，最后得到的效果如图8-21所示。

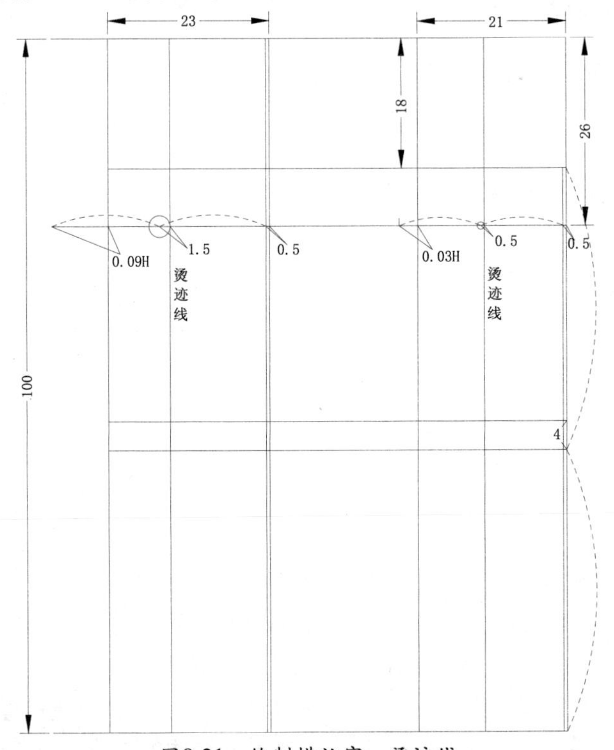

图8-21 绘制横裆宽、烫迹线

10 确定前、后腰围宽（前腰围宽值为W/4-1+省（2cm）=17.5cm；后腰围宽值为W/4+1+省（3.5cm）=21cm）。绘制后腰围线。使用【圆】工具，以后片上平线的左端点为圆心，绘制半径值为3.5cm的圆。

11 使用【直线】工具，连接圆与上平线相交的点至臀围线的左端点。使用【延伸】工具，将刚才绘制的斜线延伸至横裆宽。选中该斜线，将光标放置在其上端点上，选择“拉长”，将鼠标向上移动，输入拉长数值2.5，按Enter键确定。

12 使用【圆】工具，以该上一步绘制的斜线的上端点为圆心，绘制半径值为21cm的圆。使用【直线】工具，连接斜线端点至圆与上平线的交点，即后片腰围线。

13 参考后片的腰围线的绘制方法，绘制出前片的腰围线，得到的效果如图8-22所示。

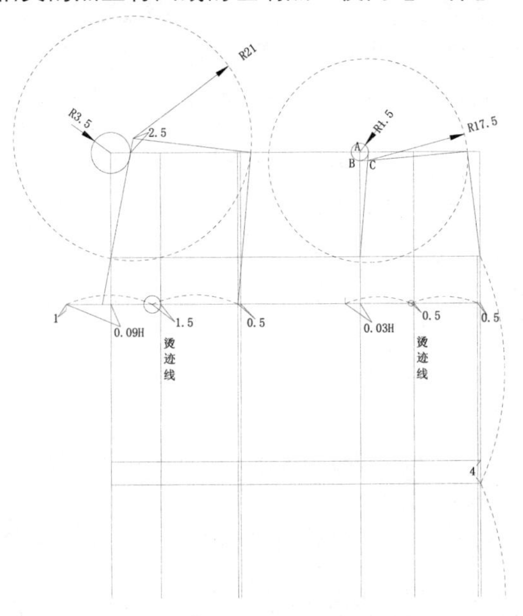

图8-22 确定腰围宽

14 绘制前、后片的腰省。绘制前片的腰省，使用【偏移】工具，将烫迹线向右偏移3cm。使用【圆】工具，以3cm直线与上平线的交点为圆心，绘制半径值为2cm（前片省宽）的圆；按Enter键重复步骤，绘制一个半径值为1cm的同心圆。以1cm圆与上平线的交点为圆心，绘制半径值为13cm（省长）的圆。

15 使用【直线】工具，连接各点，绘制出前片腰省。使用相同的方法绘制出后片腰省（后片省宽3.5cm），得到的效果如图8-23所示。

16 按Enter键重复【直线】命令（按F8键，打开正交模式），以后片底裆线的左端点为起点，向下绘制一根长1cm的垂线。

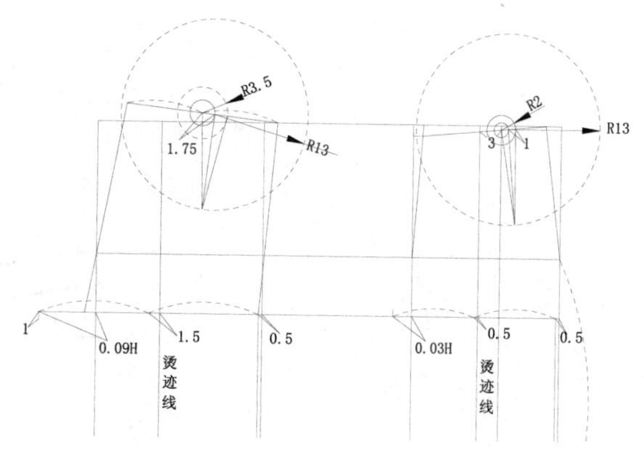

图8-23 绘制腰省

17 确定前、后片的脚口围和中裆宽。使用【圆】工具，分别以前、后片的烫迹线与中裆线和下平线的交点为圆心，绘制的半径值如图8-24所示，即确定了前、后片的中裆宽和脚口围。

18 绘制侧缝线和裆弯线。使用【样条曲线】工具，连接各点，绘制出图8-25所示的侧缝线和裆弯线。

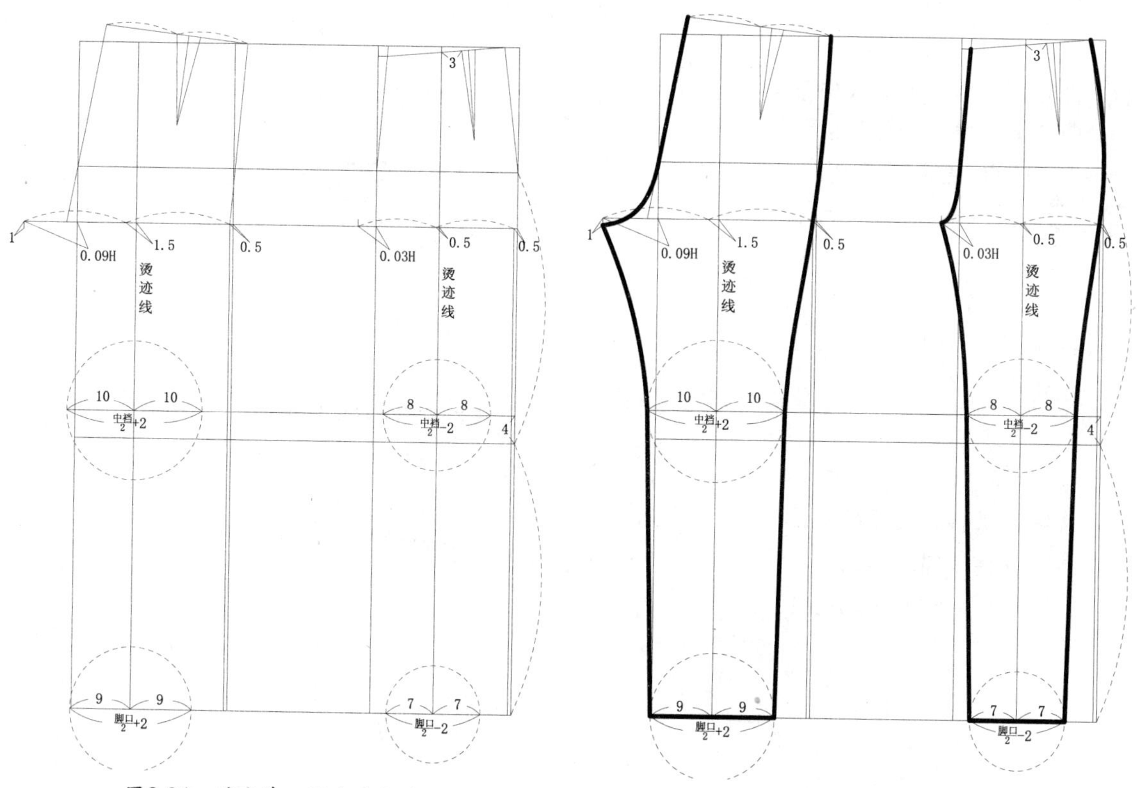

图8-24 确定脚口围和中裆宽

图8-25 绘制侧缝线和裆弯线

19 绘制腰头和分割线。使用【偏移】工具，分别将前、后片腰围线向下偏移4cm，为新的腰围线；按Enter键重复【偏移】命令，将新腰围线向下偏移4cm，为腰头宽。

20 使用【圆】工具，以B点为圆心，绘制半径值为6.5cm的圆，以B点为圆心，绘制半径值为3cm的圆。使用【直线】工具，连接两个圆的切点，即后片分割线，得到的效果如图8-26所示。

21 使用相同的方法，绘制出后片的新腰头，如图8-27所示。

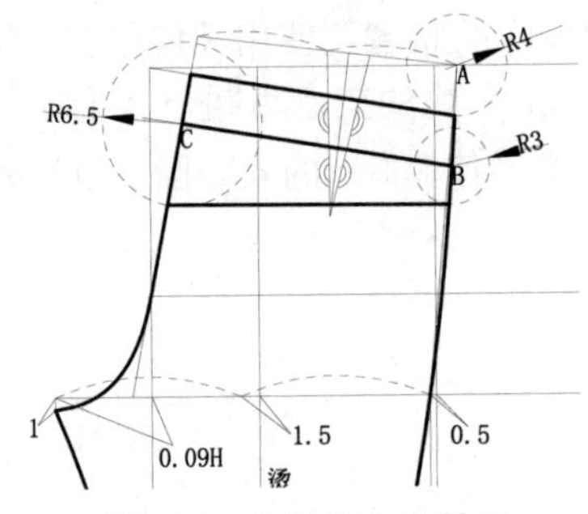

图8-26　绘制后片分割线

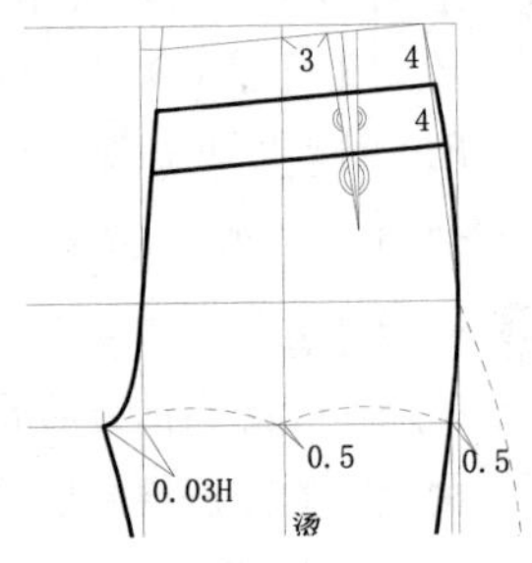

图8-27　绘制出后片的新腰头

22 合并前、后片的腰省。使用【打断于点】工具，将前、后片的侧缝线分别在与分割线与腰头宽的交点，进行打断。

23 使用【旋转】工具，旋转图中的虚线部分，以省尖点为基点进行旋转，直至省宽线重合，得到的效果如图8-28所示。

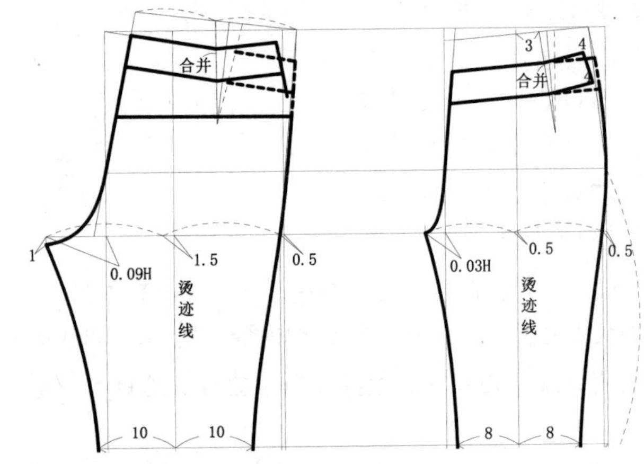

图8-28　合并腰省

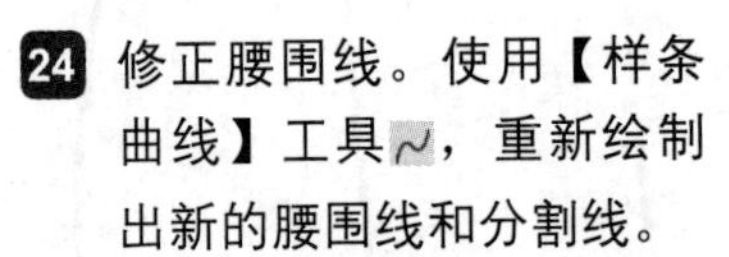

24 修正腰围线。使用【样条曲线】工具，重新绘制出新的腰围线和分割线。

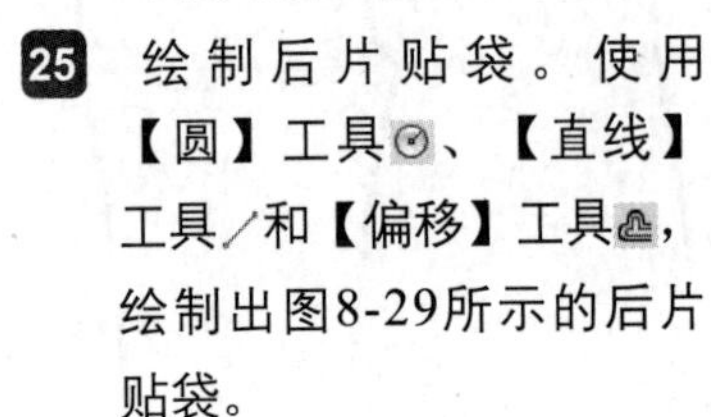

25 绘制后片贴袋。使用【圆】工具、【直线】工具和【偏移】工具，绘制出图8-29所示的后片贴袋。

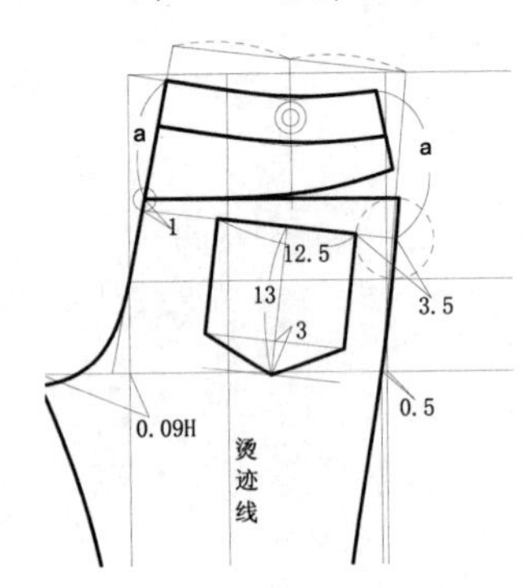

图8-29　绘制后片贴袋

26 绘制前片挖袋。使用【圆】工具、【直线】工具和【样条曲线】工具，绘制出图8-30所示的前片挖袋。

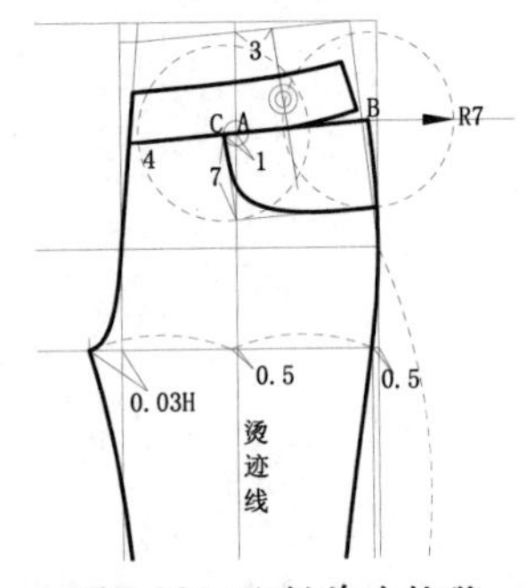

图8-30　绘制前片挖袋

27 将前片腰头向左拉长4cm，为里襟。使用【样条曲线】工具，绘制出门襟。

28 对牛仔低腰小脚裤进行线宽设定和规范标注，即完成该结构图的绘制，得到的效果如图8-31所示。

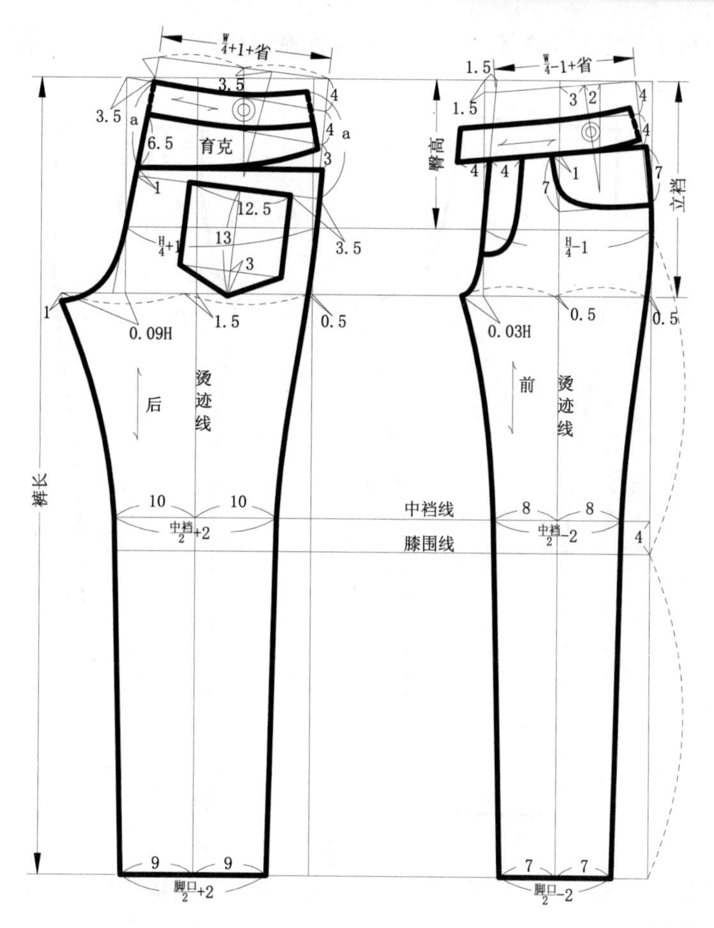

图8-31 进行线宽设定、规范标注

8.1.2 阔腿裤的结构制图

阔腿裤的款式图如图8-32所示。

利用AutoCAD 2014绘制阔腿裤结构图，步骤如下。

01 打开AutoCAD 2014，创建规格尺寸表，如图8-33所示。

图8-32 阔腿裤款式图

成品规格尺寸表　　号型：160/66A　　单位：cm

分类 \ 部位	腰围	臀围	立裆	裤长	脚口
净尺寸	66	90	27-28		
成品尺寸	68	94-98	27	100	自定义

图8-33 阔腿裤尺寸表

02 在菜单栏中执行【文件/打开】命令，打开女士西裤结构图。选中多余的线段，标注，按Delete键删除，如图8-34所示。

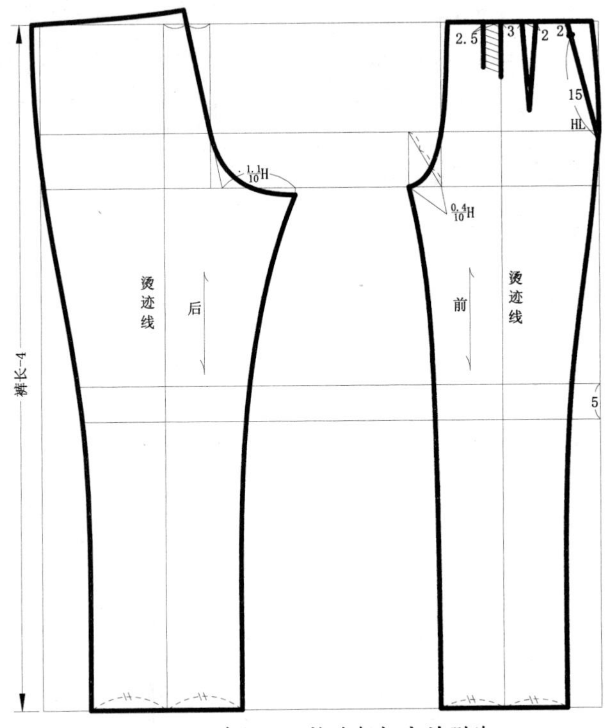

图8-34　对女士西裤进行相应的删除

03 调整前、后片腰围。绘制后片腰围，根据款式图（该款式阔腿裤的后片没有褶和省），在原有的腰围上减去省量（4cm），即W/4+1=17cm。

04 使用【圆】工具，以A点为圆心，绘制半径值为17cm（后腰围）的圆。使用【打断于点】工具，将原有腰围在与圆的交点进行打断。

05 绘制前片腰围。根据款式图，将原有的省转为褶，在原有省量的基础上，将褶转为2.5cm。使用【移动】工具，按F8键打开正交模式，将侧缝线、口袋线和省宽线向右移动，输入移动数值0.5cm，按Enter键确定完成移动，最后得到的效果如图8-35所示。

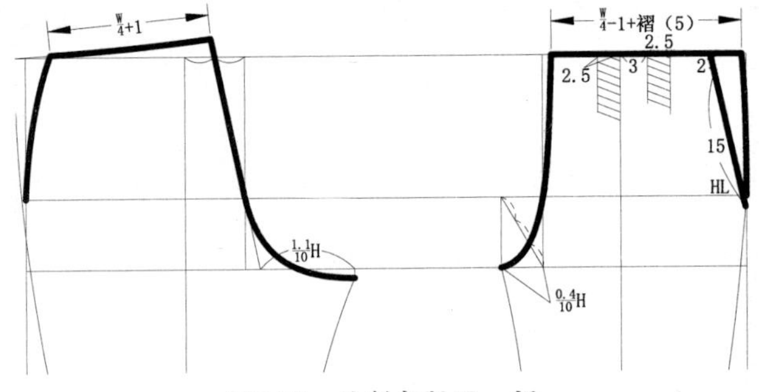

图8-35　绘制新腰围、褶

06 绘制侧缝线和脚口围。使用【圆】工具，以前、后片脚口线的左、右端点为圆心，绘制半径值为2.5cm的圆。

07 使用【偏移】工具，将前片的脚口围线向上偏移1cm，将后片的脚口围线向下偏移1cm。

08 使用【样条曲线】工具，连接各点，绘制出图8-36所示的侧缝线和脚口围线。

09 使用【复制】工具，将女士西裤的腰头结构图进行复制、移动。

10 对阔腿裤进行线宽设定和规范标注，即完成阔腿裤的结构图绘制，得到的效果如图8-37所示。

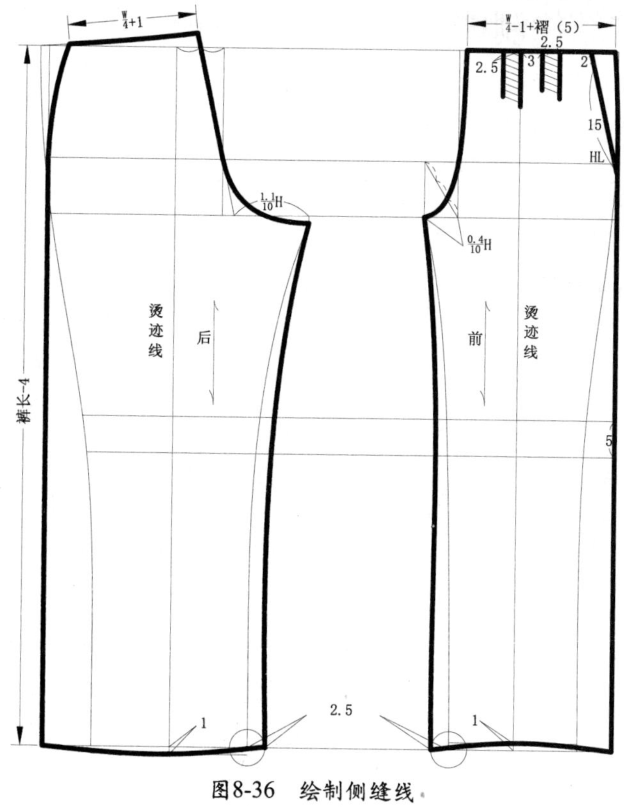

图8-36 绘制侧缝线

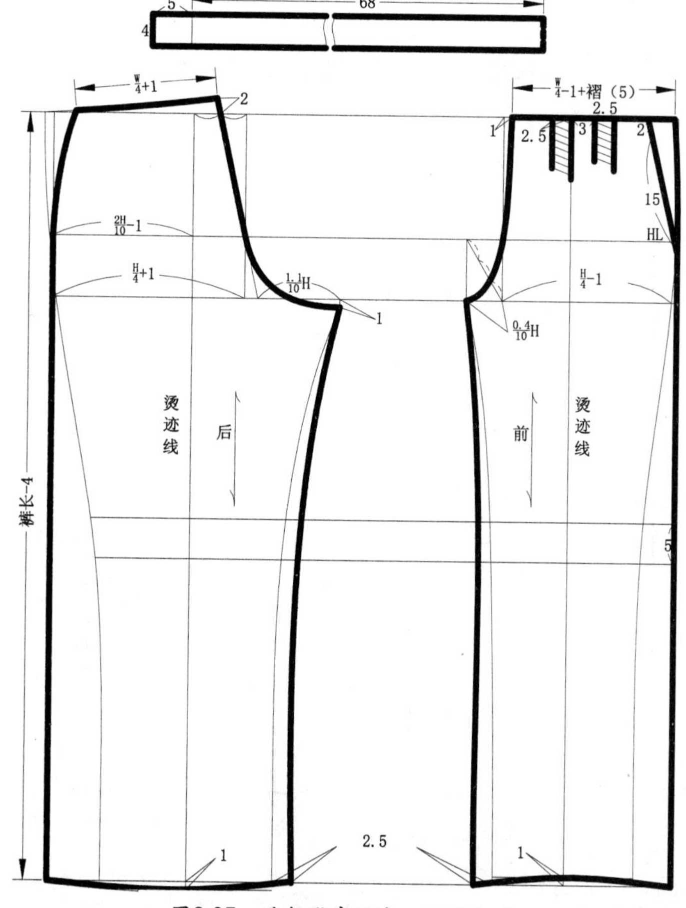

图8-37 进行线宽设定、规范标注

8.1.3 短裤的结构制图

款式（一）：低腰牛仔短裤，款式图如图8-38所示。

利用AutoCAD 2014绘制低腰牛仔短裤结构图，步骤如下。

01 打开AutoCAD 2014创建规格尺寸表，如图8-39所示。

图8-38 低腰牛仔裤款式图

成品规格尺寸表　　号型：160/66A　　单位：cm

分类＼部位	腰围	臀围	立裆	裤长	脚口
净尺寸	66	90	27-28		
成品尺寸	66	92	27	35	自定义

图8-39 低腰牛仔裤尺寸表

02 在菜单栏中执行【文件/打开】命令，打开牛仔小脚裤结构图，对多余的线和标注进行删除。

03 绘制低腰短裤底边。使用【偏移】工具，将上平线向下偏移35cm（裤长）。

04 使用【直线】工具，分别以前、后横裆宽的端点为起点，向底边绘制垂线，得到的效果如图8-40所示。

05 绘制侧缝线，确定脚口围。使用【偏移】工具，将上一步绘制的垂线向右偏移1.5cm，将侧缝线向右偏移1cm。

06 使用【样条曲线】工具，连接各点，绘制出前、后片的侧缝线，如图8-41所示。

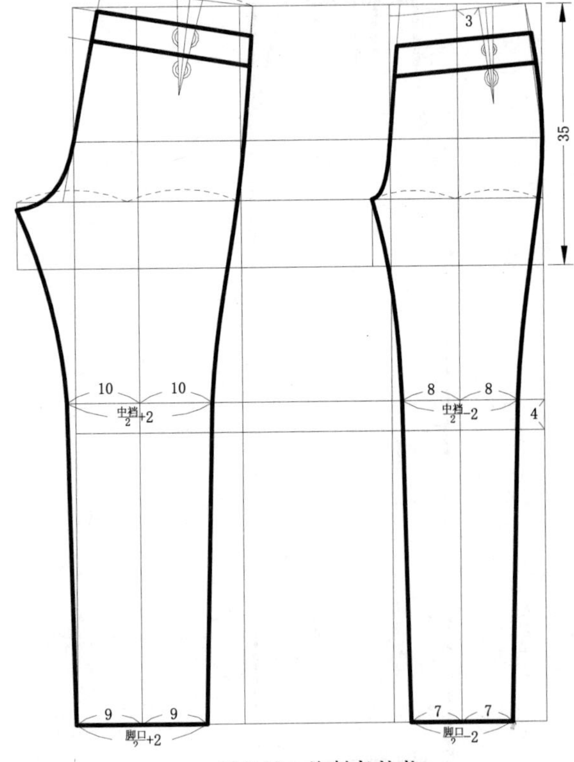

图8-40 绘制新裤长

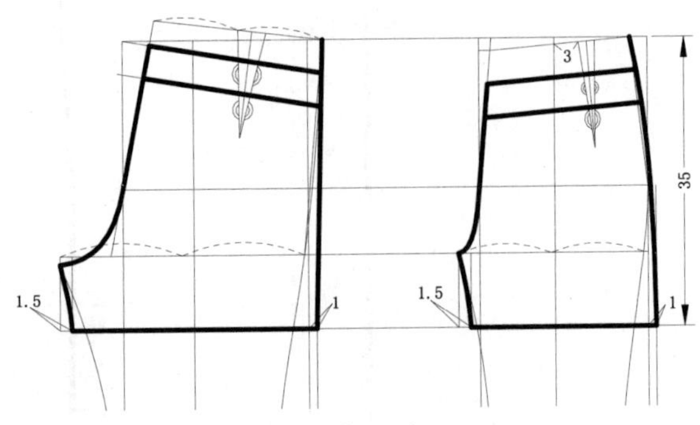

图8-41 绘制侧缝线

07 使用【修剪】工具，以短裤的底边为边线，选中底边以下的线进行裁剪，得到的效果如图8-42所示。

08 合并腰省。使用【旋转】工具，选中如图所示的虚线图形，以省尖点为基点进行旋转，直至两根省宽线重合，得到的效果如图8-43所示。

09 修正腰围线和底边。使用【样条曲线】工具，绘制出图8-44所示新的腰围线和底边。

10 绘制后片贴袋。参考牛仔小脚裤的后贴袋绘制方法，绘制出图8-45所示的短裤后片贴袋。

11 绘制前片挖袋、门襟。参考牛仔小脚裤前片挖袋的绘制方法，绘制出图8-46所示的门襟和挖袋。

12 对低腰短裤进行线宽设定和规范标注，即完成低腰短裤的结构图绘制，得到的效果如图8-47所示。

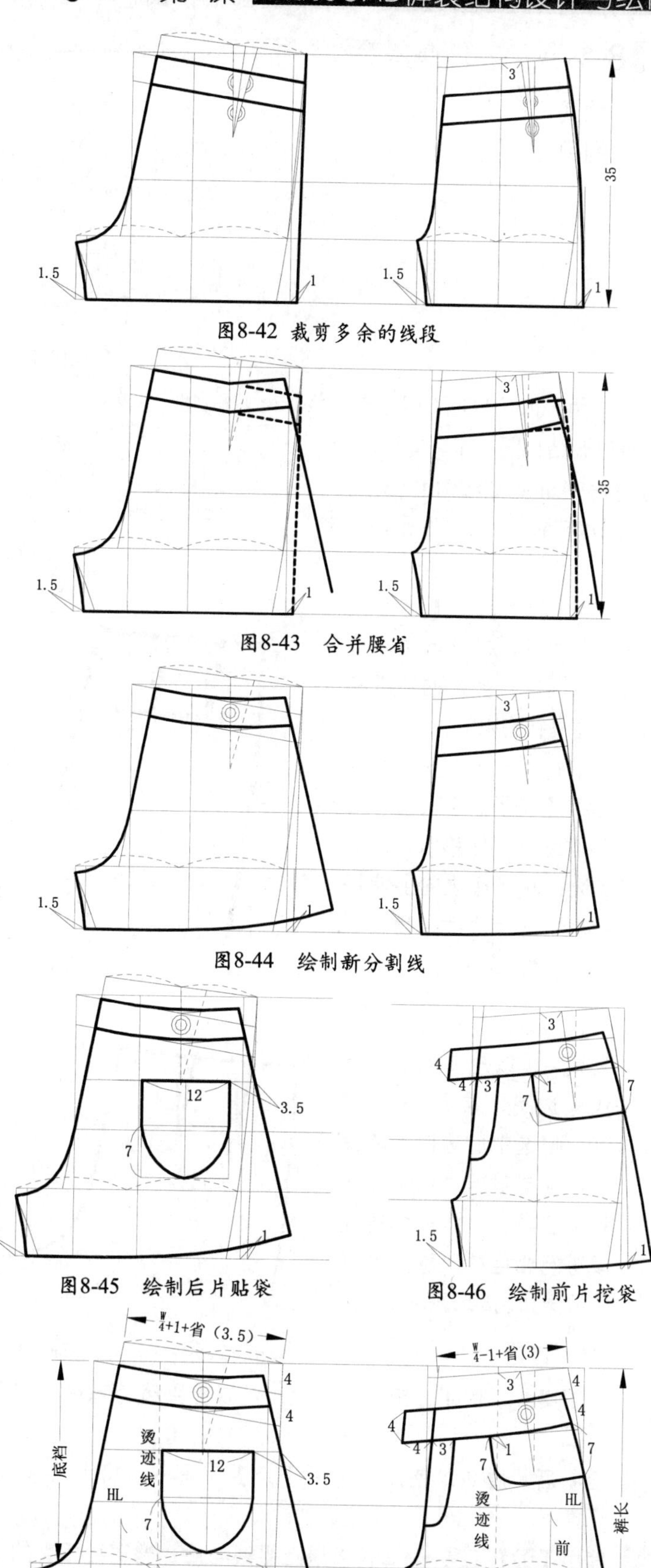

图8-42 裁剪多余的线段

图8-43 合并腰省

图8-44 绘制新分割线

图8-45 绘制后片贴袋

图8-46 绘制前片挖袋

图8-47 进行线宽设定、规范标注

款式（二）：高腰短裤，其款式图如图8-48所示。

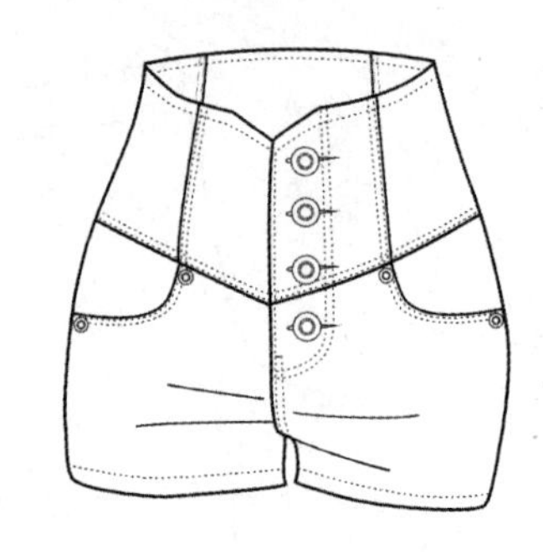
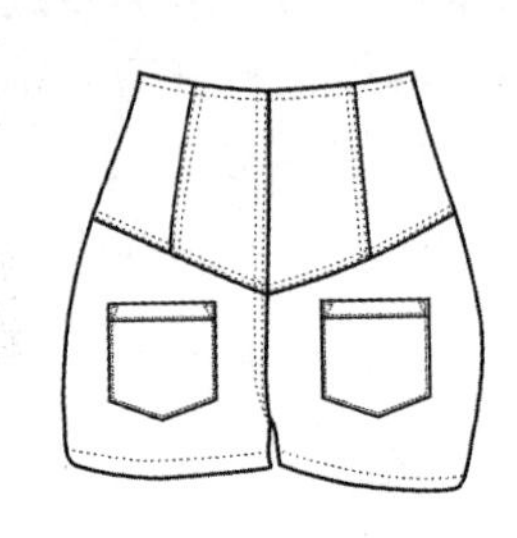

图8-48 高腰短裤款式图

利用AutoCAD 2014绘制高腰短裤结构图，步骤如下。

01 打开AutoCAD 2014创建规格尺寸表，如图8-49所示。

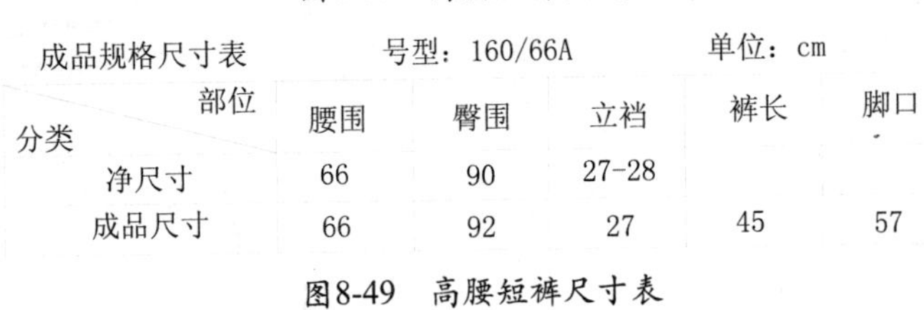

成品规格尺寸表　　号型：160/66A　　单位：cm

部位 分类	腰围	臀围	立裆	裤长	脚口
净尺寸	66	90	27-28		
成品尺寸	66	92	27	45	57

图8-49 高腰短裤尺寸表

02 在菜单栏中执行【文件/打开】命令，打开低腰短裤结构图，对多余的线段和标注进行删除。

03 绘制新的底边和上平线。使用【偏移】工具，将底裆线向下偏移8cm，为底边；将新底边向上偏移40cm，为上平线，得到的效果如图8-50所示。

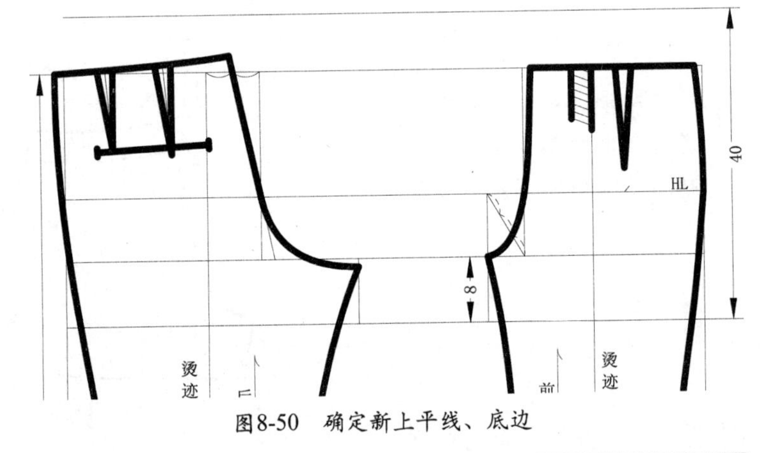

图8-50 确定新上平线、底边

04 修正短裤。使用【修剪】工具，以短裤的底边为裁剪边线，按Enter键确定。框选中底边以下的线段，完成裁剪。使用【删除】工具，将多余的线段进行相应的删除，得到的效果如图8-51所示。

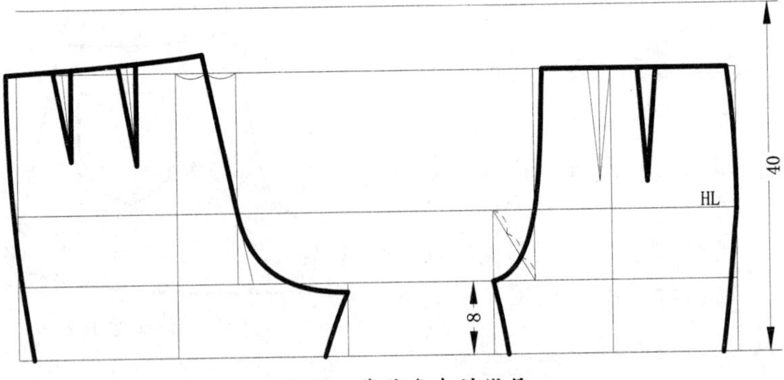

图8-51 裁剪多余的线段

05 绘制腰头。使用【延伸】工具，以上平线为基线，将前、后片的臀宽线和侧缝线延伸至上平线。

06 绘制后片腰头。使用【打断于点】工具，将上平线分别于与后片的臀宽线相交的点进行打断。

07 使用【圆】工具，以原上平线与后片臀宽线相交的点为圆心，绘制半径值为8.5cm的圆。按Enter键重复【圆】命令，以侧缝线与原上平线的交点为圆心，绘制半径值为6cm的圆，完成后片腰头的绘制。

08 使用【直线】工具，以圆与臀宽线相交的点为起点，至侧缝线的上端点绘制一根斜线。

09 绘制前片腰头。使用上述绘制后片腰头的绘制方法，绘制出前片腰头，最后得到的效果如图8-52所示。

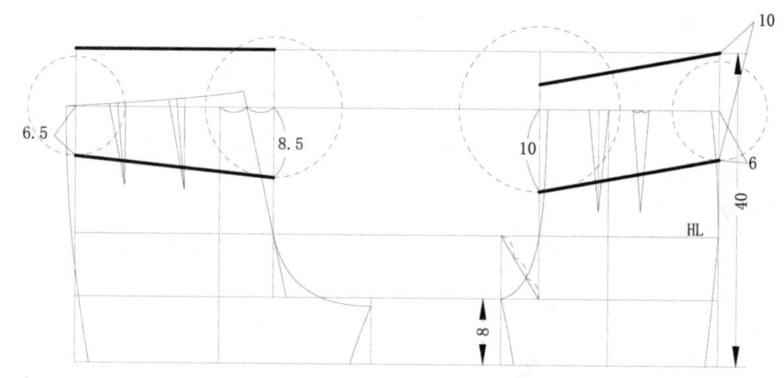

图8-52 绘制腰头分割线

10 确定前、后片腰头上的分割线位置。在菜单栏中执行【绘图/点/定数等分】命令，选中后片腰头线，输入等分数值2，按Enter键确定。

11 使用【偏移】工具，将后片腰头分割线向下偏移6.5cm。

12 使用【直线】工具，以后片腰围线的1/2点为起点，向下绘制一根垂线，直至腰头分割线。

13 使用【圆】工具，以上一步绘制的直线与腰头线和下移6.5cm线相交的点为圆心，分别绘制半径值为1cm（腰头线上）和半径值为2cm（两个省量转移）的圆。

14 使用相同的方法绘制出前片腰头上的分割线，最后得到的效果如图8-53所示。

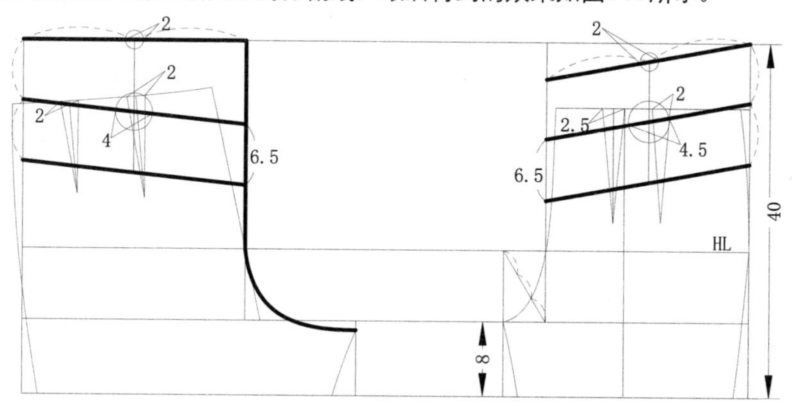

图8-53 确定腰头上的省宽

15 绘制前、后片腰头分割线。使用【直线】工具，连接各点，绘制出图8-54所示的分割线。

16 使用【圆】工具，以A点为圆心，绘制出半径值为3.5cm的圆。按Enter键重复该命令，绘制一个半径值为1.5cm的同心圆。

17 使用【直线】工具，连接两个圆与腰头线和裆弯线的交点。

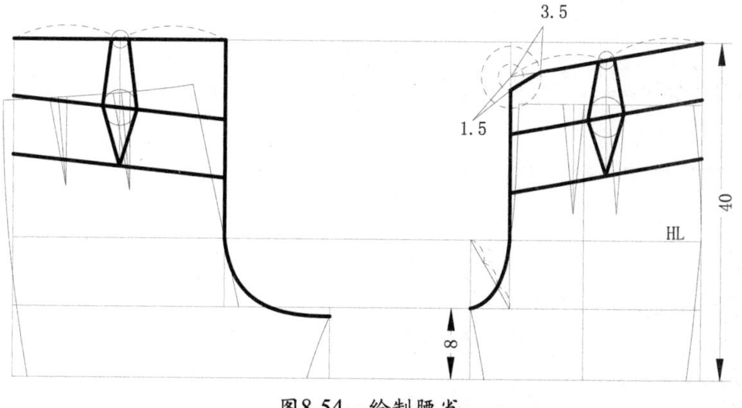

图8-54 绘制腰省

18 确定脚口围和绘制侧缝线。使用【偏移】工具，将前、后片的横裆宽线向侧缝线偏移2.5cm。按Enter键重复该命令，将前、后片的侧缝线向横裆宽方向偏移1.5cm。

19 使用【圆】工具，分别以前、后片侧缝线与腰头中线相交的点为圆心，绘制半径值为0.5cm的圆。

20 使用【样条曲线】工具，连接各点，绘制出图8-55所示的侧缝线的底边。

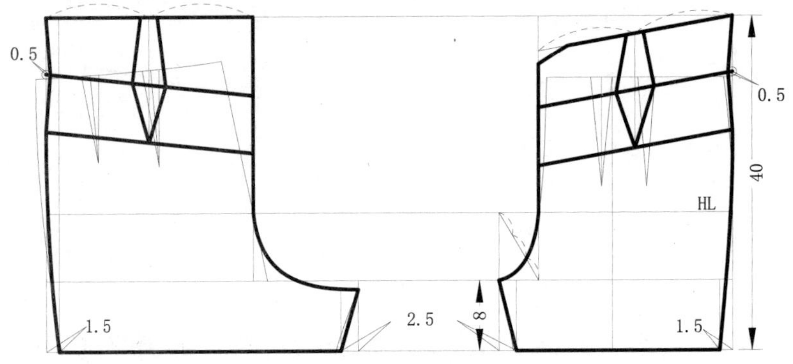

图8-55　确定脚口围、绘制侧缝线

21 绘制后片贴袋。参照图8-56所示的数据，使用【圆】工具和【偏移】工具，绘制出后片贴袋。

22 绘制前片挖袋。参照图8-57所示的数据，使用【圆】工具和【样条曲线】工具，绘制出前片挖袋。

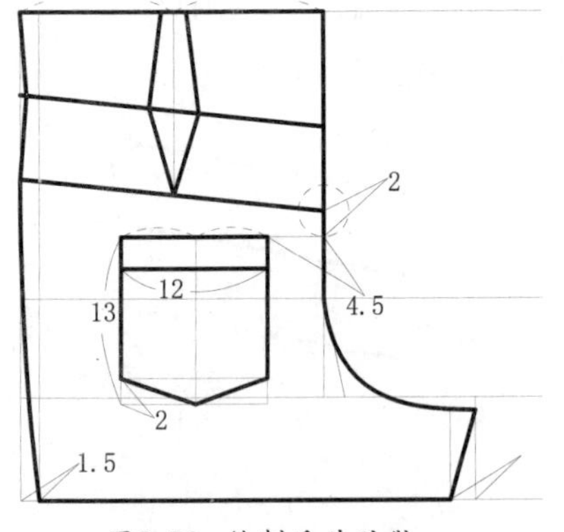

图8-56　绘制后片贴袋

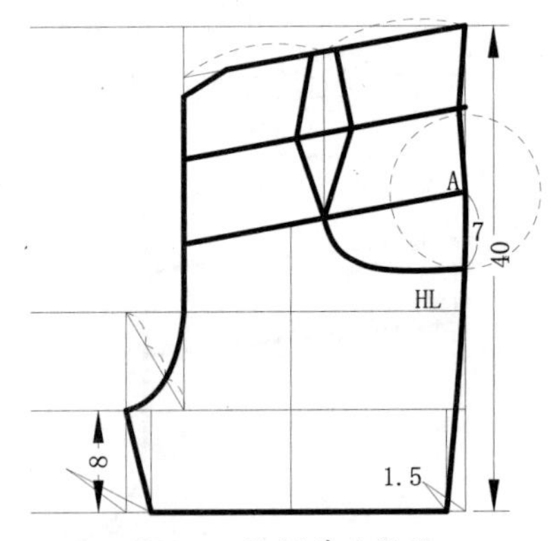

图8-57　绘制前片挖袋

23 绘制腰头里襟和门襟。参照图8-58所示的数据，绘制出腰头里襟和门襟。

24 绘制扣位。使用【直线】工具、【定数等分】工具和【偏移】工具，绘制出扣位，如图8-59所示。

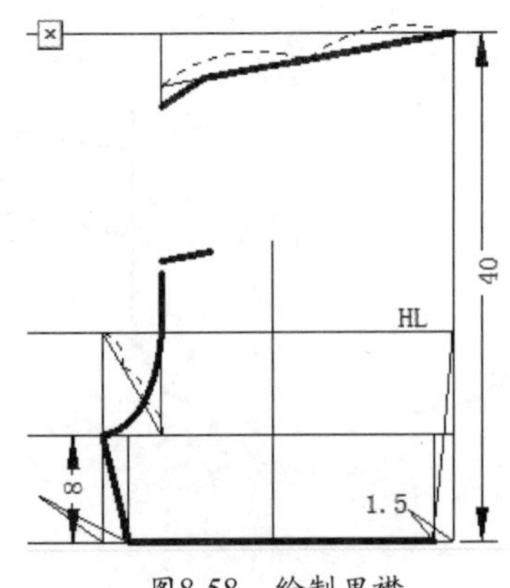

图8-58　绘制里襟

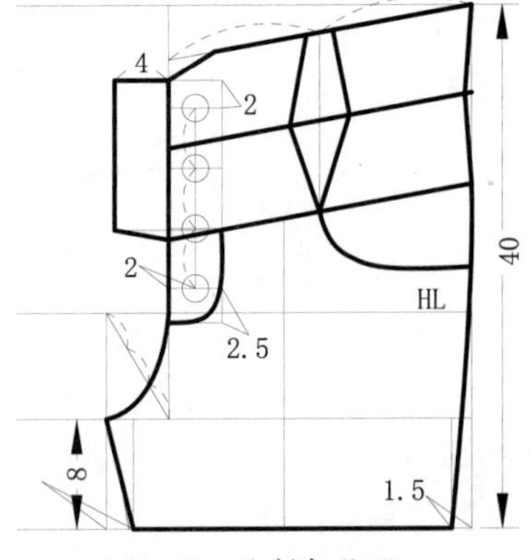

图8-59　绘制扣位线

25 对高腰短裤进行线宽设定和规范标注，即完成高腰短裤的结构图绘制，得到的效果如图8-60所示。

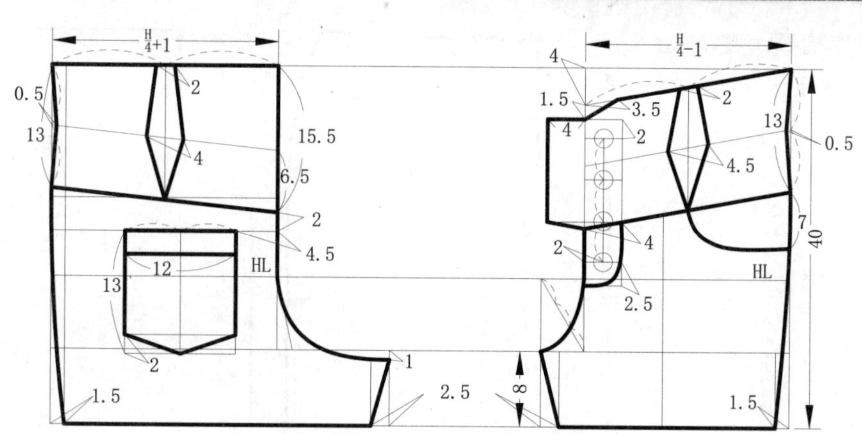

图8-60　进行线宽设定、规范标注

8.2 变化型裤子结构制图

款式（一）：裙裤，其款式图如图8-61所示。

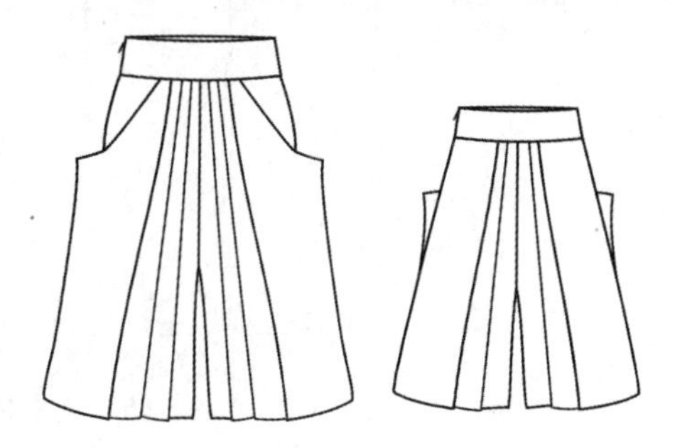

图8-61　裙裤款式图

利用AutoCAD 2014绘制出裙裤结构图，如图8-62所示。

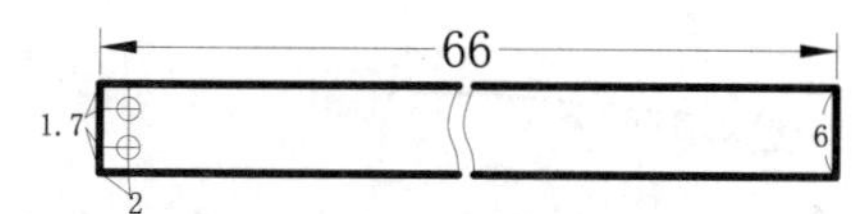

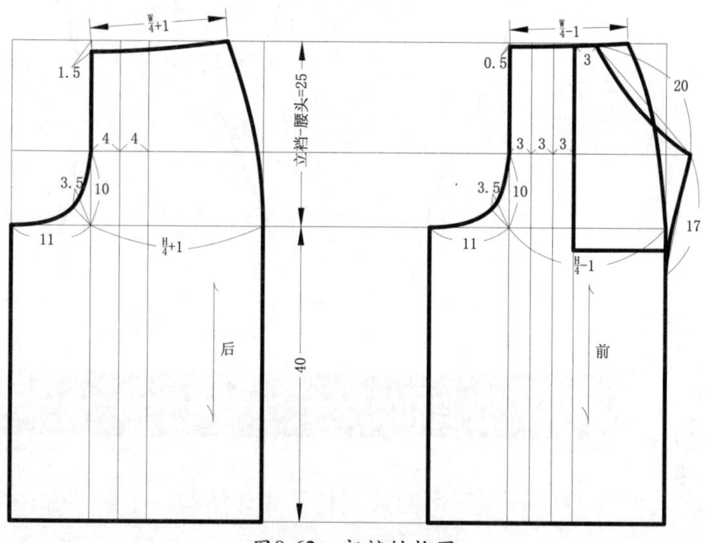

图8-62　裙裤结构图

前、后片褶展开图，如图8-63和图8-64所示。

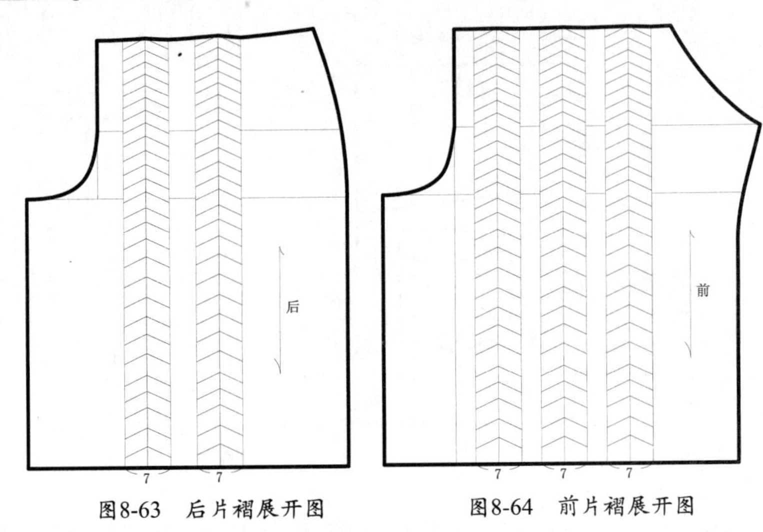

图8-63　后片褶展开图　　图8-64　前片褶展开图

款式（二）：马裤，其款式图如图8-65所示。

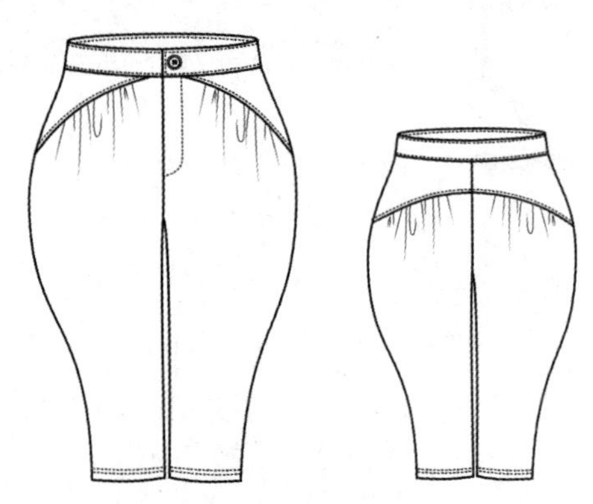

图8-65　马裤款式图

利用AutoCAD 2014绘制马裤结构图，如图8-66所示。

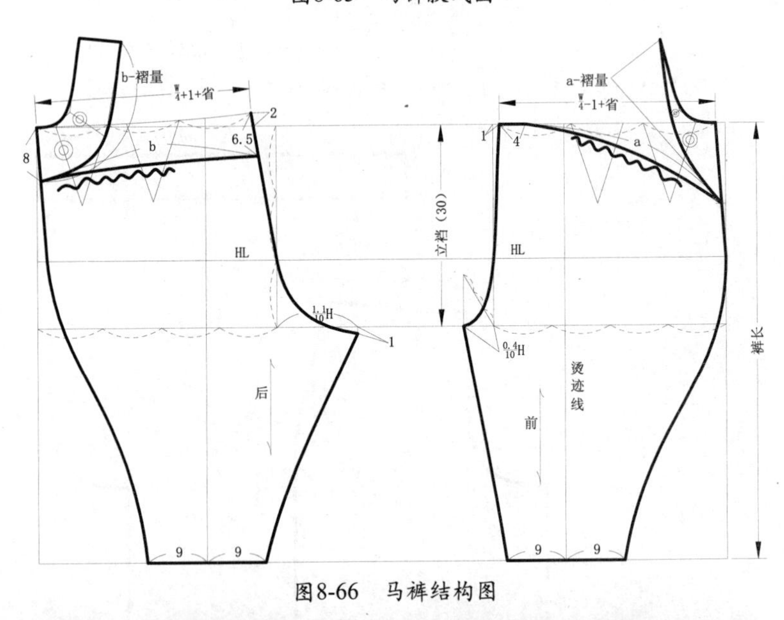

图8-66　马裤结构图

8.3 本课小结

本课的开课利用图片剖析了人体结构，了解各部位名称，以及裤子与人体结构之间的关系。

通过利用AutoCAD 2014软件，学习不同款式裤子结构纸样设计。根据不同的裤子款式，对裤子的结构设计和变化做出了一一讲解，让读者通过这些例子的学习，能够快速、熟练地掌握裤子的结构纸样设计。

8.4 课后练习

8.4.1 练习一：进行裙裤结构绘制

该练习的款式图，如图8-67所示。

步骤提示如下。

01 利用【直线】工具和【偏移】工具，绘制出裙裤的围度线。

02 利用【直线】工具和【样条曲线】工具，绘制出侧缝线、腰头线和分割线。

03 利用【打断于点】工具和【移动】工具，对分割块进行分割展开。

04 绘制后片结构。

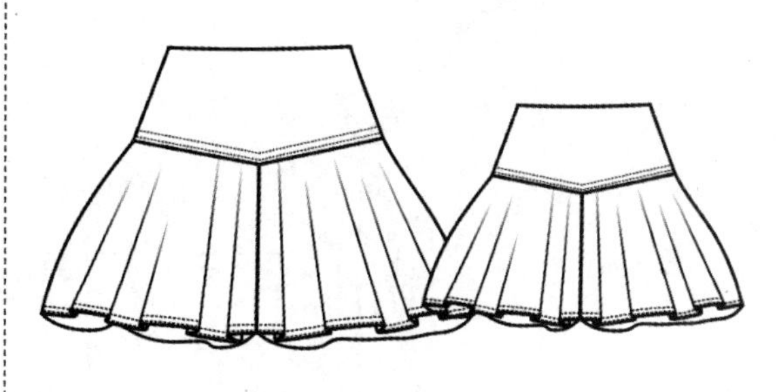

图8-67　裙裤款式图

8.4.2 练习二：进行变化时装裤结构绘制

该练习的款式图，如图8-68所示。

步骤提示如下。

01 利用【直线】工具和【偏移】工具，绘制裤子的围度线。

02 利用【偏移】工具和【样条曲线】工具，绘制侧缝线和裆弯线。

03 利用【偏移】工具、【样条曲线】工具和【圆】工具，绘制前片口袋。

04 绘制后片结构。

05 利用【矩形】工具，绘制腰头。

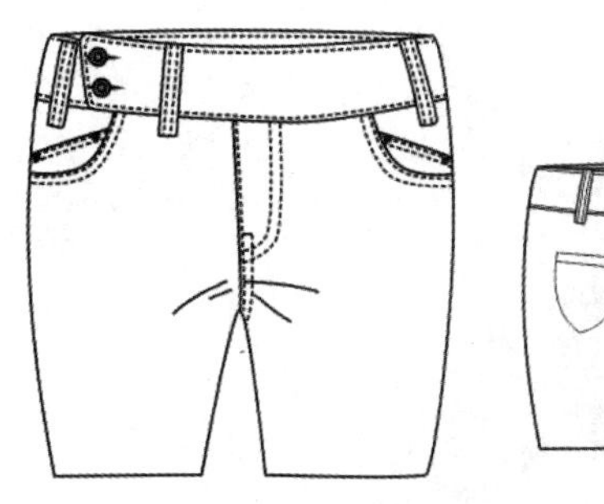

图8-68　变化时装裤款式图

第9课
AutoCAD男装结构设计与绘制

男装的款式变化相对于女装较为单调。单排扣、平驳领是男西装常见的西服基本款式。男士西服的结构设计中注重标准化，样板相对较为固定，内部结构线变化不多。前横开领较大，翻领松度可略小一些；胁省通过大口袋直至底边，将前片分割成为两片。男装的内部结构变化不多，更多的是考虑其款式造型。

【本课知识】

★ 掌握利用AutoCAD进行男士衬衫结构设计

★ 利用【移动】工具和【旋转】工具，将过肩合并至后肩

★ 掌握利用AutoCAD进行男士西装结构设计

★ 掌握利用AutoCAD进行男士双排扣风衣结构设计

★ 掌握利用AutoCAD进行男士西裤结构设计

★ 利用【偏移】工具和【圆】工具，进行定点

9.1 男士休闲衬衫结构设计

男士休闲衬衫版型宽松，其结构一般包括了过肩、外翻门襟、袖口打折、贴胸袋和装袖头等内容。

9.1.1 男士休闲衬衫款式图

男士衬衫款式图如图9-1所示。

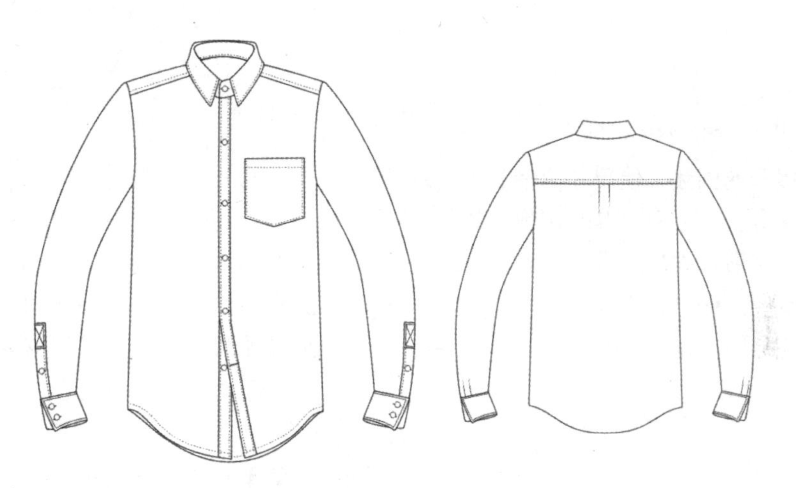

图9-1 男士衬衫款式图

9.1.2 绘制男士衬衫结构图

利用AutoCAD 2014绘制男士衬衫结构图，步骤如下。

01 打开AutoCAD 2014，创建规格尺寸表，如图9-2所示。

成品规格尺寸表　　号型：170/88A　　单位：cm

分类 \ 部位	衣长	胸围	腰围	领围	肩宽
净尺寸		88	74	36.8	43.6
成品尺寸	75	108	74	40	46

图9-2 男士衬衫尺寸表

02 使用【矩形】工具，绘制一个长为75cm（衣长），宽为54cm（前胸围加后胸宽）的矩形。

03 使用【分解】工具，框选中矩形，按Enter键确定分解。

04 使用【偏移】工具，将后中心线向右偏移28cm（B/4+1=28cm），即后胸宽线，得到的效果如图9-3所示。

图9-3 确定衣长和前、后胸宽

05 绘制前后领深和领宽。使用【偏移】工具和【修剪】工具，绘制出图9-4所示的前、后片领深和领宽。

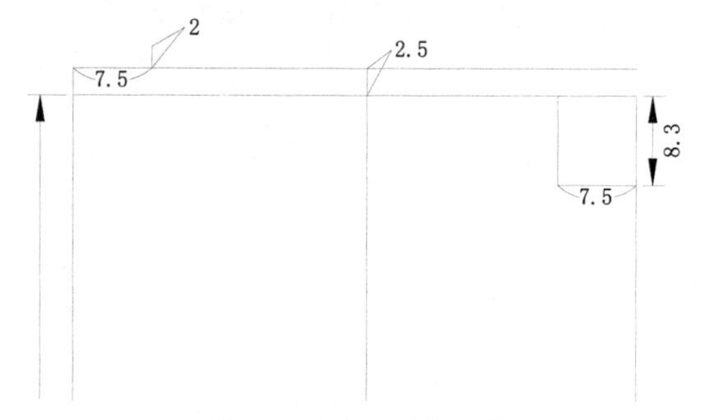

图9-4　确定领深和领宽

06 绘制肩斜线和胸围线。使用【偏移】工具和【直线】工具，参照图9-5所示提供的数据，绘制出前、后片肩斜线和胸围线。

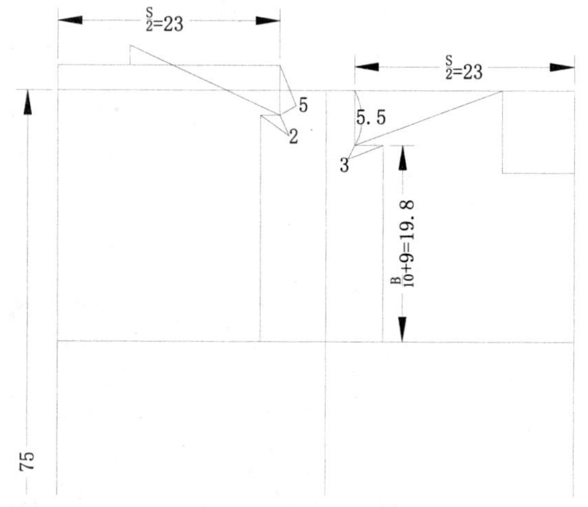

图9-5　绘制肩斜线

07 绘制领弧线和袖窿弧线。使用【样条曲线】工具，绘制出图9-6所示的领弧线和袖窿弧线。

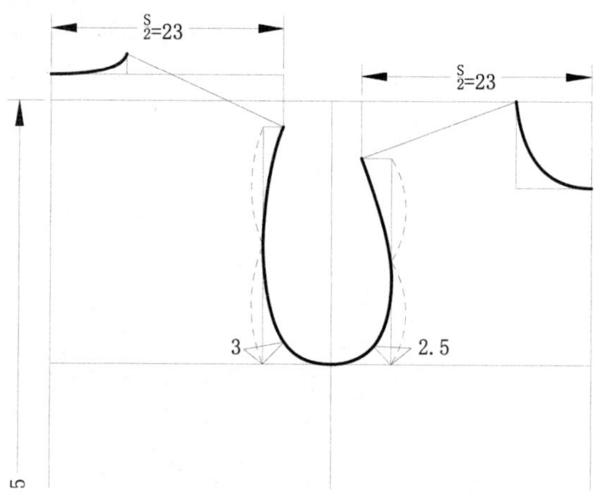

图9-6　绘制领弧线和袖窿弧线

08 绘制前片分割线。使用【偏移】工具，对前片的肩斜线向下偏移3cm，得到的效果如图9-7所示。

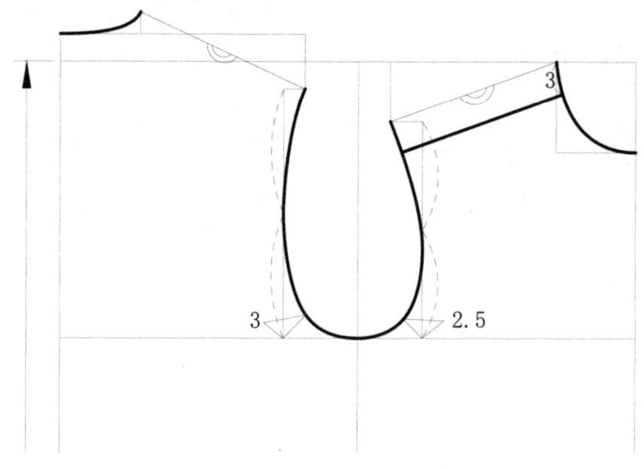

图9-7　绘制前片分割线

09 绘制后片分割线和后中心线。使用【偏移】工具，将后片领深线向下偏移8cm。使用【圆】工具，以偏移的分割线与后袖窿弧线的交点为圆心，绘制半径值为0.8的圆。

10 在菜单栏中执行【绘图/点/定数等分】命令，将刚偏移的分割线等分为2等份。

11 使用【样条曲线】工具，连接分割线的1/2点和半径0.8cm的圆与袖窿弧线相交的点。选中分割线，将光标放置在分割线的左端点，选择“拉长”选项，将鼠标向左移动，输入拉长数值2.5cm。

12 绘制后中心线。使用【直线】工具，以拉长的分割线左端点为起点，向下绘制直线，直至底边。最后得到的效果如图9-8所示。

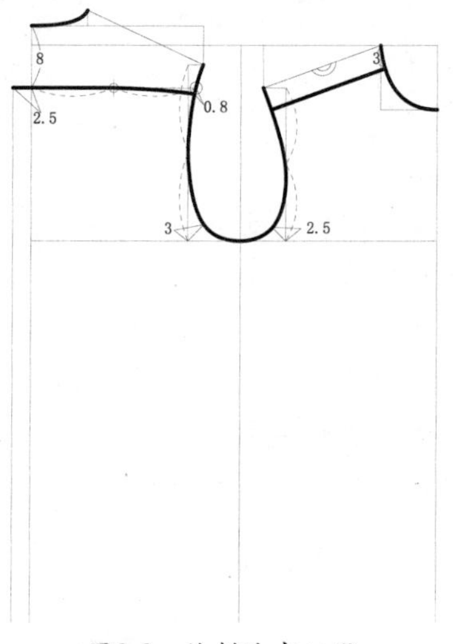

图9-8　绘制后中心线

13 绘制底边。使用【偏移】工具，将底边向上偏移5cm。使用【样条曲线】工具，连接各点，绘制出图9-9所示的底边。

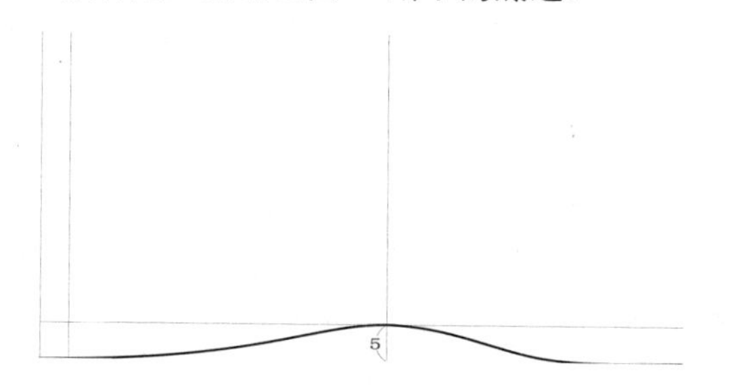

图9-9 绘制底边

14 绘制口袋。使用【偏移】工具、【修剪】工具和【直线】工具，在前片绘制出图9-10所示的口袋。

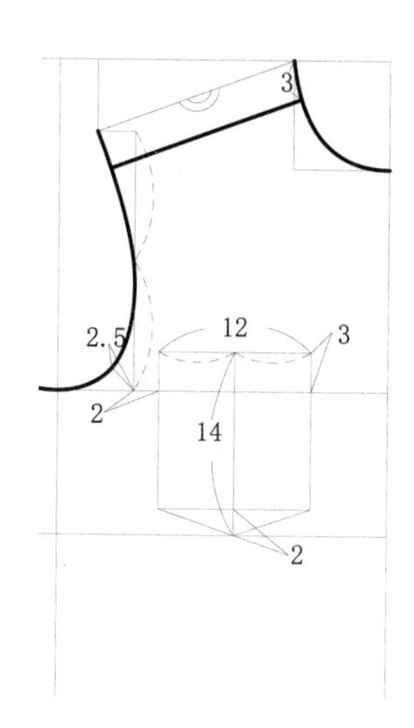

图9-10 绘制口袋

15 将过肩合并至后片。使用【移动】工具，选中过肩，以前肩点为基点，然后移动至后肩点，单击鼠标，完成移动，得到的效果如图9-11所示。

16 使用【旋转】工具，选中过肩，以肩点为基点进行旋转，直至前、后肩斜线重合，得到的效果如图9-12所示。

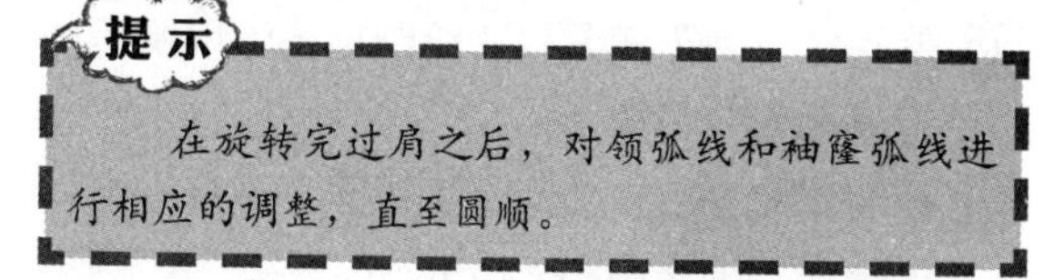

提示

在旋转完过肩之后，对领弧线和袖窿弧线进行相应的调整，直至圆顺。

17 绘制叠门线和扣位线。使用【偏移】工具，将止口线向右偏移2cm，为叠门线。

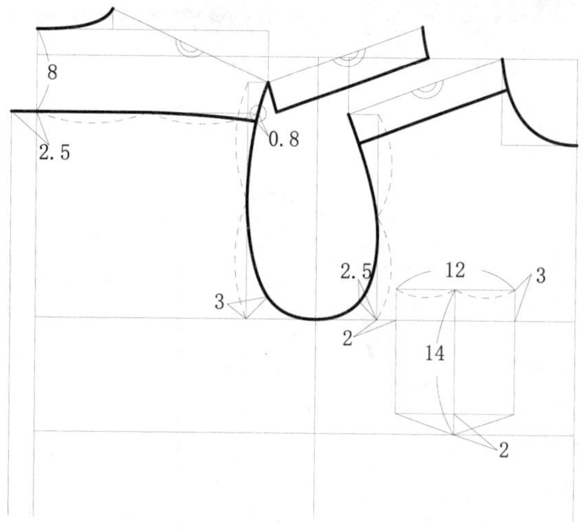

图9-11 移动图形

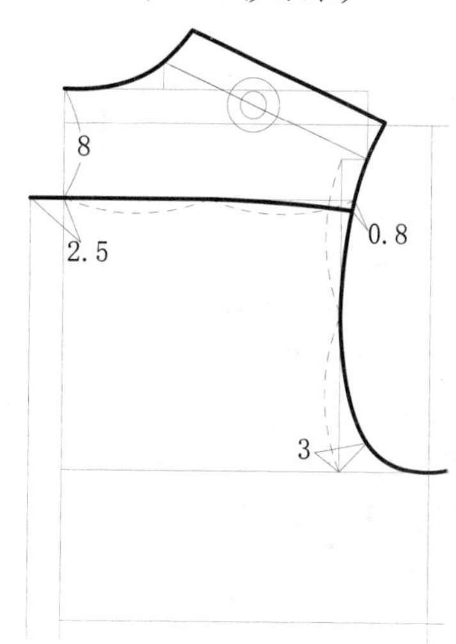

图9-12 合并图形

18 使用【偏移】工具，将前片领深线向上偏移1.5cm，为第一粒扣位；按Enter键重复该命令，将底边向上偏移19cm，为最后一粒扣位。

19 使用【打断于点】工具，将止口线在第一粒扣位和最后一粒扣位处进行打断。

20 在菜单栏中执行【绘图/点/定数等分】命令，选中两粒扣位间的止口线，将其等分为6等份，止口线上则会出现等分点标记，得到的效果如图9-13所示。

21 绘制袖子。使用【直线】工具，按F8键，打开“正交”模式，绘制一根水平直线。使用【偏移】工具，将该直线向下偏移10.8（B/10），即袖山深；向下偏移58cm，即袖长。

22 分别选中前、后袖窿弧线，在命令行输入

"LIST"命令，按Enter键确定，弹出的对话框中显示袖窿弧线长度。

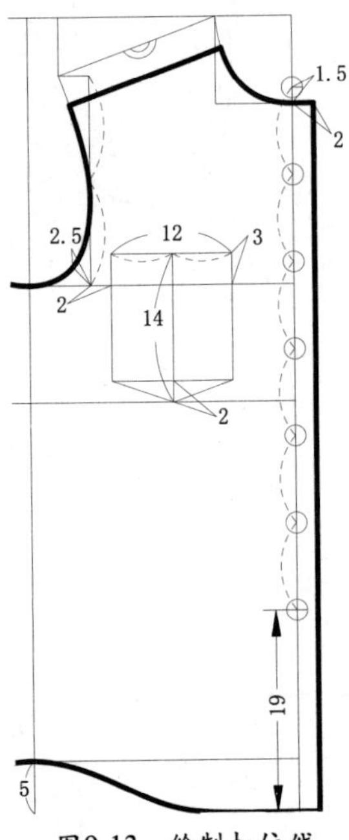

图9-13　绘制扣位线

23 使用【圆】工具，以袖山顶点为圆心，绘制半径值为（前、后袖窿弧线/2）的圆。使用【直线】工具连接各交点，得到的效果如图9-14所示。

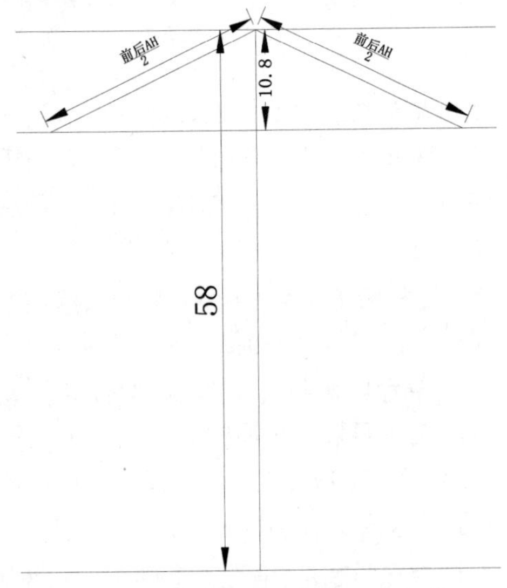

图9-14　绘制袖长、袖肥、袖山深

24 执行【定数等分】和【直线】命令，绘制出图9-15所示的辅助直线段。

25 绘制袖窿弧线。使用【样条曲线】工具，绘制出图9-16所示袖窿弧线。

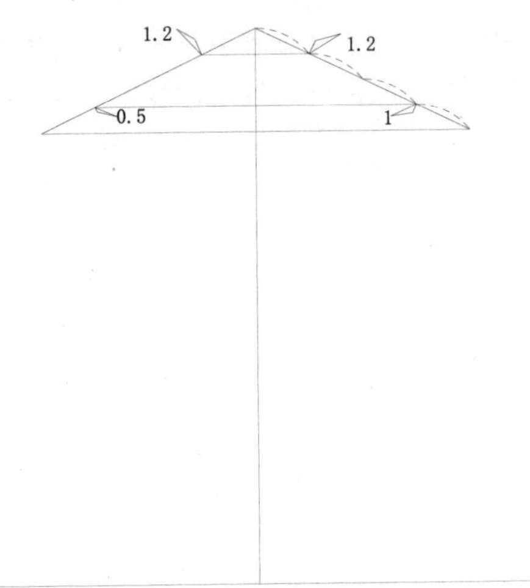

图9-15　绘制辅助直线段

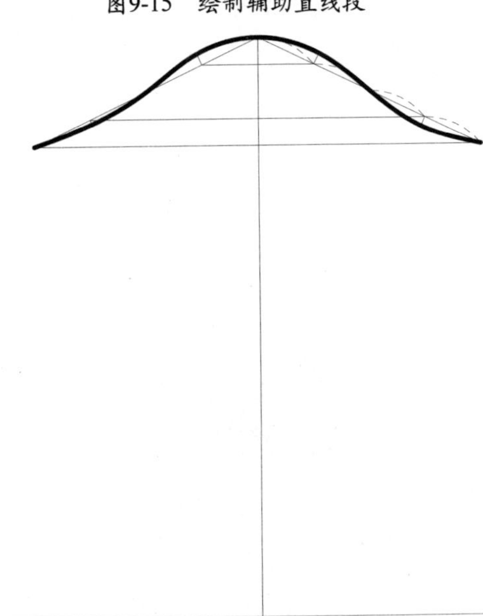
图9-16　绘制袖窿弧线

26 绘制袖口和袖克夫。使用【偏移】工具，将袖子底边向上偏移5.5cm，为袖克夫宽度。

27 使用【圆】工具，以袖中线与袖子底边相交的点为圆心，绘制半径值为12cm（袖口宽（24）/2）的圆；按Enter键重复该命令，绘制一个半径值为15.5cm（袖口/2+褶）的同心圆。

28 使用【直线】工具，绘制出图9-17所示的袖克夫和袖边线。

29 绘制褶和袖衩。使用【偏移】工具，将袖中线向左偏移出图9-18所示的直线。

30 绘制衣领。使用【矩形】工具，绘制出长为20.35cm（前、后领弧/2）、宽为10.6cm的矩形。使用【分解】工具，将矩形进行分解。

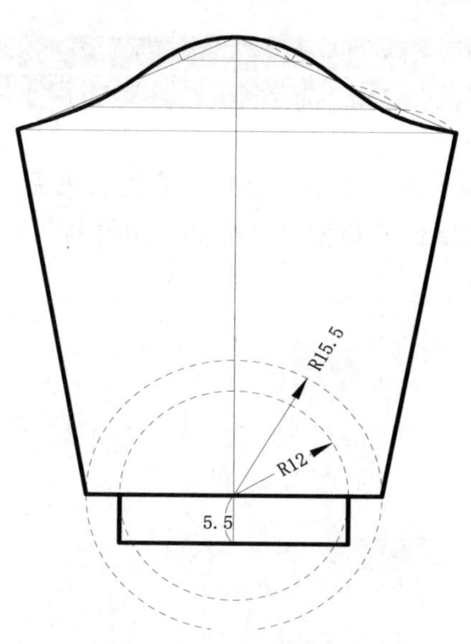

图9-17 绘制袖克夫和袖边线

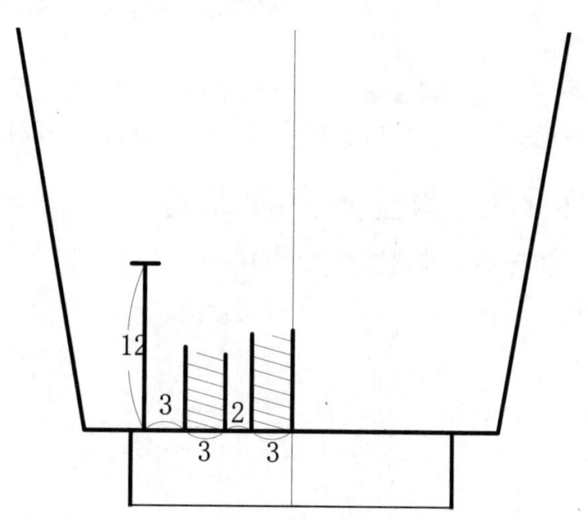

图9-18 绘制褶和袖衩

31 使用【偏移】工具，参照图9-19所示的数据将矩形的上边进行偏移。

32 使用【直线】工具，绘制出图9-20所示的辅助线。

33 使用【样条曲线】工具，依照辅助线，绘制出图9-21所示的衣领弧线。

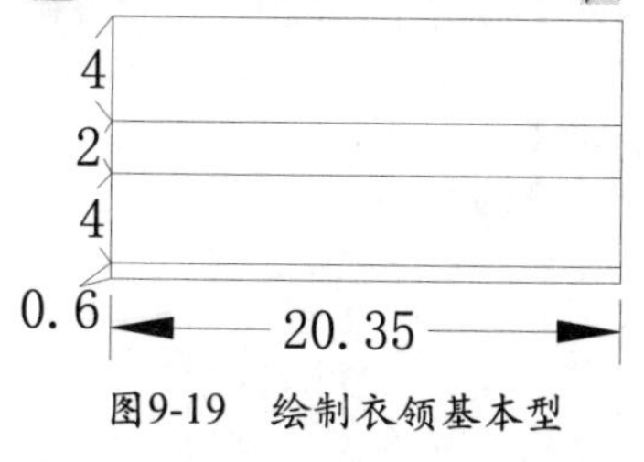

图9-19 绘制衣领基本型

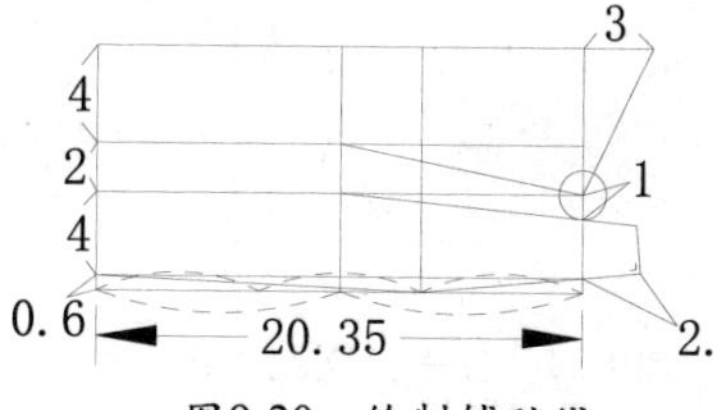

图9-20 绘制辅助线

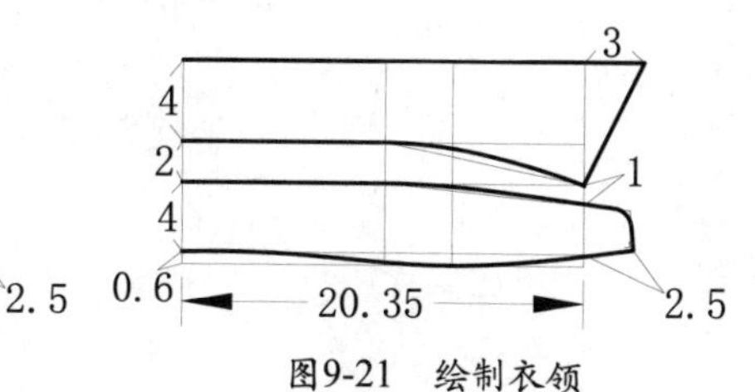

图9-21 绘制衣领

34 对男士衬衫进行线宽设定和规范标注，即完成男士衬衫结构图的绘制，得到的效果如图9-22所示。

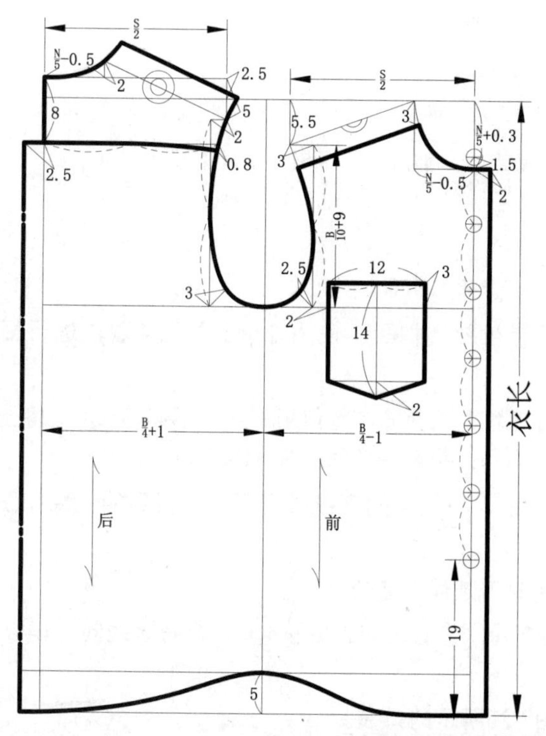

图9-22 进行线宽设定和规范标注

9.2 男士夹克结构设计

一般我们把上部比较宽松、下摆和袖口束紧的轻便上衣称为夹克。夹克衫除开下摆和袖口的束紧这两个较为固定的部位，其他部位的造型和结构都不受限制。

9.2.1 男士夹克款式图

男士夹克款式图如图9-23所示。

图9-23 男士夹克款式图

9.2.2 绘制男士夹克结构图

利用AutoCAD 2014绘制男士夹克结构图，步骤如下。

01 打开AutoCAD 2014，创建规格尺寸表，如图9-24所示。

成品规格尺寸表　　号型：170/88A　　单位：cm

部位 分类	衣长	胸围	腰围	领围	肩宽
净尺寸		88	74	36.8	43.6
成品尺寸	70	108	74	40	46

图9-24 男士夹克尺寸表

02 在菜单栏中执行【文件/打开】命令，打开男衬衫结构图。使用【删除】工具，进行相应的删除。

03 绘制前、后片分割线以及底边分割。使用【偏移】工具，将前领深线向下偏移6cm；将上平线向下偏移70cm（衣长），将下平线向上偏移5cm；将前中心线向左偏移6cm。

04 使用【延伸】工具，以前片袖窿弧线为边线，将偏移的直线进行延伸，得到的效果如图9-25所示。

05 绘制口袋。使用【延伸】工具，将前胸宽线向下延伸至底边。

06 使用【偏移】工具，将前胸宽线向右偏移6cm；将底边向上偏移8cm，再将该线向上偏移16cm（口袋长）。

07 使用【直线】工具，连接各点，绘制出图9-26所示的口袋。

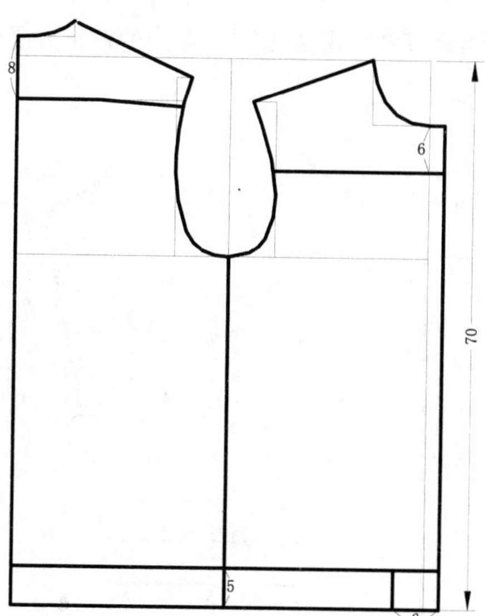

图9-25 偏移出前片、底边分割线和衣长

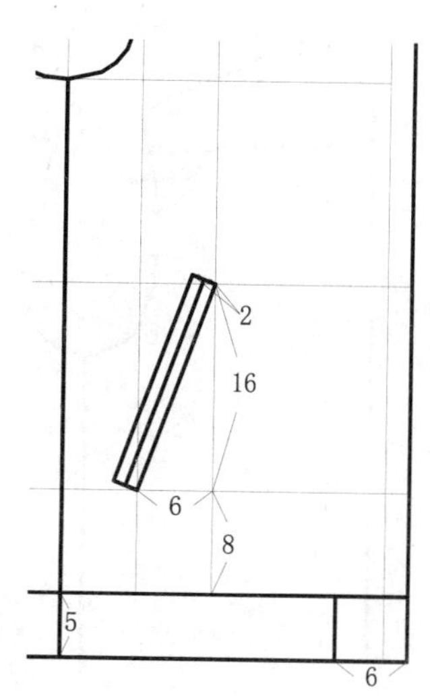

图9-26 绘制口袋

08 执行“LIST”命令，测量出前后领弧长。

09 绘制衣领。使用【矩形】工具、【分解】工具和【偏移】工具，绘制出图9-27所示的图形。

10 使用【偏移】工具和【样条曲线】工具，绘制出图9-28所示的衣领图形。

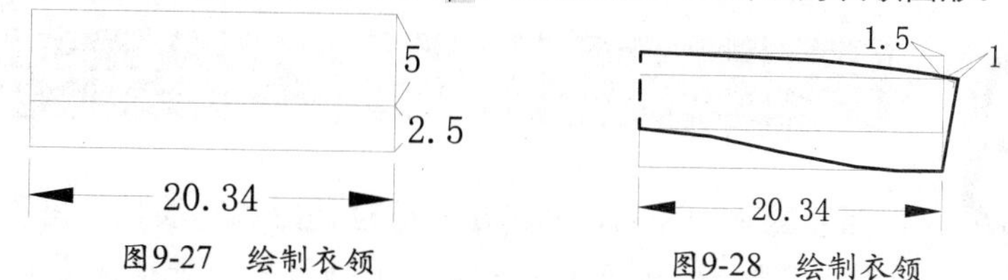

图9-27 绘制衣领　　图9-28 绘制衣领

11 绘制扣位线。使用【偏移】工具，将前片领深线向下偏移2cm，即第一粒扣位。

12 使用【打断于点】工具，将止口线与第一粒扣位的位置进行打断。

13 在菜单栏中执行【绘图/点/定数等分】命令，将止口线等分为5等份，即余下扣位，得到的效果如图9-29所示。

14 绘制衣袖。在原有衬衫衣袖的基础上，将袖山的深改为15.8cm（B/10+5）。

15 使用【直线】工具和【样条曲线】工具，重新绘制出袖肥和袖窿弧线，得到的效果如图9-30所示。

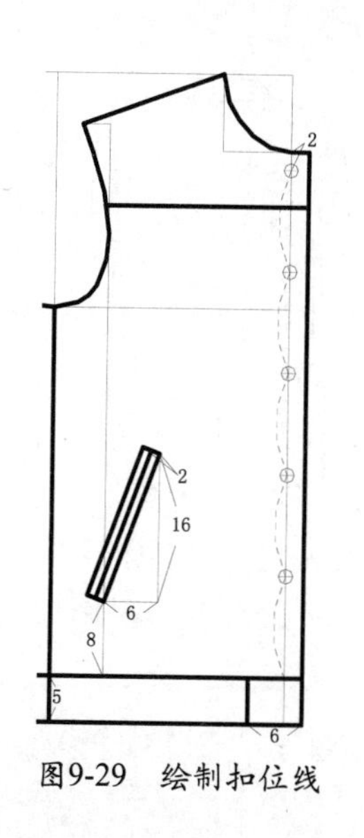

图9-29 绘制扣位线

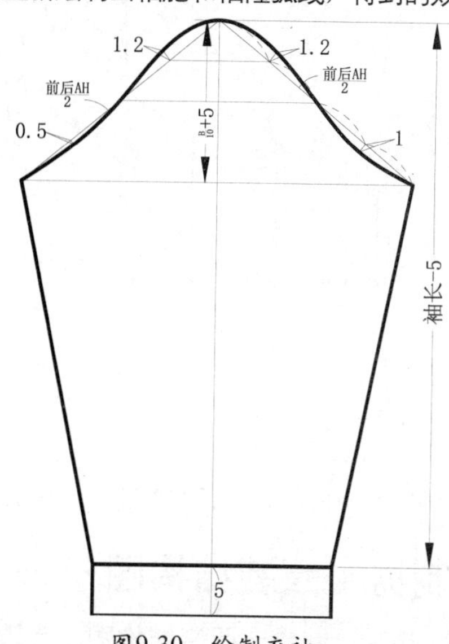

图9-30 绘制衣袖

16 对结构图进行线宽设定和规范标注，即完成男士夹克结构图的绘制，得到的效果如图9-31所示。

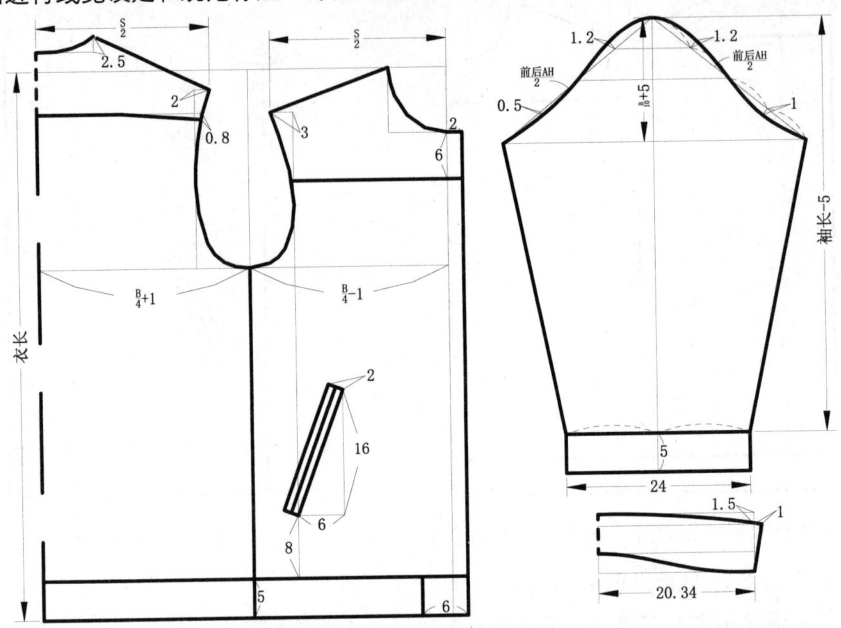

图9-31 进行线宽设定和规范标注

9.3 男士西装结构设计

西装的不同款式，传递出的心理情感和物质功用是不同的。就如平驳领的西装是普通型的，显得平常随意；而戗驳领的则是正统型的，显得庄重大方。

9.3.1 男士西装款式图

男士西装款式图如图9-32所示。

图9-32 男士西装款式图

9.3.2 绘制男士西装结构图

利用AutoCAD 2014绘制男士西装结构图，步骤如下。

01 打开AutoCAD 2014，创建规格尺寸表，如图9-33所示。

成品规格尺寸表　　号型：170/88A　　单位：cm

部位 分类	衣长	胸围	腰围	领围	肩宽	袖长
净尺寸		88	74	36.8	43.6	
成品尺寸	75	108	74	40	46	56

图9-33　男士西装的尺寸表

02 确定各围度线，前后落肩（前落肩B/20=5.4cm，后落肩B/20-1=4.4cm）；前后领深（前领深8cm，后领深2.5cm）；袖窿深（B/10+9=19.8cm）；腰围线（底边上去（衣长/3-1=32.5cm））。

03 使用【直线】工具，绘制一根水平直线，参照提供的数据进行偏移，最后得到的效果如图9-34所示。

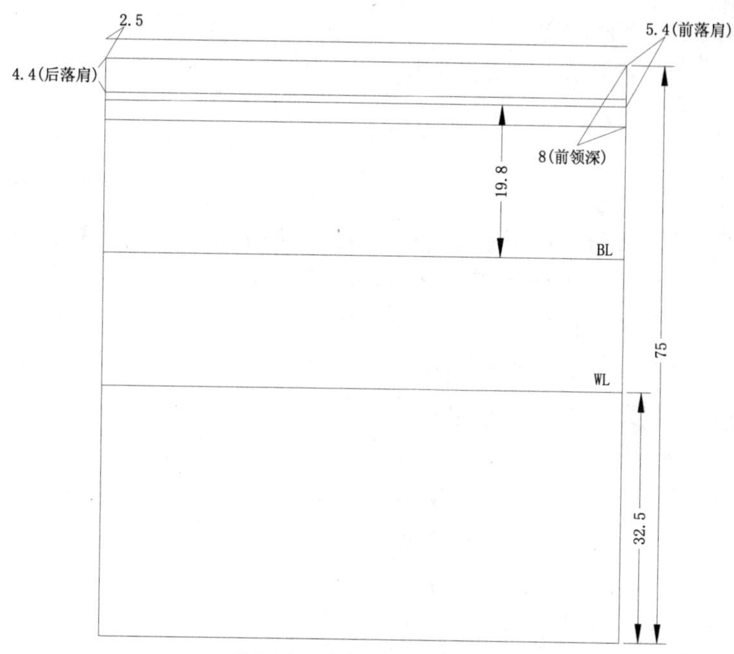

图9-34　绘制西装的围度线

04 使用【偏移】工具，将前后中心线分别向左、向右偏移出前、后胸宽（前胸宽B/6+2=20cm，后背宽B/6+1.5=19.5cm），前片宽度（B/3=36cm），将止口线向右偏移2cm，即叠门线。使用【修剪】工具，进行相应的裁剪，最后得到的效果如图9-35所示。

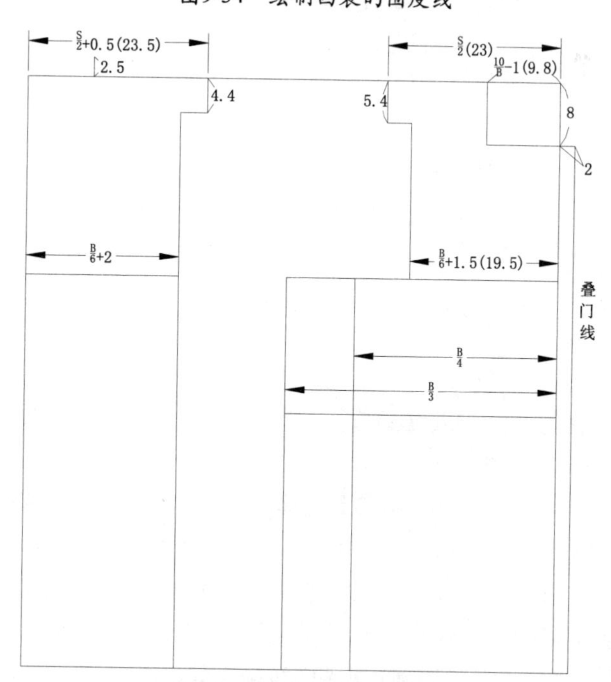

图9-35　绘制西装的长度线

05 绘制肩斜线、袖窿弧线和领弧线。使用【直线】工具，以前后肩斜线和1/2点为起点，绘制长度为0.4cm的垂线。

06 选中小前片的左边线，将光标放置在该直线的上端点上，选中“拉长”选项，将鼠标向上移动，输入拉长数值5cm。使用【直线】工具，以5cm端点为起点，向右绘制一根水平直线，交于后背宽线。

07 使用【样条曲线】工具，连接各点，绘制出图9-36所示的肩斜线、袖窿弧线和领弧线。

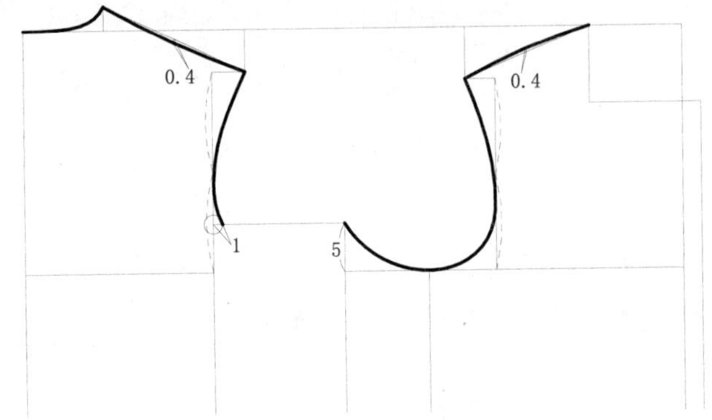

图9-36 绘制领弧线和袖窿弧线

08 确定扣位，绘制驳口线和串口线。确定扣位。使用【偏移】工具，将前片上平线向下偏移33cm，为第一粒扣位；按Enter键重复该命令，将第一粒扣位向下偏移16cm，为第二粒扣位。

09 使用【圆】工具，以前片肩颈点为圆心，绘制半径值为2cm的圆。使用【直线】工具，以该圆与上平线的交点为起点，连接至第一粒扣位与叠门线的交点，即驳口线。

10 在菜单栏中执行【绘图/点/定数等分】命令，将领深线等分为2等份。使用【直线】工具，以领深线的1/2点为起点，连接至颈窝点，即串口线。得到的效果如图9-37所示。

11 使用【圆】工具和【样条曲线】工具，参考图9-38所示的数据，绘制出衣领，得到的效果如图9-38所示。

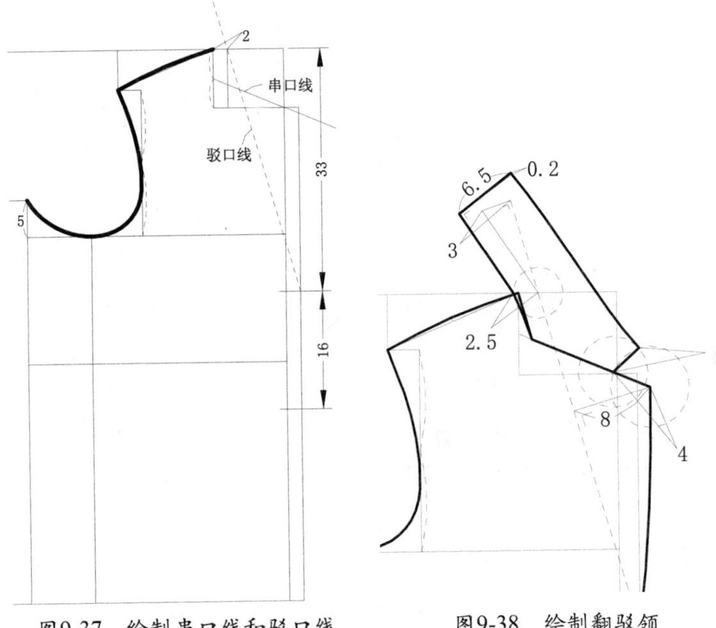

图9-37 绘制串口线和驳口线　　图9-38 绘制翻驳领

12 绘制侧缝线。使用【偏移】工具和【样条曲线】工具，参照图9-39所示的数据，绘制出前、后片的侧缝线。

13 绘制手巾袋。使用【偏移】工具，将前胸宽线向右偏移3.3cm（0.3B/10）。使用【圆】工具，以A点为圆心，绘制半径值为10.5cm（手巾袋长度值=0.5B/10+5）的圆。

14 使用【直线】工具，连接各点，绘制出手巾袋，得到的效果如图9-40所示。

15 绘制腰省。在菜单栏中执行【绘图/点/定数等分】命令，将手巾袋的长等分为2等份。

16 使用【偏移】工具，将腰围线向下偏移8cm，为口袋上边线；按Enter键重复该步骤，将该直线向下偏移5.5cm，即口袋盖宽线。

17 使用【直线】工具，以1/2为起点，向下绘制一根垂线，直至口袋盖上边线。使用【圆】工具，绘制出腰省的宽度。使用【直线】工具，连接各点，绘制出腰省，得到的效果如图9-41所示。

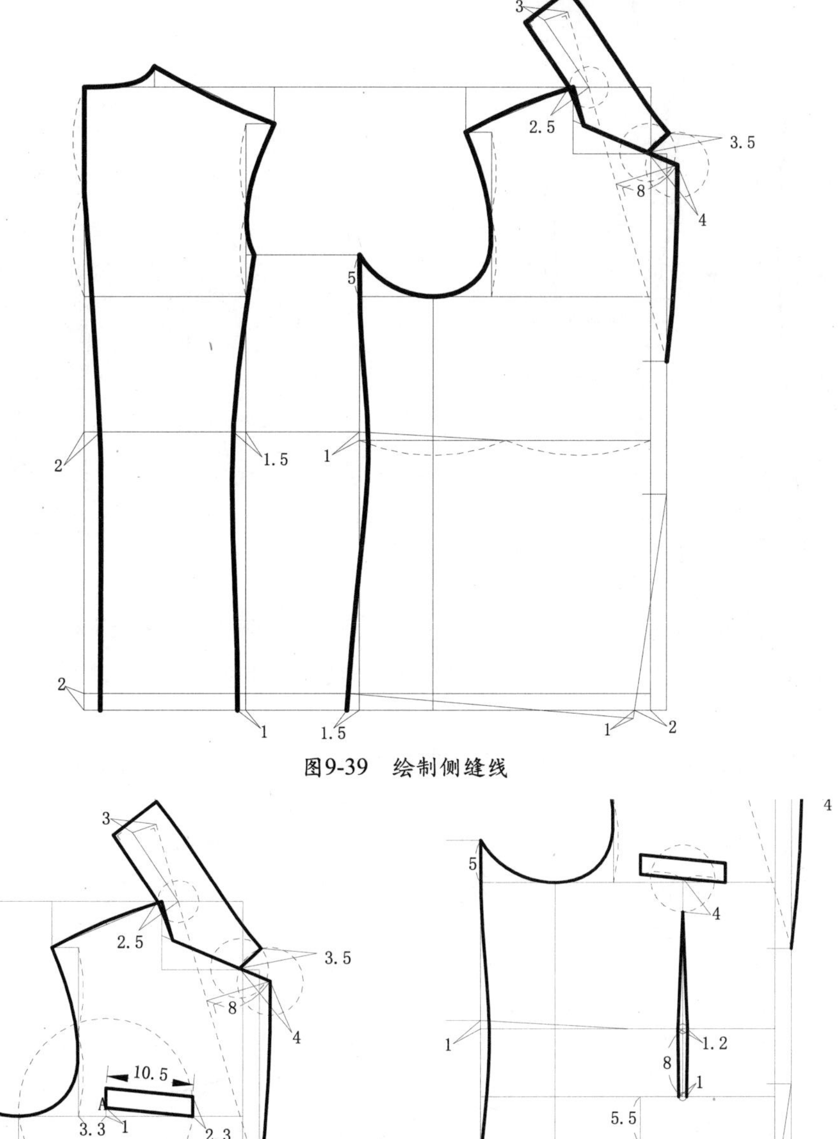

图9-39 绘制侧缝线

图9-40 绘制手巾袋

图9-41 绘制腰省

18 绘制腋下省和口袋盖。使用【偏移】工具、【圆】工具和【直线】工具，绘制出图9-42所示的腋下省和口袋盖。口袋盖的长为B/10+5=15.8cm。

19 绘制西装袖。使用【直线】工具，绘制一根长度为56cm（袖长）的直线。

20 使用【偏移】工具，将上一步绘制的直线向右偏移20.6cm（2B/10-1），即袖肥线；按Enter键重复该命令，将袖肥线分别向左、向右偏移3cm，即小袖偏线和大袖偏线。

21 使用【直线】工具和【偏移】工具，绘制出袖山高、袖深线和袖肘线，最后得到的效果如图9-43所示。

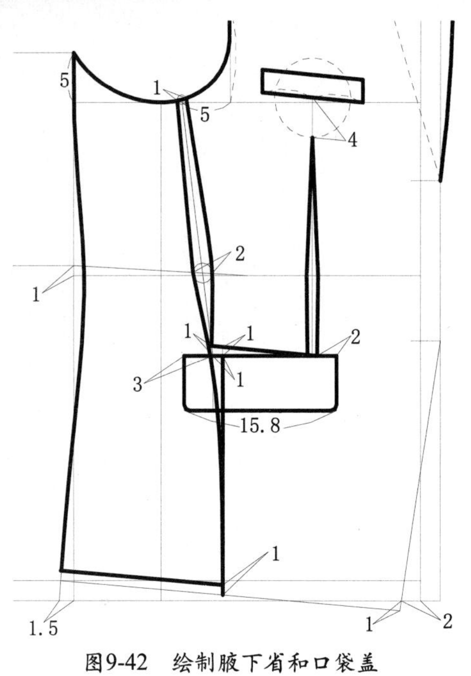

图9-42　绘制腋下省和口袋盖

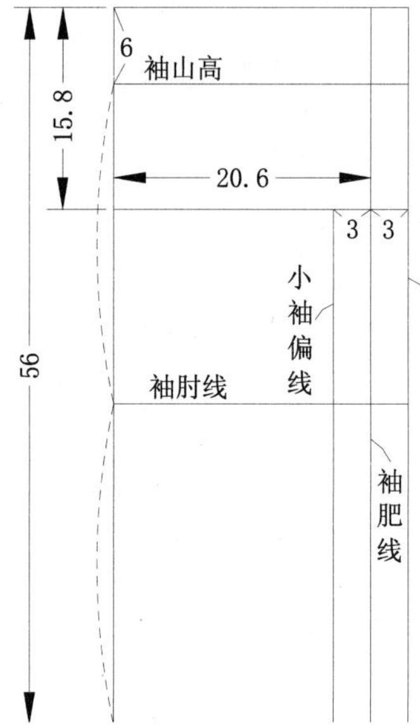

图9-43　绘制袖子基础线

22 绘制袖窿弧线的辅助线。执行【定数等分】命令和【直线】工具，绘制出图9-44所示的辅助线。

23 绘制大、小袖袖窿弧线。使用【样条曲线】工具，连接各点，绘制出图9-45所示的袖窿弧线。

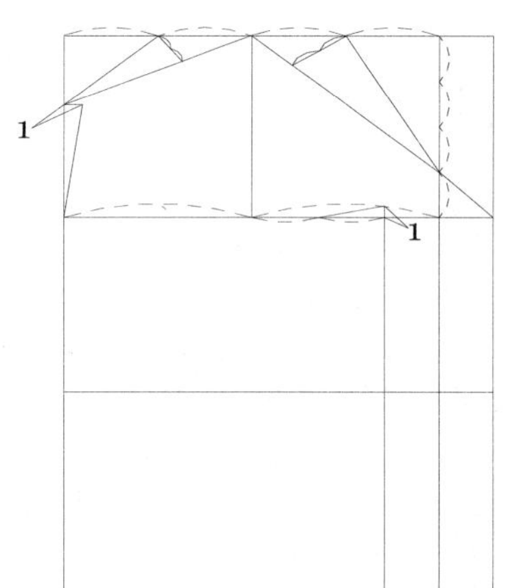

图9-44　绘制衣袖辅助线

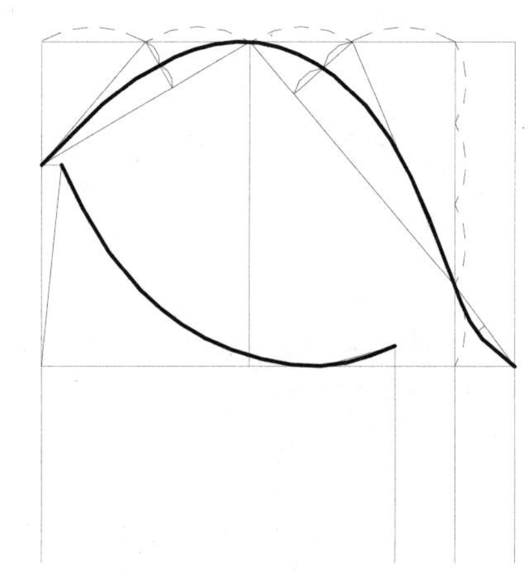

图9-45　绘制袖窿弧线

24 绘制大、小袖袖边线。使用【偏移】工具，将大、小袖偏线分别向左偏移1cm，将底边分别向上、向下偏移1cm。

25 使用【圆】工具，以袖肥线与袖底边相交的点为圆心，绘制半径值为14.8cm（袖口=B/10+4）的圆。

26 使用【样条曲线】工具，绘制出大、小袖偏线和袖口线，得到的效果如图9-46所示。

27 绘制袖衩。使用【圆】工具，以袖口线的左端点为圆心，绘制半径值为10cm的圆。

28 使用【直线】工具，以圆与袖边线的交点为起点，绘制一根长2cm的垂线。连接各点，绘制出袖衩，得到的效果如图9-47所示。

29 对结构图进行线宽设定和规范标注，即完成男士西装结构图的绘制，得到的效果如图9-48所示。

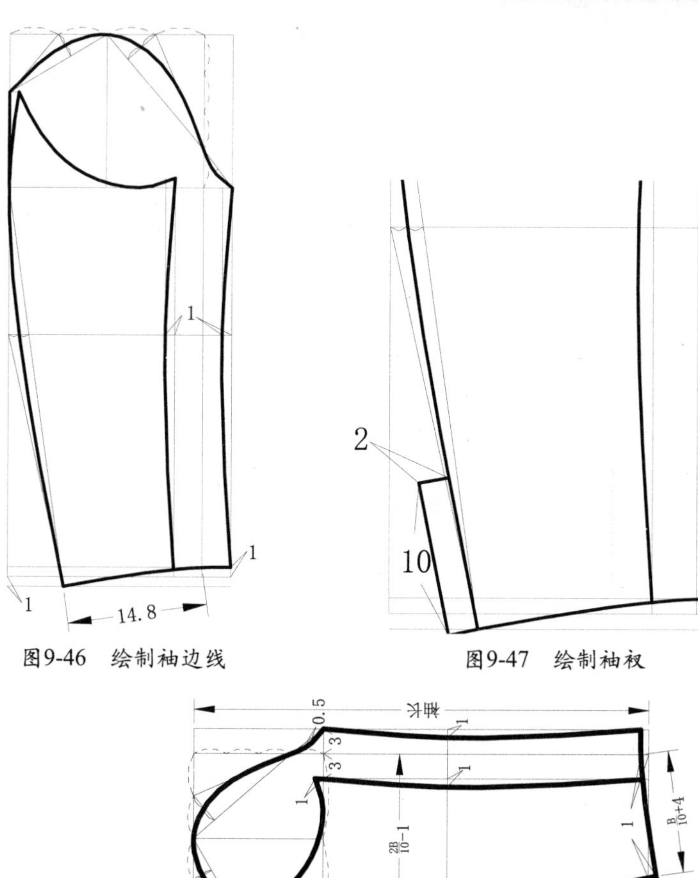

图9-46 绘制袖边线

图9-47 绘制袖衩

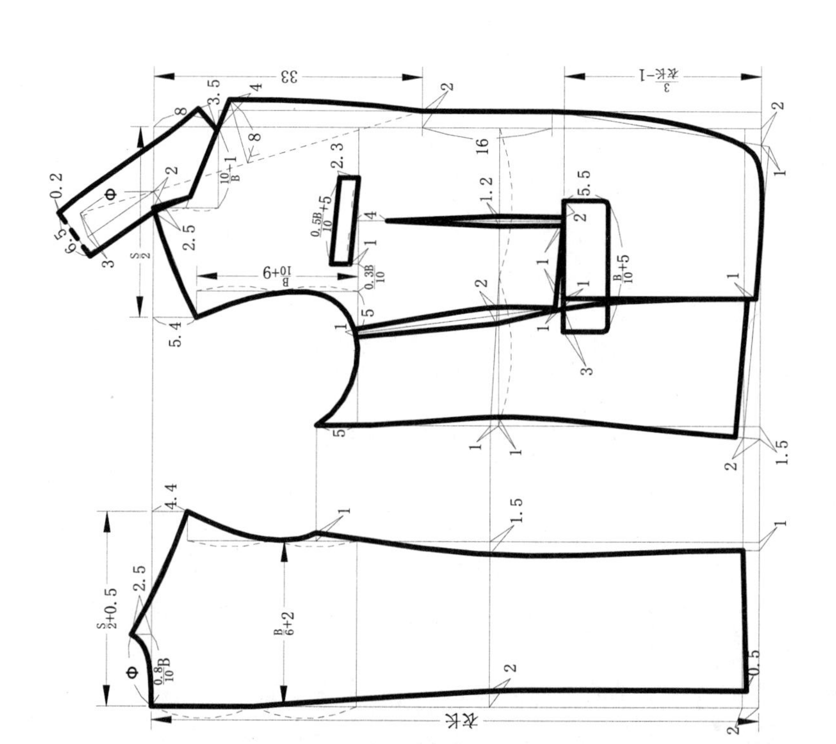

图9-48 进行线宽设定和规范标注

9.4 男士双排扣风衣结构设计

男士双排扣风衣式是很经典的时装，相比单排扣更加传统和正式。下面介绍的这款双排扣风衣为典型的H型直腰身造型，前、后均有防雨育克，后片下半部分设封闭型暗裥。

9.4.1 男士双排扣风衣款式图

男士双排扣风衣款式图如图9-49所示。

图9-49 男士双排扣风衣款式图

9.4.2 绘制男士双排扣风衣结构图

利用AutoCAD 2014绘制男士衬衫结构图，步骤如下。

01 打开AutoCAD 2014，创建规格尺寸表，如图9-50所示。

成品规格尺寸表　　号型：170/88A　　单位：cm

部位 分类	衣长	胸围	腰围	领围	臀围	肩宽
净尺寸		88	74	36.8		43.6
成品尺寸	110	110	74	40	90	46

图9-50 男士风衣尺寸表

02 参考男士休闲衬衫结构图的绘制，绘制出图9-51所示的图形。确定出上、下平线，领深、领宽，以及前胸宽和后背宽。

03 绘制领弧线和袖窿弧线，修正门襟。使用【样条曲线】工具，绘制出领弧线和袖窿弧线。

04 修正门襟。使用【偏移】工具，将领深线向上偏移4cm；将止口线向左偏移1cm。

05 使用【直线】工具，连接偏移1cm线与领深的交点与偏移4cm线与叠门线的交点。

06 使用【样条曲线】工具，绘制出新的门襟边线，得到的效果如图9-52所示。

07 绘制侧缝线和底边。使用【偏移】工具，将底边向上偏移2cm；将侧缝线向左偏移5cm，向右偏移3cm。

08 使用【直线】工具，绘制侧缝线和底边，得到的效果如图9-53所示。

09 绘制后背开衩和后背中心线。使用【偏移】工具，将后背中心线向右偏移1.5cm；将刚偏移出的直线向左偏移5cm。

10 使用【样条曲线】工具，连接各点，绘制出图9-54所示的后背中心线和后背开衩。

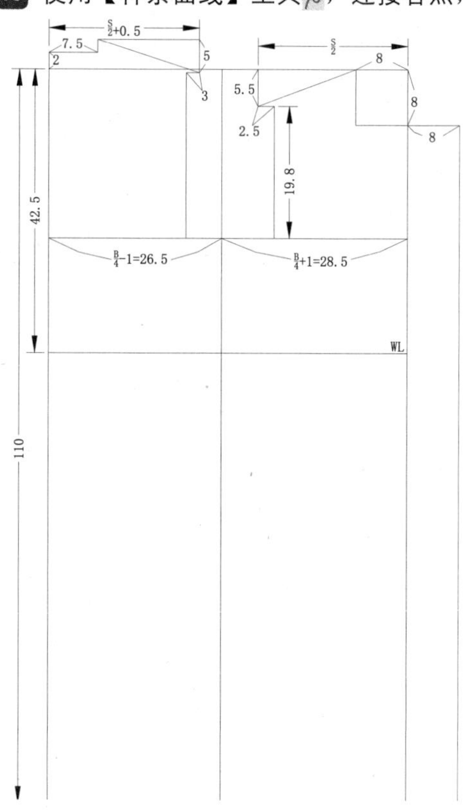

图9-51　绘制围度线和长度线

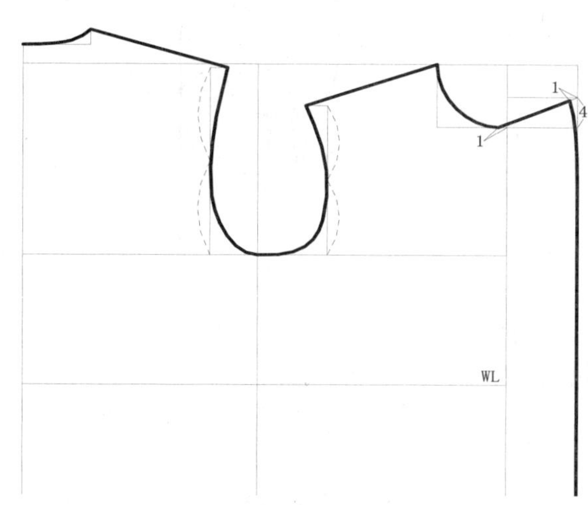

图9-52　绘制袖窿弧线和领弧线

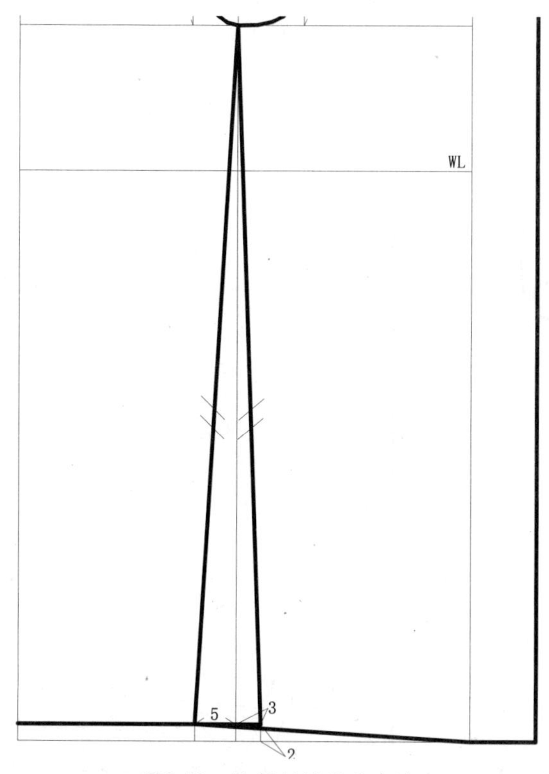

图9-53　绘制侧缝线和底边

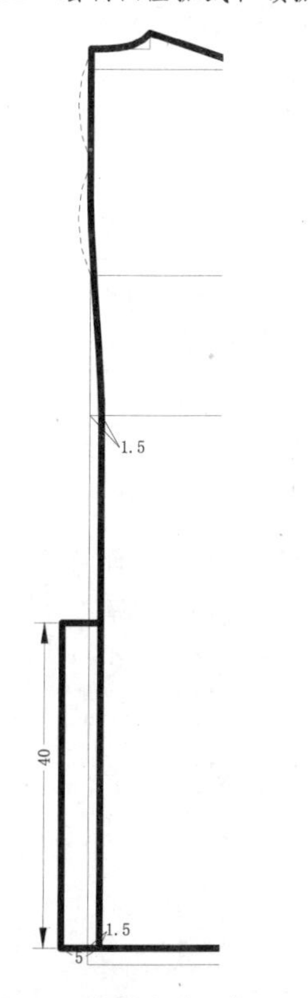

图9-54　绘制后片开衩

11 绘制前、后片分割线。使用【圆】工具，分别以前、后的肩颈点和肩点为圆心，分别绘制

半径为2.5、3和6的圆。

12 使用【直线】工具，连接各交点，绘制出前、后片上的分割线，得到的效果如图9-55所示。

13 使用【偏移】工具，将止口线向左偏移5cm；将胸围线向上偏移2cm。

14 使用【修剪】工具，进行相应的裁剪。使用【圆角】工具，在命令行输入“R”命令，按Enter键确定，输入半径值3.5，按Enter键确定。分别单击圆角的两条边，得到的效果如图9-56所示。

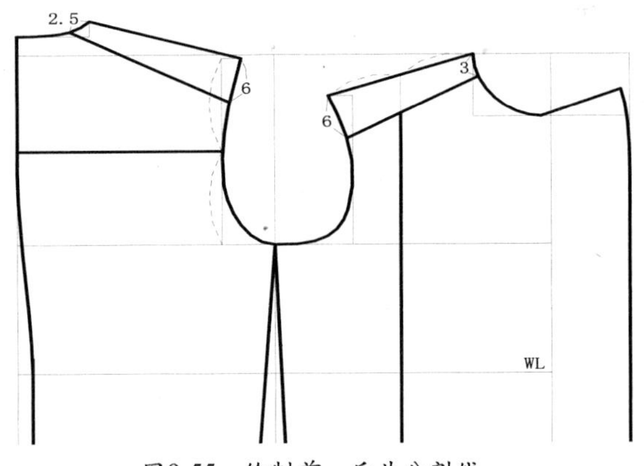

图9-55 绘制前、后片分割线

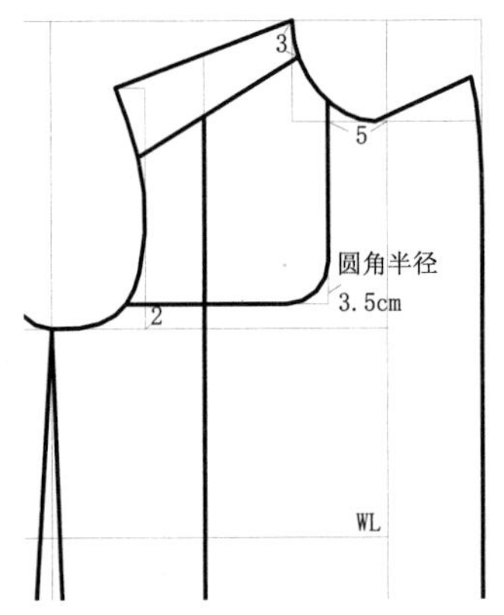

图9-56 绘制图形

15 绘制扣位线和口袋。绘制口袋。使用【矩形】工具，单击A点为基点，在命令行输入“D”命令，按Enter键确定。根据系统提示，分别输入矩形的长（4cm）和宽（18cm），按Enter键确定。鼠标左移，单击左键，完成口袋的绘制。

16 绘制扣位线。使用【偏移】工具，将胸围线向下偏移5cm，即第一粒扣位；将第一粒扣位向下偏移14cm，重复该步骤，即第二粒和第三粒扣位。按Enter键重复该命令，将叠门线向左偏移2.5cm；将止口线向左偏移5.5cm（8（叠门宽）-2.5）。最后得到的效果如图9-57所示。

17 绘制袖袢。在菜单栏中执行【文件/打开】命令，打开男士休闲衬衫结构图，款选中衣袖，按Ctrl+C快捷键复制，将其粘贴至男士风衣结构图中。

18 使用【偏移】工具，将袖口边向上偏移5cm，将改线向上偏移4cm，即袖袢宽；将大袖偏线向左偏移2cm；将袖袢的任意长边向上或向下偏移2cm。

19 使用【直线】工具，连接各交点，绘制出图9-58所示的袖袢。

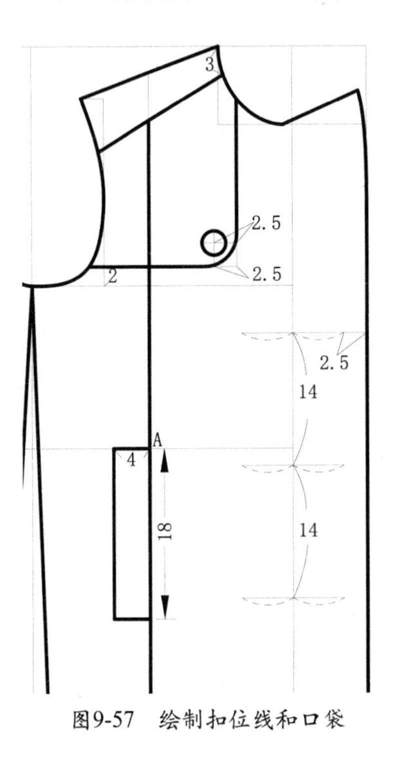

图9-57 绘制扣位线和口袋

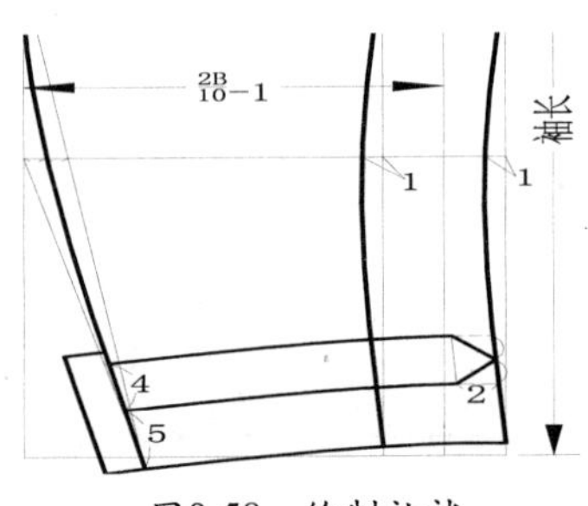

图9-58 绘制袖袢

20 绘制衣领，使用【直线】工具和【偏移】工具，绘制出图9-59所示的外框图形。

21 使用【直线】工具和【圆】工具，绘制出图9-60所示的辅助线段。

22 使用【样条曲线】工具，绘制出图9-61所示的衣领边线。使用【圆角】工具，对翻领的边角进行圆角处理。

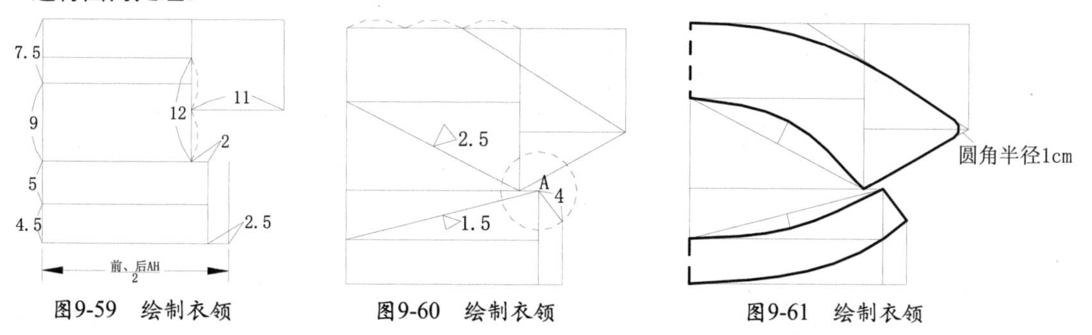

图9-59 绘制衣领　　图9-60 绘制衣领　　图9-61 绘制衣领

23 对结构图进行线宽设定和规范标注，即完成男士双排扣风衣结构图的绘制，得到的效果如图9-62所示。

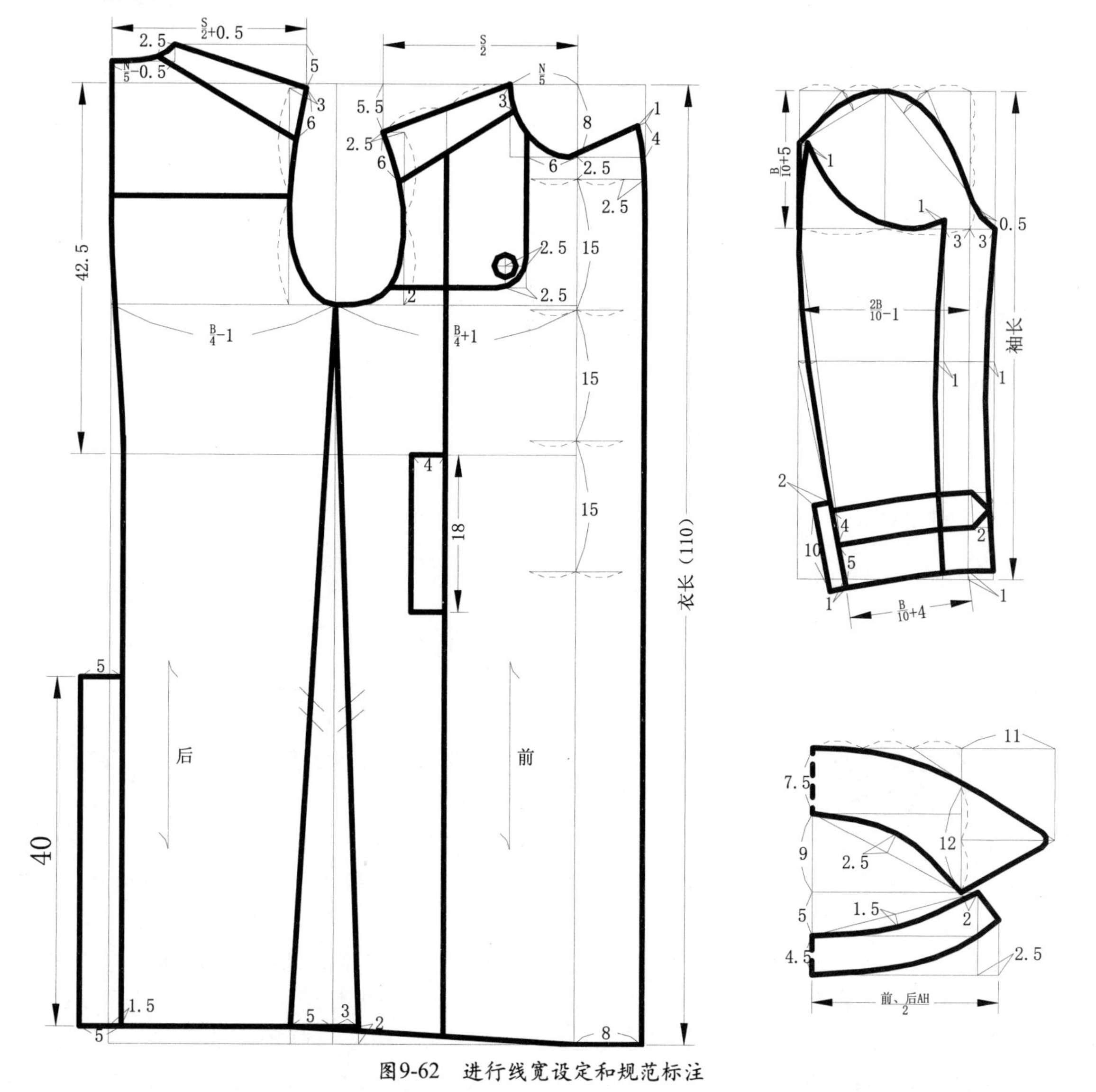

图9-62 进行线宽设定和规范标注

9.5 男士西裤结构设计

9.5.1 男士西裤款式图

男士西裤款式图如图9-63所示。

图9-63 男士西裤款式图

9.5.2 绘制男士西裤结构图

利用AutoCAD 2014绘制男士西裤结构图，步骤如下。

01 打开AutoCAD 2014，创建规格尺寸表，如图9-64所示。

成品规格尺寸表　　号型：170/74A　　单位：cm

分类＼部位	裤长	腰围	臀围	立裆	脚口
净尺寸		74	90		
成品尺寸	101	76	98	28	44

图9-64 创建规格尺寸表

02 使用【直线】工具、【偏移】工具，参考图9-65所示提供的数据，绘制出男士西裤的上平线、下平线、底裆线、臀围线和横裆宽。

03 绘制中裆线和烫迹线。使用【打断于点】工具，将前片的侧缝线与臀围线相交的点进行打断。

04 使用【直线】工具，在前片侧缝线的1/2点处，向左绘制一根水平直线。使用【偏移】工具，将刚绘制的直线向上偏移4cm，即中裆线，得到的效果如图9-66所示。

05 确定腰围宽、前后脚口围和中裆宽（前脚口围=脚口围/2-2，后脚口围=脚口围/2+2；前中裆宽=前脚口+2，后中裆宽=前中裆宽+2；前腰围宽=W/4-1+褶，后腰围宽=W/4+1+褶）。使用【圆】工具和【直线】工具，确定出腰围宽、前后脚口围和中裆宽，得到的效果如图9-67所示。

06 绘制侧缝线、裆弯线。使用【样条曲线】工具，连接各关键点，绘制出图9-68所示的侧缝线和裆弯线。

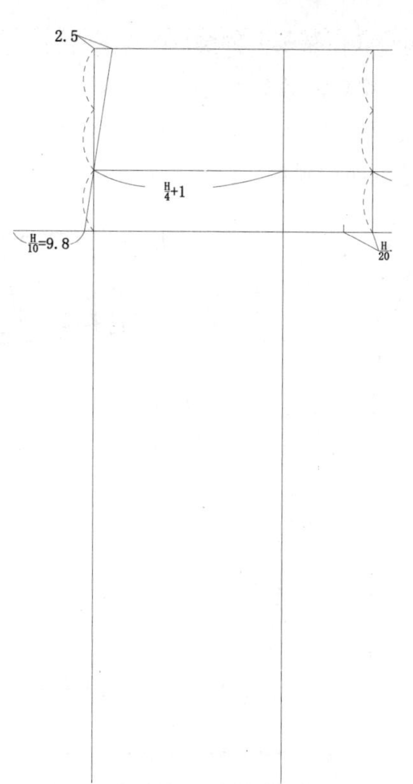

图9-65 绘制围度线

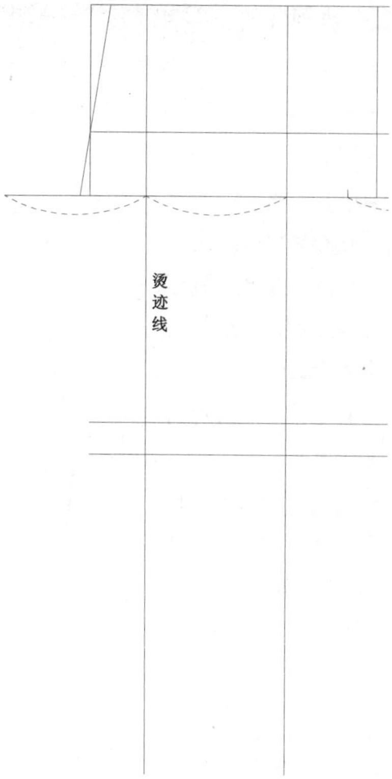

烫迹线

图9-66 绘制中裆线和烫迹线

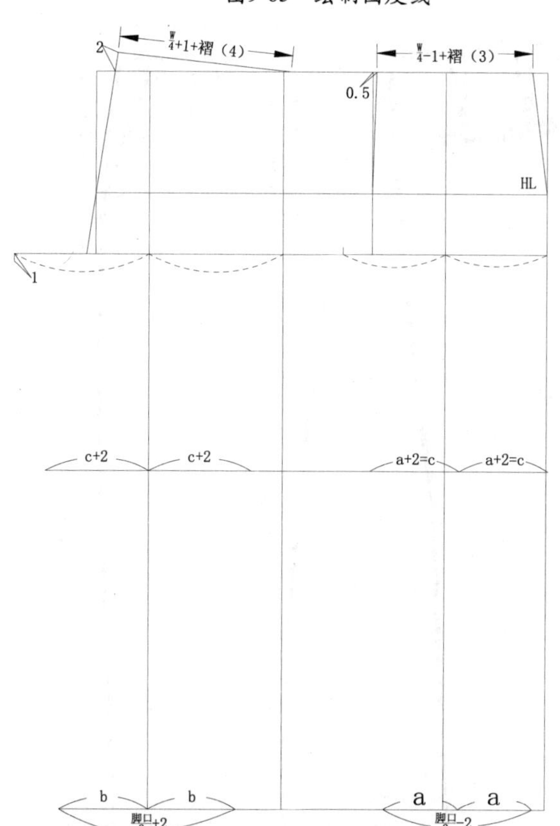

图9-67 确定腰围宽、前后脚口围和中裆宽

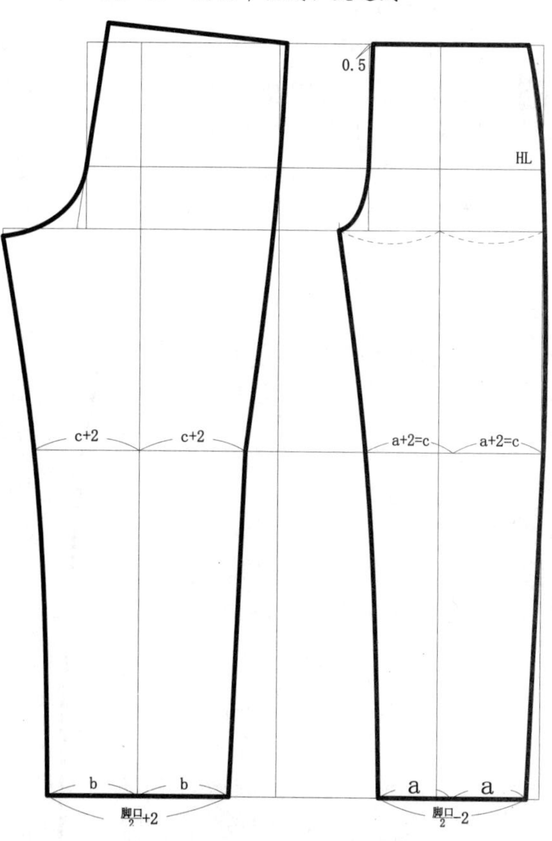

图9-68 绘制侧缝线和裆弯线

07 绘制前片褶和口袋。使用【偏移】工具，将烫迹线向右偏移3cm，即褶宽。

08 使用【圆】工具，以腰围的右端点为圆心，绘制半径值为4cm的圆；按Enter键重复该命令，

以4cm圆与腰围线的交点为圆心，绘制半径值为18cm（口袋长）的圆。

09 使用【直线】工具，连接各关键点，绘制出口袋，得到的效果如图9-69所示。

10 绘制后片省和口袋。在菜单栏中执行【绘图/点/定数等分】命令，将后片腰围线等分为3等份。

11 使用【直线】工具，以后片的1/3点为起点，分别绘制两根垂线，一根长11cm，一根长10cm。

12 使用【偏移】工具，将腰围线向下偏移9.5cm。使用【圆】工具，以该直线与省中线相交的点为圆心，绘制半径值为3cm的圆。使用【修剪】工具，以圆为边线，进行裁剪。

13 按Enter键重复该命令，将该线向下偏移1cm，即完成后片口袋，得到的效果如图9-70所示。

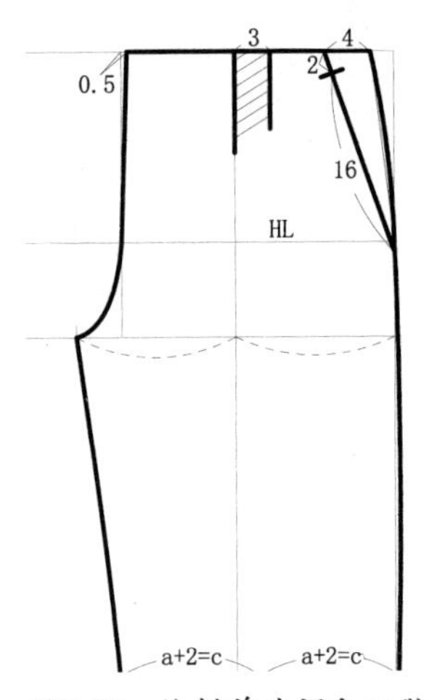

图9-69 绘制前片褶和口袋

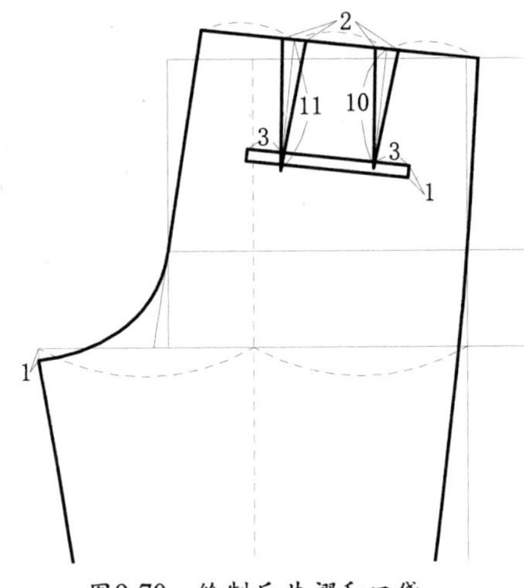

图9-70 绘制后片褶和口袋

14 使用【矩形】工具，绘制出宽4cm的腰头。使用【样条曲线】工具，绘制宽3cm的里襟。

15 对结构图进行线宽设定和规范标注，即完成男士西裤结构绘图，得到的效果如图9-71所示。

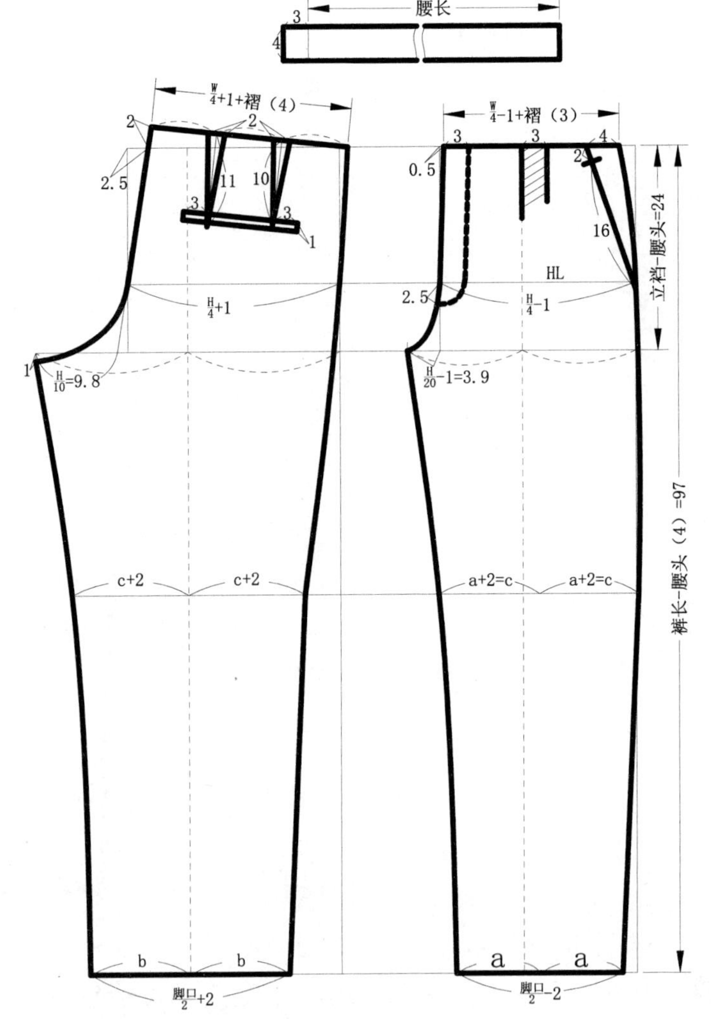

图9-71 进行线宽设定和规范标注

9.6 本课小结

本课讲解了男士衬衫、西服、风衣等不同款式、季节的服装结构设计要素与原理。这些服装都是男性服装的主流，它们强调的是严谨、挺拔、简洁的风格。

学习利用AutoCAD 2014如何快捷地绘制出服装结构图，充分掌握男装的结构设计原理，以基本型为基础，灵活运用各种结构设计技巧，快速掌握男装打板技巧。

9.7 课后练习

9.7.1 练习一：进行男士西装马甲结构绘制

该练习的款式图如图9-72所示。

步骤提示如下。

01 打开男士衬衫结构制图，利用【删除】工具，进行相应的删除。

02 利用【偏移】工具，偏移出新的衣长、腰围和第一粒扣位。

03 利用【样条曲线】工具，绘制出新的领弧线侧缝线和底边线。

04 利用【偏移】工具和【圆】工具，确定手巾袋和开缝袋的位置。

05 利用【直线】工具，绘制口袋的外结构线。

06 利用【偏移】工具和【圆】工具，绘制扣位。

图9-72 男士西装马甲款式图

9.7.2 练习二：进行男士双排扣大衣结构绘制

该练习的款式图如图9-73所示。

步骤提示如下。

01 创建规格尺寸表

02 使用【直线】工具和【偏移】工具，绘制出维度线和长度线。

03 利用【偏移】工具和【样条曲线】工具，绘制侧缝线和分割线。

04 利用【矩形】工具，绘制口袋。

05 利用【圆】工具和【直线】工具，绘制翻驳领。

06 打开男士西装结构制图，辅助衣袖结构。

07 利用【圆】工具和【偏移】工具，确定扣位。

08 绘制后片结构。

图9-73　男士双排扣大衣款式图

第10章 AutoCAD服装衣领设计与绘制

领口是在衣服最上方的开口部位。伴随着天气的冷暖变化，衣领在调节服装内部环境温度时起到了重要的作用。因此衣领的设计和结构纸样设计非常重要。

在衣领的设计过程中，需要考虑在穿、脱衣服时，如何使其通过比颈部大的头部。

【本课知识】

★ 了解衣领的结构设计要点

★ 掌握AutoCAD对各种款式衣领进行结构设计

★ 利用【旋转】工具，合并前后片肩斜线

★ 利用【圆】工具，进行定点

10.1 衣领的结构设计要点

衣领的设计主要考虑颈部、肩部等形态因素，其中包括了颈部的长度、围度尺寸，以及颈部的倾斜角和肩倾度之间的关系。

10.2 不同款式衣领结构制图

衣领从其基本结构来分类，可以分为无领、立领和翻折领。而在基本结构的基础上，将其与抽褶、波浪和垂褶等组合起来，即构成各种变化结构领型。

10.2.1 立领结构设计

最古老的领子设计是用直条形布片围成能让颈部通过的形态，即最基本的衣领——立领。立领的宽度、装领线的形态、领上端的长度和颈部的贴合程度都会影响领子的设计，所以它们是确定立领设计和纸样的重要因素。

立领款式图如图10-1所示。

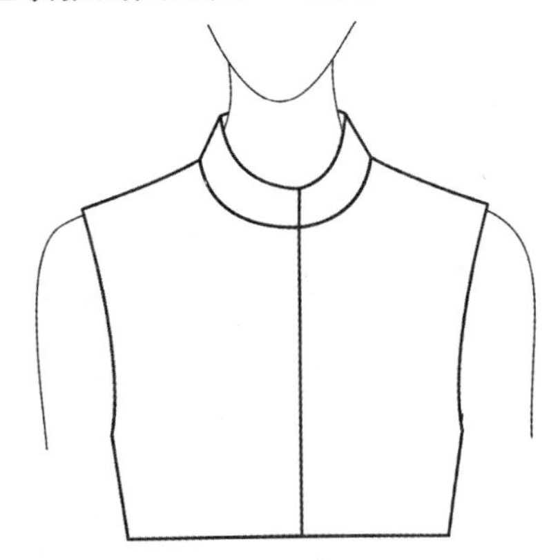

图10-1　立领款式图

利用AutoCAD 2014绘制立领结构图，步骤如下。

01 打开AutoCAD 2014，使用【矩形】工具，绘制出长为（前、后AH/2），宽为4cm的矩形，得到的效果如图10-2所示。

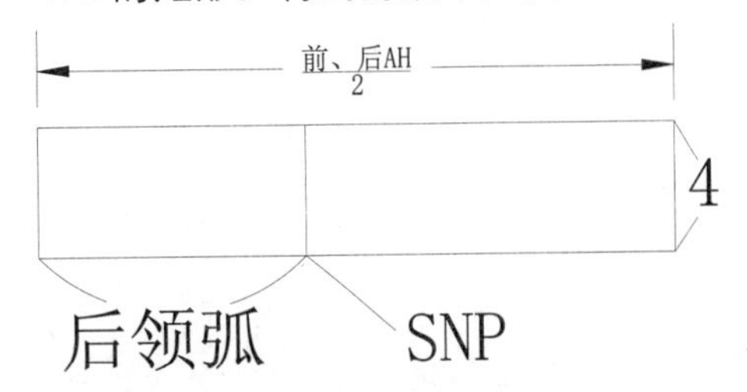

图10-2　绘制衣领结构辅助线

02 使用【圆】工具，以矩形的右下端点为圆心，绘制半径值为2.5cm的圆。

03 在菜单栏中执行【绘图/点/定数等分】命令，分别将矩形的长边等分为2等份和3等份。

04 使用【直线】工具，连接各关键点，绘制出图10-3所示的图形。

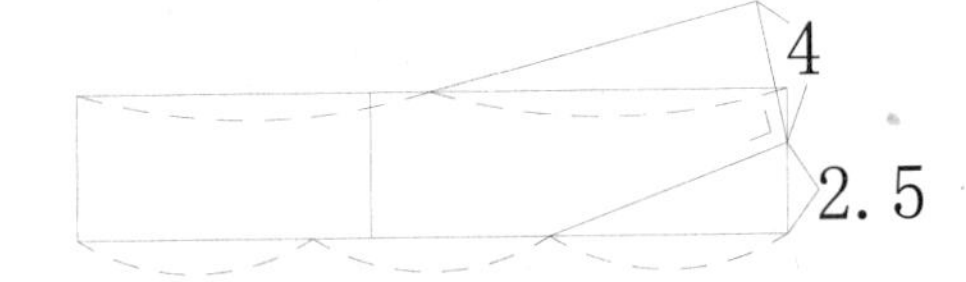

图10-3　绘制衣领结构辅助线

05 绘制领边线。使用【样条曲线】工具，绘制出图10-4所示的领边线。

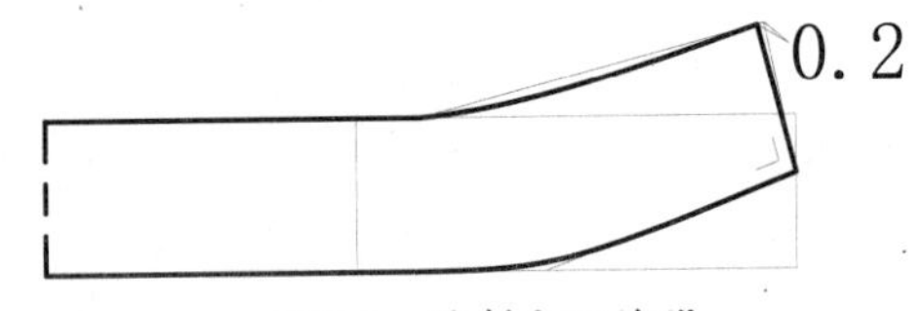

图10-4　绘制衣领边线

06 对结构图进行线宽设定和规范标注，即完成立领结构制图，得到的效果如图10-5所示。

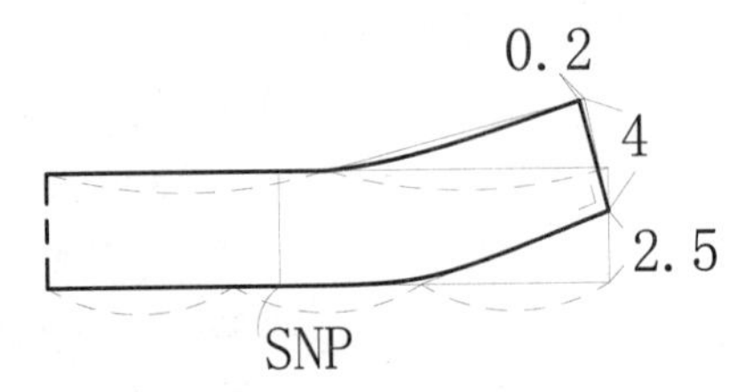

图10-5　标注数据

前领口下挖立领结构图如图10-6所示。

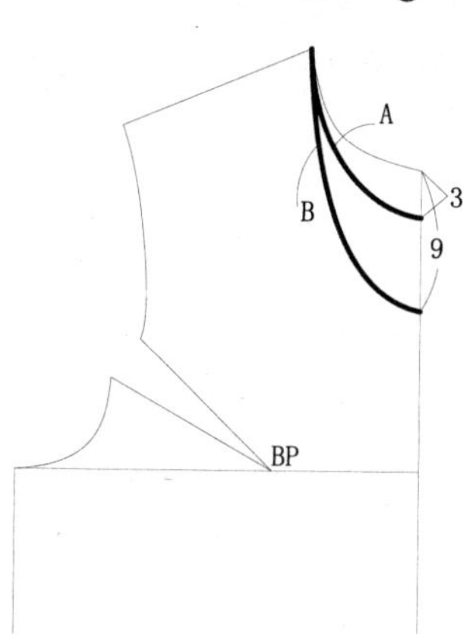

领型在衣身上表现

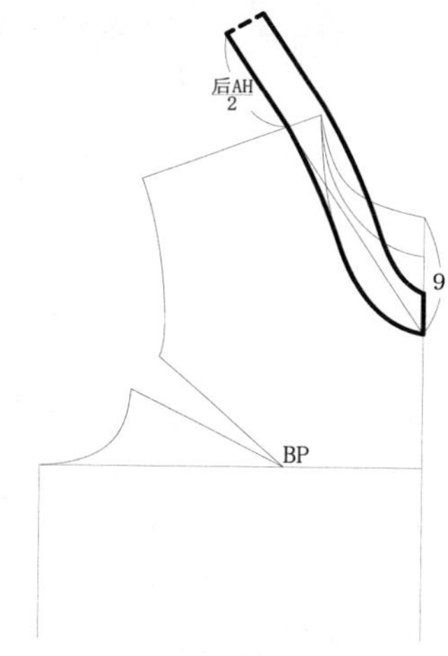

B型立领结构制图

图10-6 深挖立领结构图

10.2.2 平翻领结构图绘制

平翻领也是扁领。一般的扁领结构设计，通常借用前、后衣片的纸样进行拼肩，以领圈作为依据，直接绘制扁领的边线造型，完成扁领纸样设计。

一般平翻领款式图如图10-7所示。

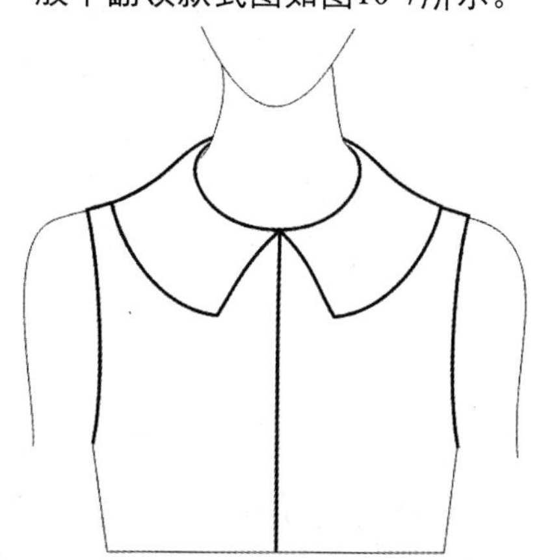

图10-7 平翻领款式图

利用AutoCAD 2014绘制平翻领结构设计（方法一），步骤如下。

01 打开AutoCAD 2014，在菜单栏中执行【文件/打开】命令，打开女原型上装结构图。使用【删除】工具，进行相应的删除。

02 使用【移动】工具，框选中后片纸样，以后肩颈点为基点，将其拖移至前肩颈点，单击鼠标确定，得到的效果如图10-8所示。

03 使用【旋转】工具，选中后片，以肩颈点为基点进行旋转，直至肩斜线相重合，得到的效果如图10-9所示。

04 选中后中心线，将光标放置在后颈椎点上，选择“拉长”选项。将鼠标向颈窝方向移动，输入拉长数值0.5cm。

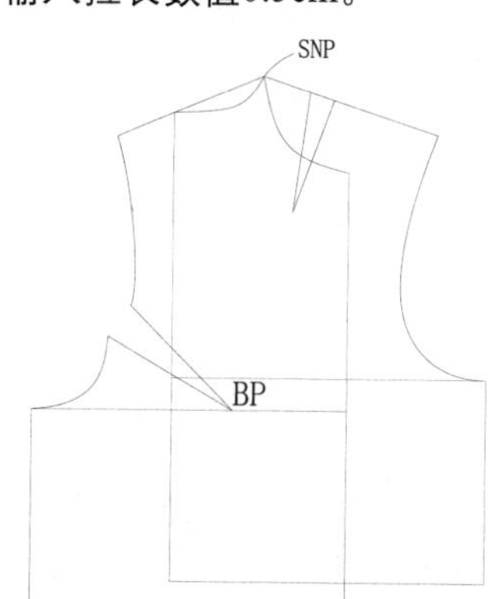

图10-8 移动衣片纸样

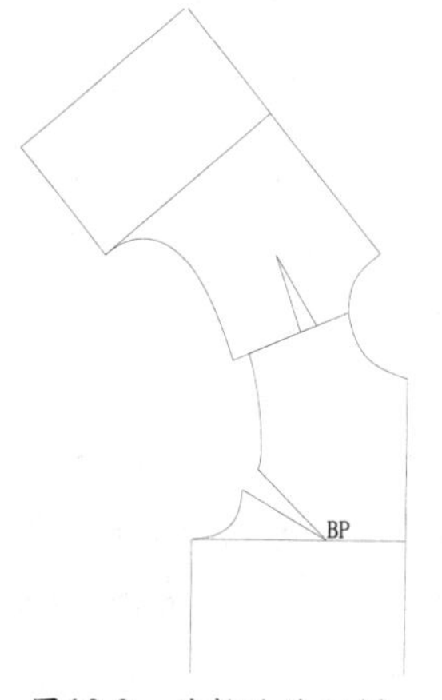

图10-9 旋转后片纸样

05 使用【圆】工具，以拉长的直线端点为圆心，绘制半径值为10cm的圆。

06 使用【样条曲线】工具，连接各关键点，绘制出图10-10所示的一般扁领结构造型。

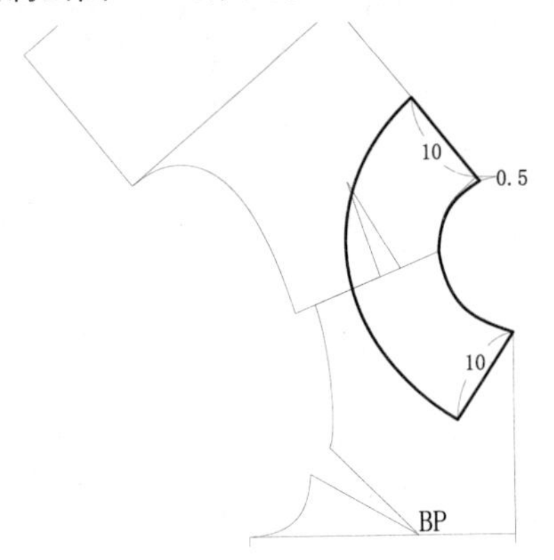

图10-10 绘制平翻领外边线

利用AutoCAD 2014绘制一般扁领结构图（方法二），步骤如下。

01 打开AutoCAD 2014，参考方法一的第1、2步绘制。在菜单栏中执行【绘图/点/定数等分】命令，将前片的肩斜线等分为4等份。

02 使用【圆】工具，以前肩点为圆心，绘制半径值为肩斜线/4的圆。

03 使用【旋转】工具，选中后片纸样，以肩颈点为基点进行旋转，直至后片肩斜线交于圆与前片袖窿弧线的交点，如图10-11所示。

04 使用【圆】工具，分别以后颈椎点和颈窝点为圆心，绘制半径值为10cm的圆。

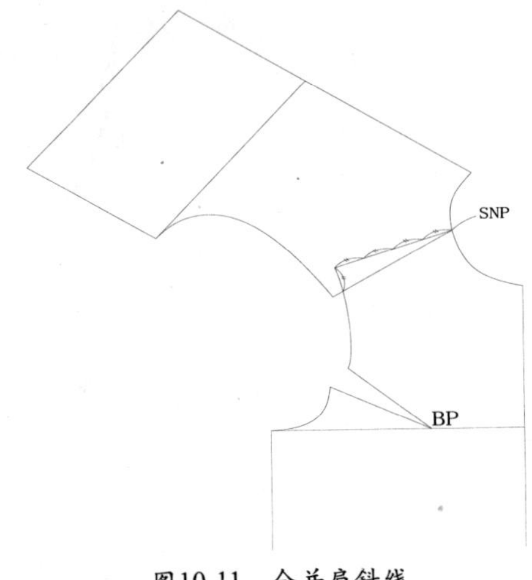

图10-11 合并肩斜线

05 使用【直线】工具和【样条曲线】工具，绘制出图10-12所示的扁领结构造型。

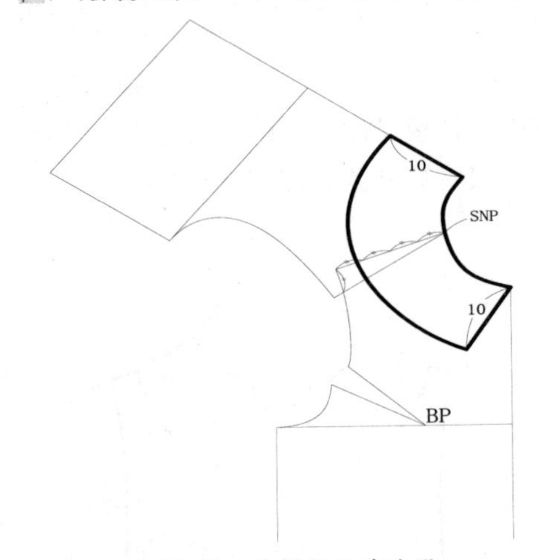

图10-12 绘制衣领外边线

从两种方法绘制的扁领结构上，可以看到方法一绘制的扁领底边线的弯曲度要大于方法二绘制的底边线。方法二绘制的结构，使得扁领的外围自然地向颈部拱起，造成领圈呈微拱形，产生微小的领座。而这种拱形的大小取决于前、后衣片肩部的重合程度，重叠量越大，衣领的底边线弯曲度越小，侧领圈的拱起幅度越大。

10.2.3 荷叶型扁领

荷叶型扁领款式图如图10-13所示。

本例通过对衣领边线的平均切展，加大衣领底边线的弯曲度，同时增加外边线的长度，再重新绘制出圆顺的底边线和外边线，即荷叶扁领。荷叶扁领中波浪褶的多少取决于底边线的弯曲程度。

利用AutoCAD 2014绘制荷叶型扁领，步骤如下。

01 打开AutoCAD 2014，参考平翻领绘制的第1、2、3步，将前、后衣片相重合。

02 使用【圆】工具、【直线】工具和【样条曲线】工具，在衣片上绘制出图10-14所示的荷叶边领型。

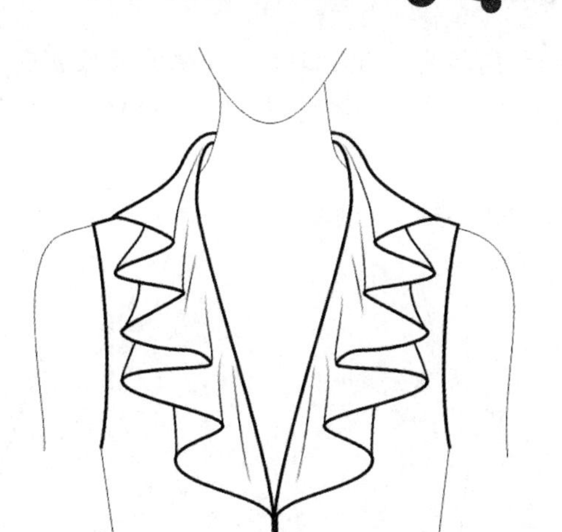

图10-13 荷叶型扁领款式图

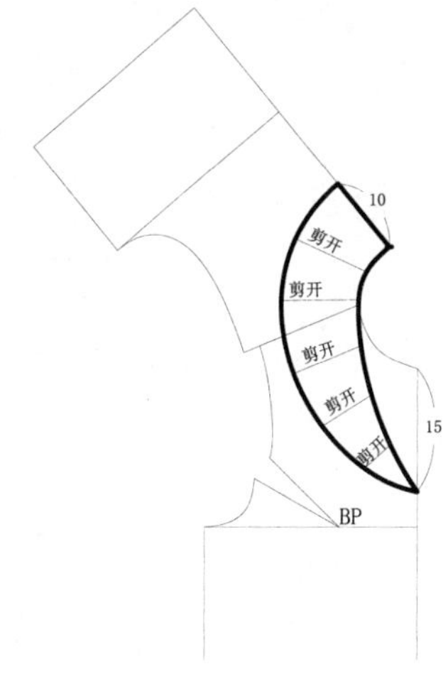

图10-14 在纸样绘制领型

03 使用【打断于点】工具，对衣领的边线打断。使用【旋转】工具，对衣领进行旋转，得到的效果如图10-15所示。

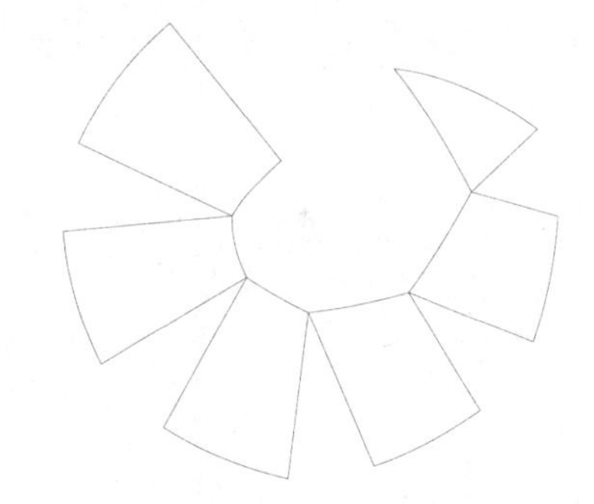

图10-15 展开褶

04 使用【样条曲线】工具，连接各关节键，再进行相应的调整，绘制出图10-16所示的衣领的边线。

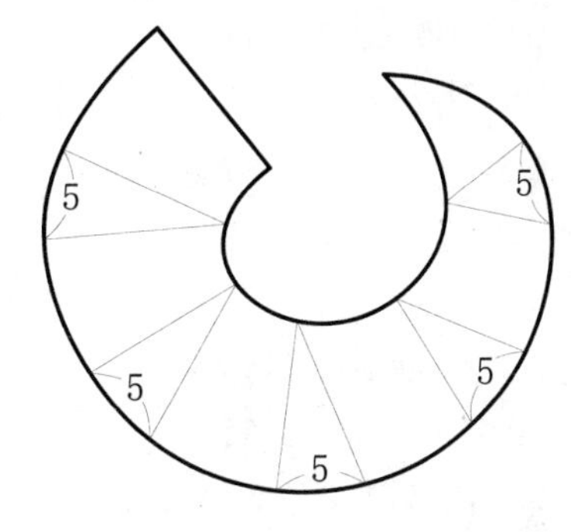

图10-16 绘制衣领边线

10.2.4 青果领结构绘制

标准的青果领是不接缝的，其左右连翻领是连为一体的，领后中线也没有断缝。这种不接缝的处理是用在衣领的过面纸样，在纸样的重叠部分是可以采用翻领和驳领的断缝结构处理，因为翻领在翻折后可以遮盖住背面的接缝。

青果领款式图如图10-17所示。

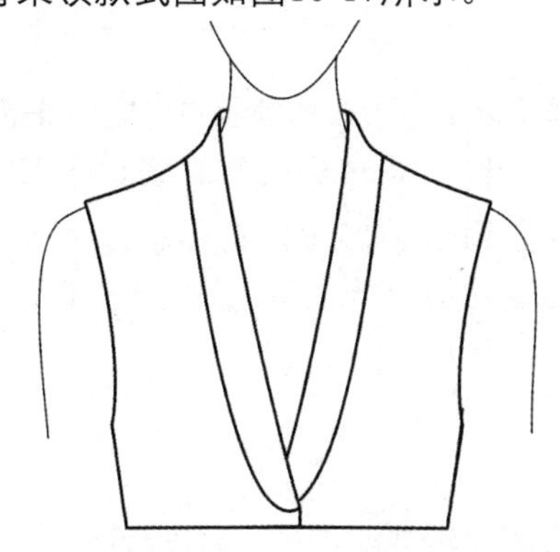

图10-17 青果领款式图

利用AutoCAD 2014绘制青果领结构图，步骤如下。

01 打开AutoCAD 2014，在菜单栏中执行【文件/打开】命令，打开女原型上装结构图。使用【删除】工具，进行相应的删除。

02 绘制青果领边线。使用【样条曲线】工具，在前片上绘制出想要的领型。使用【圆】工具，以肩颈点为圆心，绘制半径值为2cm的圆。使用【直线】工具，连接2cm圆与上平线相交的点与第一粒扣位。

03 使用【镜像】工具，选中领型线，以驳口线为基线进行镜像，得到的效果如图10-18所示。

04 使用【偏移】工具，将驳口线向左偏移

2.5cm。使用【延伸】工具，将偏移的直线延伸至肩斜线。选中该直线，将光标放置在上端点上，选择“拉长”选项。将鼠标向上移动，输入拉长数值（后领弧长/2），得到的效果如图10-19所示。

05 使用【直线】工具，参考图10-20提供的数据，绘制出后领中心线。

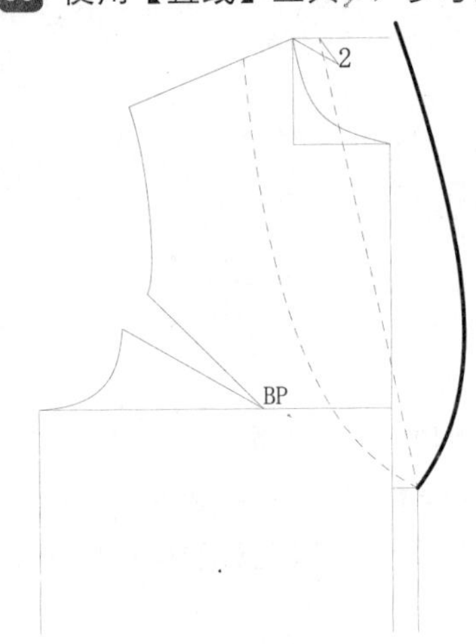

图10-18 绘制领边线，再镜像翻转

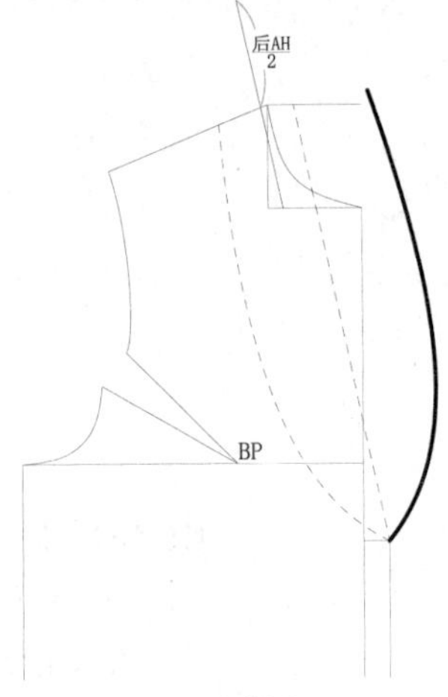

图10-19 绘制后领线

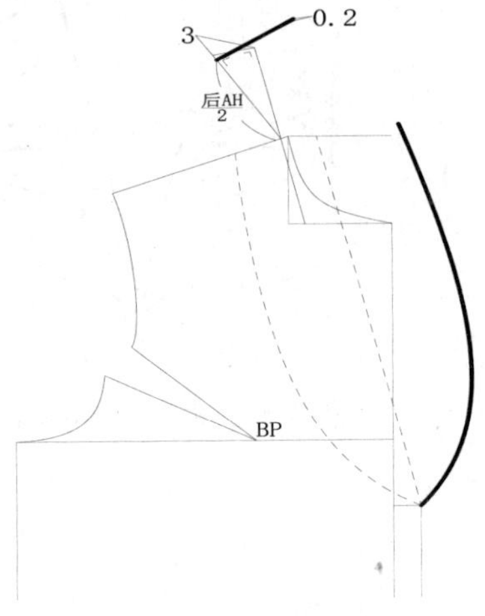

图10-20 绘制后领中线

06 绘制领边线和后领座线。在菜单栏中执行【绘图/点/定数等分】命令，将前片领宽线等分为3等份。使用【样条曲线】工具，绘制出图10-21所示的领边线和样条曲线。

07 对结构图进行线宽设定和规范标注，即完成青果领的绘制，得到的效果如图10-22所示。

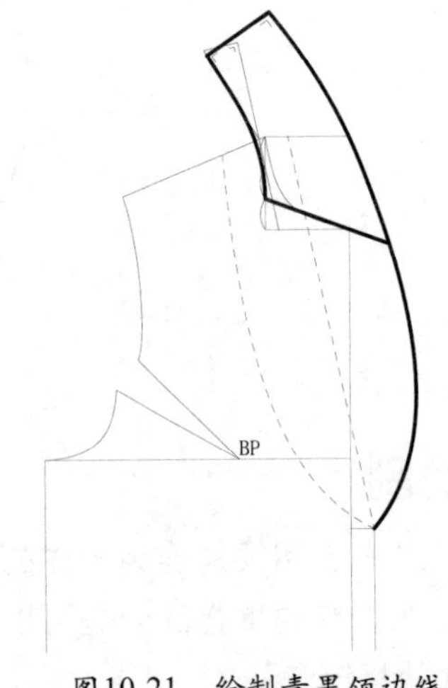

图10-21 绘制青果领边线

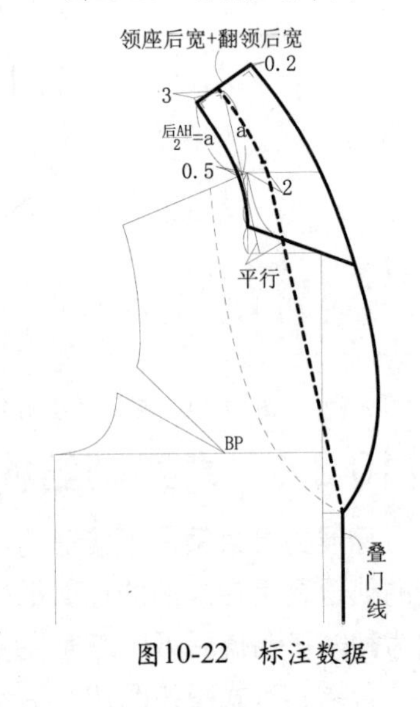

图10-22 标注数据

10.2.5 枪驳领结构绘制

枪驳领其领型基本沿用了男装枪驳领的造型特点，其翻领领角与驳领领角合并构成一条缝线。

枪驳领底领线的倒伏量和一般翻领相同，而其领角的造型应与串口线和驳口线所成夹角相似，或大于该角度。因此，也就要求串口线的倾斜度要适当地加大，这样就加大了驳领领尖的选择。灵活地运用枪驳领的采寸配比，改变枪驳领领宽或领型，可以设计出不同的枪驳领造型。

枪驳领款式图如图10-23所示。

利用AutoCAD 2014绘制枪驳领结构图，步骤如下。

01 打开AutoCAD 2014，在菜单栏中执行【文件/打开】命令，打开女原型上装结构图。使用【删除】工具，进行相应的删除。

02 使用【直线】工具，绘制出上平线、领深线和领宽线，延长止口线，得到的效果如图10-24所示。

03 绘制串口线和驳口线。绘制串口线。在命令行输入“DIV”命令，按Enter键确定，执行【定数等分】命令。将领宽线等分为3等份。

04 使用【直线】工具，连接领深线的1/3点和颈窝点。延长该直线，即串口线。

05 绘制驳口线。使用【偏移】工具，将腰节线向上偏移5cm，即第一粒扣位；将止口线向右偏移8cm，即叠门线。

06 使用【圆】工具，以前片肩颈点为圆心，绘制半径值为2cm的圆。

07 使用【直线】工具，以2cm圆与上平线的交点为起点。连接至第一粒扣位与叠门线的交点，即驳口线。选中驳口线，将光标放置在其上端点上，选择“拉长”选项。将鼠标向上移动，输入拉长数值（后AH/2），按Enter键确定，得到的效果如图10-25所示。

图10-23 枪驳领款式图

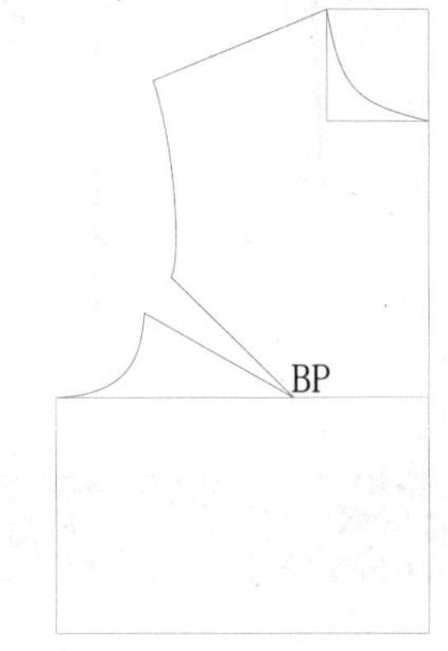

图10-24 打开女原型上装结构图

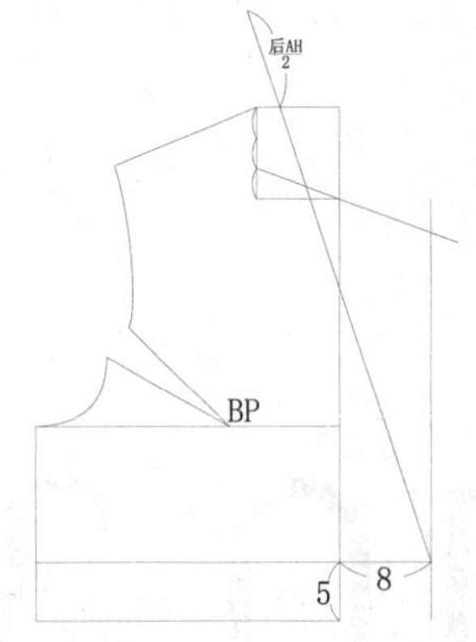

图10-25 绘制驳口线和串口线

08 使用【直线】工具，参照图10-26提供的数据，绘制枪驳领的基本结构辅助线。

09 在命令行中输入“DIV”命令，按Enter键确定，执行【定数等分】命令。分别将翻领的外边线和驳领的外边线等分为3等份。

10 使用【直线】工具，以翻领外边线的1/3点为起点，绘制长为0.3cm的垂线；以驳领外边线的1/3点为起点，绘制长为0.5cm的垂线，得到的效果如图10-27所示。

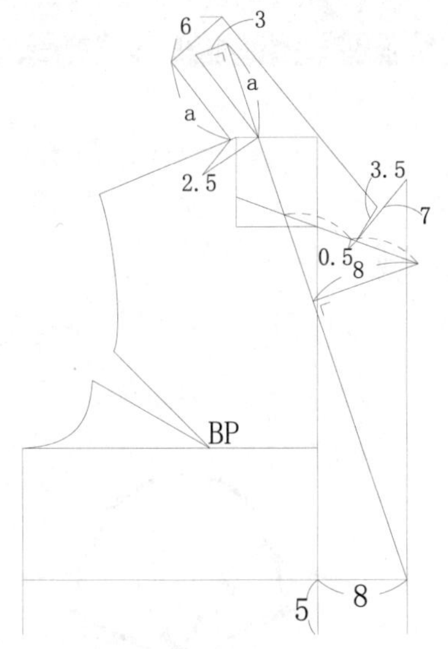

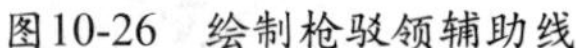
图10-26 绘制枪驳领辅助线

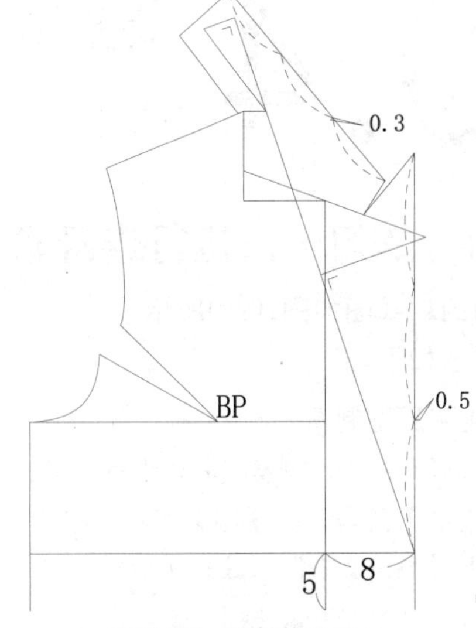

图10-27 绘制辅助线

11 使用【样条曲线】工具，连接各关键点，绘制出图10-28所示的领边线。

12 对枪驳领结构图进行线宽设定和规范标注，得到的效果如图10-29所示。

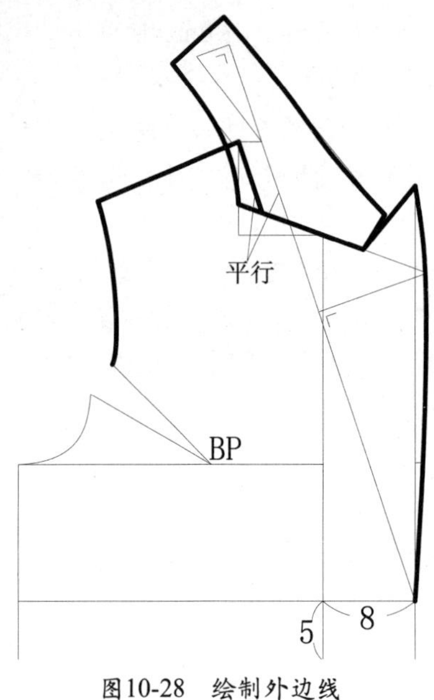

图10-28 绘制外边线

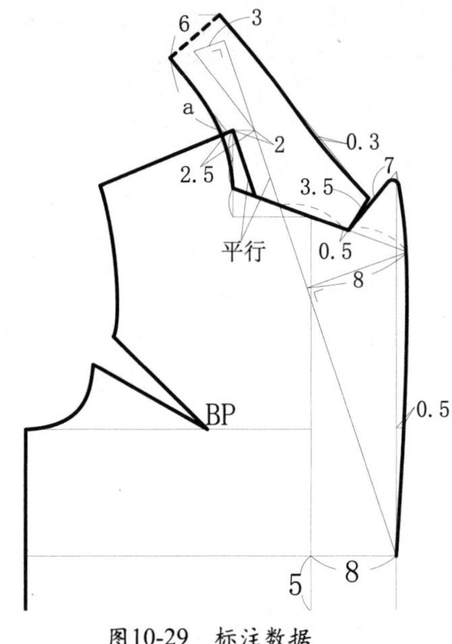

图10-29 标注数据

10.3 本课小结

本课主要分析了衣领的类型，不同类型的结构设计，以及不同衣领结构之间怎样相互利用和转化。深入学习了衣领结构设计的基本原理和纸样的处理方法。

通过本课的学习，读者能够熟练地运用AutoCAD 2014进行立领、扁领及翻领等领型的结构设计。

10.4 课后练习

10.4.1 练习一：进行连身领结构绘制

该练习的款式图如图10-30所示。

步骤提示如下。

01 打开女上装原型制图。

02 利用“LIST”命令，测量出后领弧的长度。

03 利用【直线】工具、【圆】工具和【样条曲线】工具，绘制出连身领的结构线。

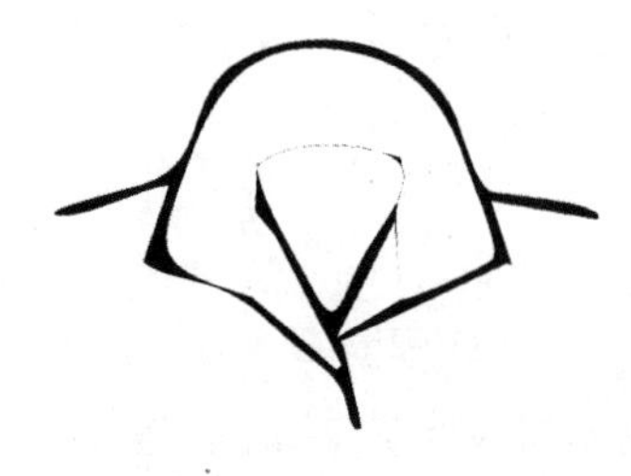

图10-30 连身领款式图

10.4.2　练习二：进行变化立领结构绘制

该练习的款式图如图10-31所示。

步骤提示如下。

01 打开女上装原型结构制图。

02 利用“LIST”命令，测量前、后领弧的长度。

03 利用【直线】工具和【偏移】工具，绘制立领结构线。

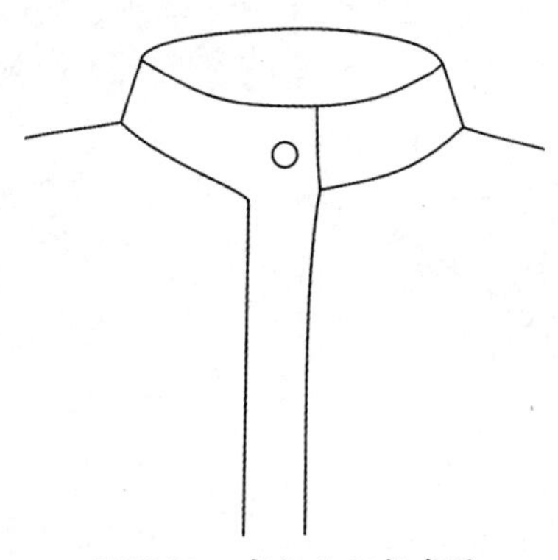

图10-31　变化立领款式图

第11课 AutoCAD袖子的结构设计与绘制

将袖子的结构进行剖析，可以看成手臂是由两段圆柱体连接而成的。而由于肘部的弯曲，所以在绘制合体袖子的结构图时要设计肘省。将袖山的形状看成圆柱体的斜截面，平面展开成曲线。由于手臂的向前活动量大，所以其后段的曲线略高，更趋于平缓一点，前段的曲线略高，更弯一些。

【本课知识】

★ 了解衣袖的结构设计要点

★ 掌握AutoCAD对不同款式的合体袖进行结构设计

★ 掌握AutoCAD对不同款式的宽松袖进行结构设计

★ 利用【移动】工具和【旋转】工具，对褶线进行展开

★ 利用【旋转】工具，合并袖肘省

★ 连身袖变化款式结构图赏析

11.1 袖子的结构设计要点

袖子的基本结构形式可以分为两类，即装袖和连身袖类。这两类袖型，无论是贴身还是宽松，其结构造型的关键都在于袖山高。袖山越高，袖子就更贴体，其腋下合体舒适，但不宜活动；相反，袖山越低，则袖子越肥而舒适，活动方便。

11.2 合体袖

合体袖不仅要求贴合衣身结构，还要求与上臂在自然下垂的状态下相吻合。这不仅仅是受袖山高的控制，还要利用肘省的结构处理，使得合体袖在自然下垂的状态下，略微向前弯曲，达到与手臂自然状态下相吻合的效果。

11.2.1 合体一片袖

合体一片袖是通过袖摆和在袖肘处加省的结构处理实现的，其效果如图11-1所示。

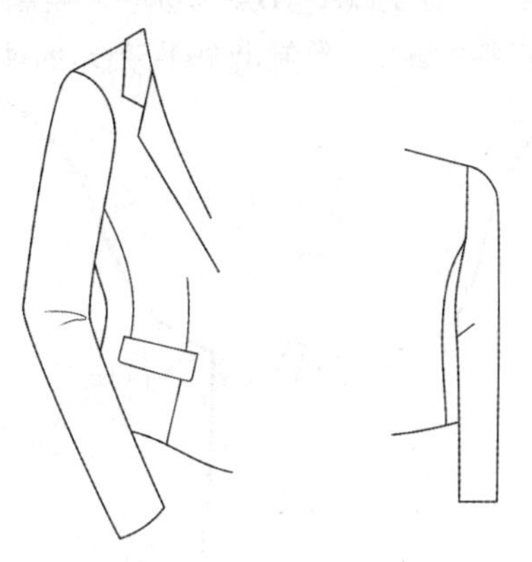

图11-1 合体一片袖款式图

利用AutoCAD 2014绘制合体一片袖结构图，步骤如下。

01 打开AutoCAD 2014，在菜单栏中执行【文件/打开】命令，打开女衬衫结构制图。使用【删除】工具，对标注和袖克夫进行相应的删除。

02 使用【偏移】工具，将袖底边向下偏移5cm。

03 使用【延伸】工具，以袖底边线为边线，将两根袖边线延伸至袖底边线，得到的效果如图11-2所示。

04 追加袖山高度。选中袖中线，将光标放置在其上端点，将其向上拉长2cm。选中袖窿弧线，单击控制点进行调整。

05 偏移袖中线。使用【圆】工具，以袖中线与袖底边线的交点为圆心，绘制半径值为2cm的圆。

06 使用【直线】工具，以袖中线与袖肥线的交点为圆心，连接至2cm圆与袖底边线的交点，即新的袖中心线，如图11-3所示。

07 使用【打断于点】工具，经袖肥线在袖中线处进行打断。

08 分别选中被打断的两根袖肥线，在命令行输入“LIST”命令，按Enter键确定，弹出对话框中出现线段的长度。

09 使用【直线】工具，以袖中线与底边线的交点为起点，向右绘制一根垂直于袖中线的线段。选中该直线，将光标放置在其左端点上，将其向左拉，拉长长度为袖肥-4的长度。

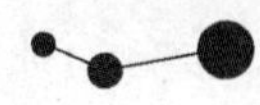

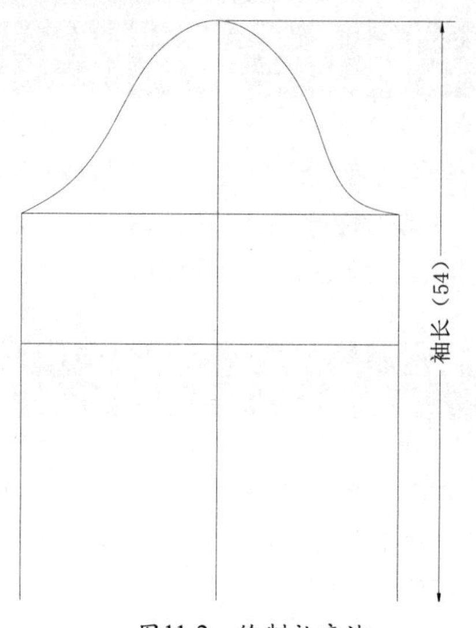

图11-2　绘制袖底边

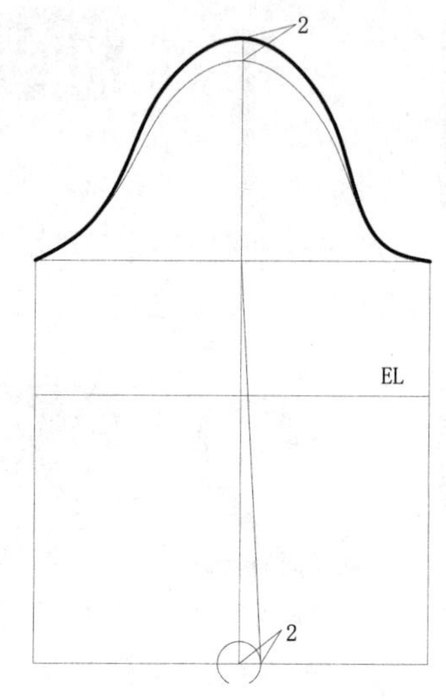

图11-3　移动袖山顶点和袖中线

10 使用【直线】工具，连接袖肥的端点和袖底边的端点，得到的效果如图11-4所示。

11 绘制袖边线。使用【圆】工具，分别以A、B点为圆心，绘制半径值为1.5cm的圆。

12 使用【样条曲线】工具，连接各关键点，绘制出图11-5所示的袖边线。

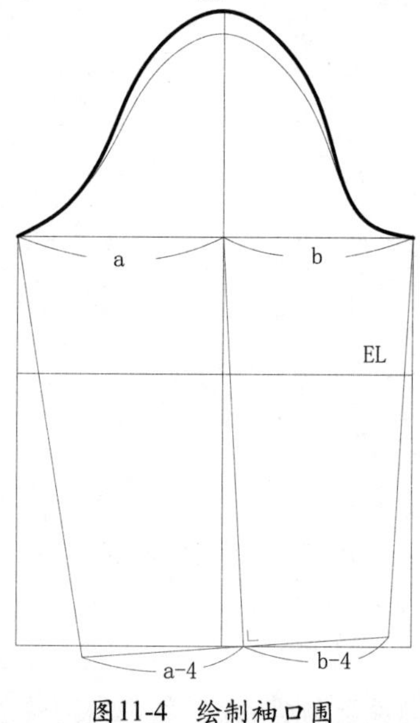

图11-4　绘制袖口围

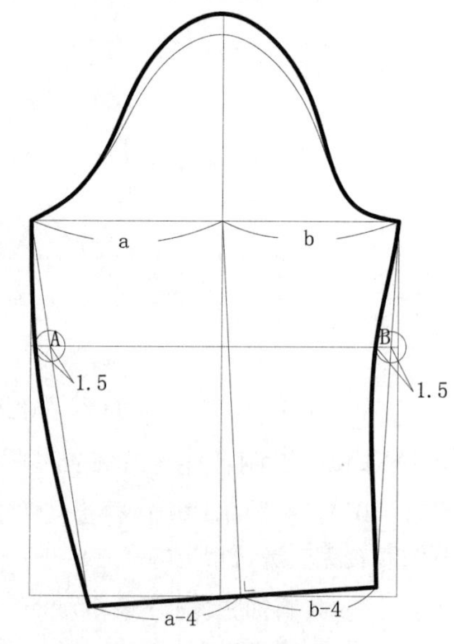

图11-5　绘制袖边线

13 绘制肘省。使用【打断于点】工具，将袖肘线与袖中线的交点进行打断。

14 在菜单栏中执行【绘图/点/定数等分】命令，将打断的后袖肘线等分为2等份。

15 使用【圆】工具，以袖边线与袖肘线相交的点为圆心，绘制半径值为0.5cm的圆。

16 使用【直线】工具，连接后袖肘线的1/2点至1cm圆与袖边线相交的点，为省边线。

17 在命令行输入“LIST”命令，分别测出两根袖边线的长度。算出两根袖边线的差，即肘省的宽度。

18 使用【圆】工具，以绘制出的省边线的左端点为圆心，绘制半径值为两根袖边线之差的圆。

19 使用【直线】工具，连接上一步绘制的圆与袖边线的交点与省尖点，完成肘省的绘制，得到的效果如图11-6所示。

20 对绘制好的结构图进行线宽设定和规范标注，即完成一片合体袖的结构图绘制，得到的效果如图11-7所示。

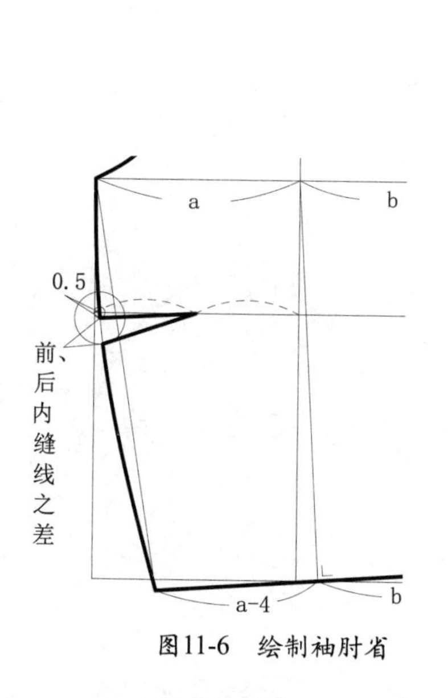

图11-6 绘制袖肘省

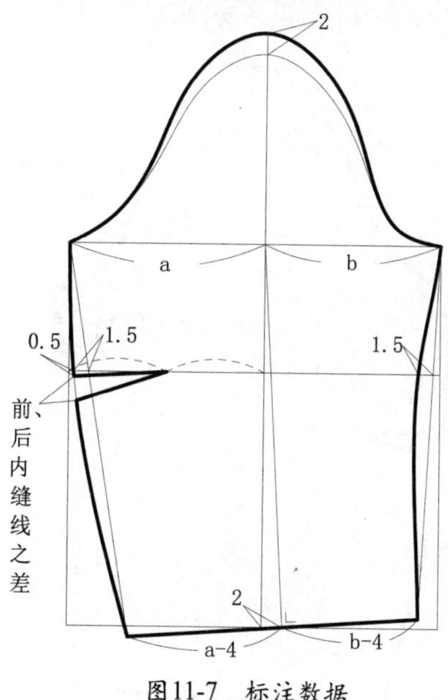

图11-7 标注数据

11.2.2 省缝变体袖

省缝变体袖以一片合体袖的结构纸样为基础，进行结构变化。其主要变化的是将袖山缩容量转移为省缝结构，以此加强肩部的硬线造型，其款式图如图11-8所示。

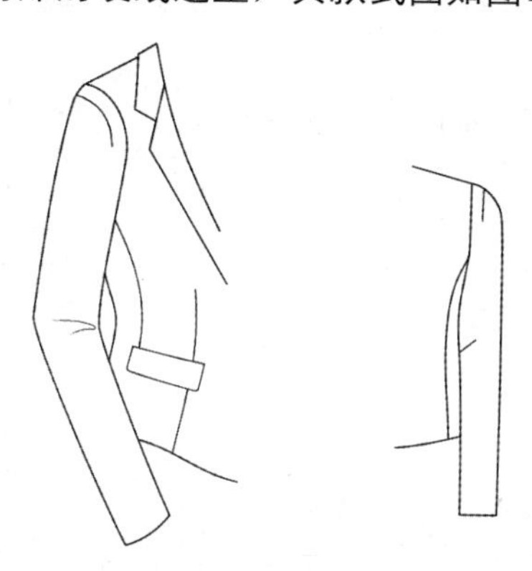
图11-8 省缝变体袖款式图

利用AutoCAD 2014绘制省缝变体袖结构图，步骤如下。

01 打开AutoCAD 2014，在菜单栏中执行【文件/打开】命令，打开合体一片袖结构图。

02 确定省缝位置。使用【偏移】工具，将袖窿弧线向下偏移2.5cm。

03 确定省缝的宽度（袖山线与省缝的距离影响袖山造型的立度，因此不宜过宽，一般设置在肩点左右8cm的范围之间）。使用【圆】工具，以A点为圆心，绘制半径值为7.5cm（袖窿弧线有一定的弯曲度，因此圆的半径值不宜超过8cm）的圆。

04 使用【修剪】工具，以圆为边线，对省缝线进行裁剪，最后得到的效果如图11-9所示。

05 确定省缝切展的位置。使用【打断于点】工具，将省缝线与袖中线相交的点进行打断。

06 在命令行输入“DIV”命令，按Enter键确定，执行【定数等分】命令，分别将打断的两根省缝线等分为3等份。

07 使用【直线】工具，分别以各1/3点为起点，向袖窿弧线绘制垂直于省缝线的线段，得到的效果如图11-10所示。

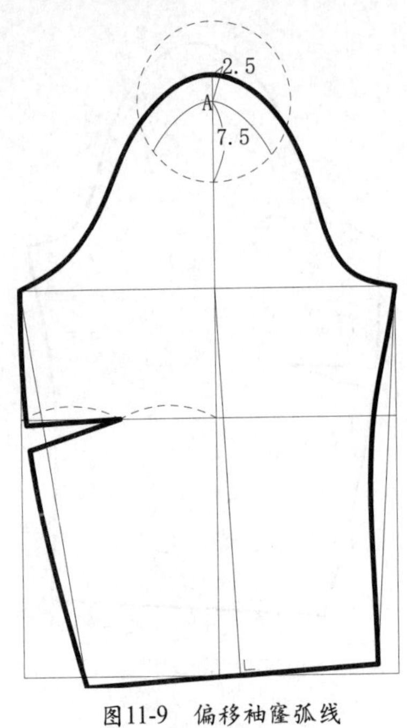

图11-9　偏移袖窿弧线

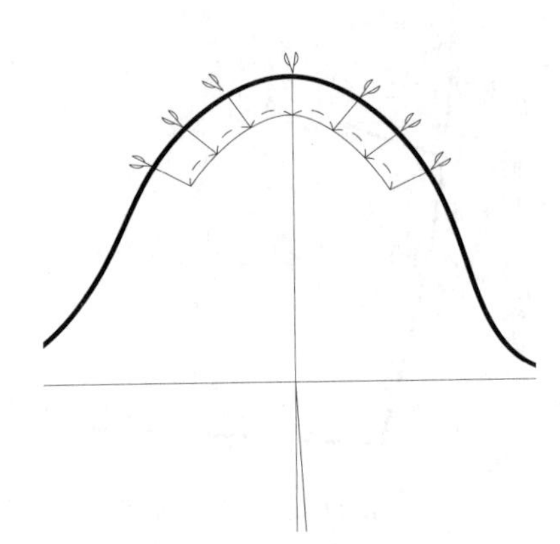

图11-10　绘制省缝切展位置

08 分离袖山（2.5cm）。使用【圆】工具，以省缝线与袖中线的交点为圆心，绘制半径值为1.75cm的圆。

09 使用【旋转】工具，选中图中虚线图形，以袖肥线的左端点为基点进行旋转，直至袖山线交于圆边，得到的效果如图11-11所示。

10 使用上述相同的方法，对另一边袖山进行分离。使用【样条曲线】工具，重新绘制省缝线，得到的效果如图11-12所示。

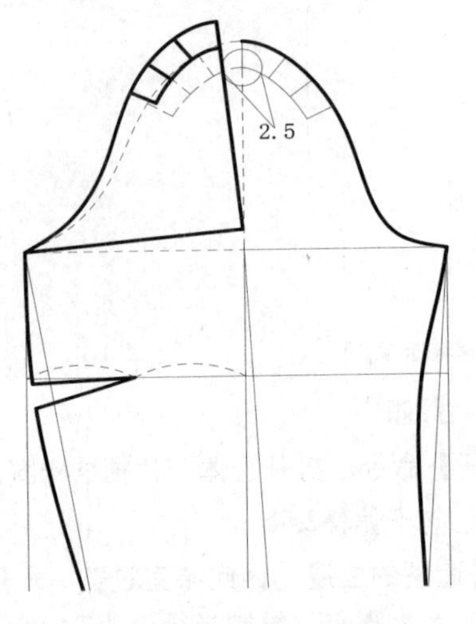

图11-11　旋转袖山

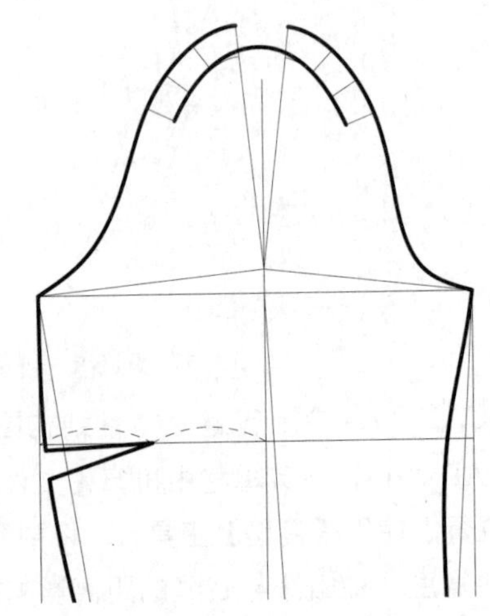

图11-12　旋转袖山

11 在命令行输入“LIST”命令，分别测量出原省缝线和新省缝线的长度，计算出它们之间的差。

12 对省缝进行展开（展开量=（新、旧省缝之差-1）/6，这里展开值为0.6cm）。使用【圆】工具，以展开线与省缝线的交点为圆心，绘制半径值为0.6cm（平均展开量）的圆。

13 使用【旋转】工具，旋转图中的虚线图形，以圆心点为基点进行旋转，直至交于圆边，得到的效果如图11-13所示。

14 使用上述相同的方法，对剩余省缝进行展开，得到的效果如图11-14所示。

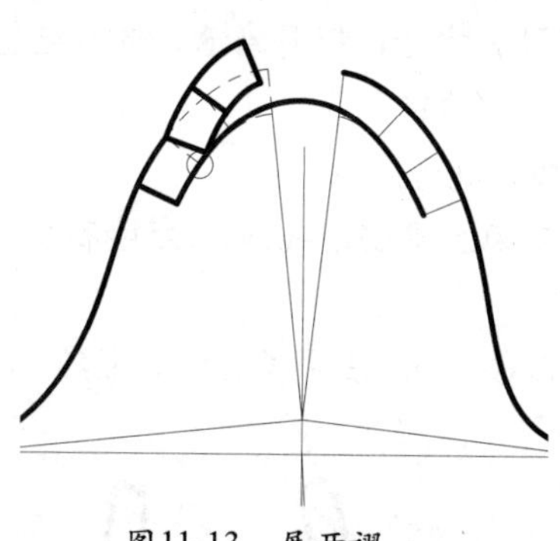

图11-13　展开褶

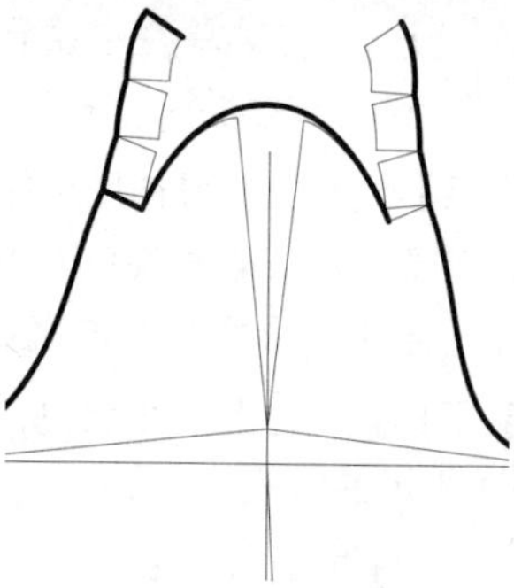

图11-14　展开褶

15 使用【样条曲线】工具，绘制出新的省缝线和袖边线，如图11-15所示。

16 对省缝结构图进行线宽设定和规范标注，即完成该结构图的绘制，得到的效果如图11-16所示。

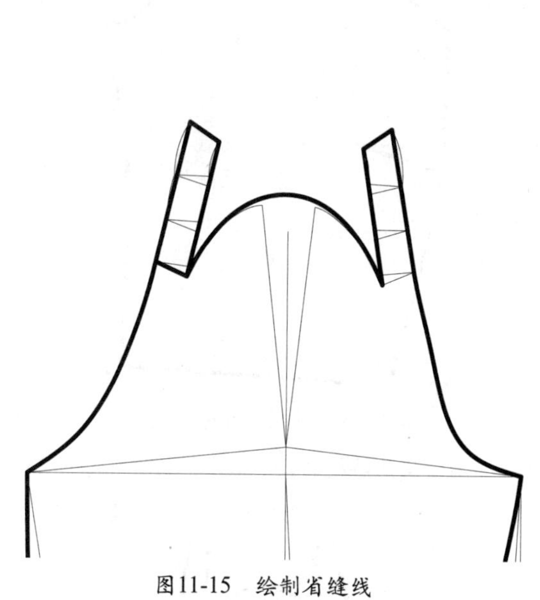

图11-15　绘制省缝线

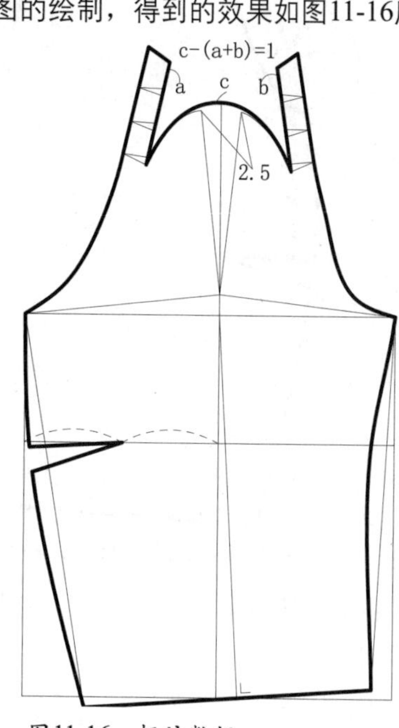

图11-16　标注数据

11.2.3 断缝变体袖

在省缝合体袖的基础上，利用肘省的转移处理，分解出三片袖结构的断缝变体袖。其款式图如图11-17所示。

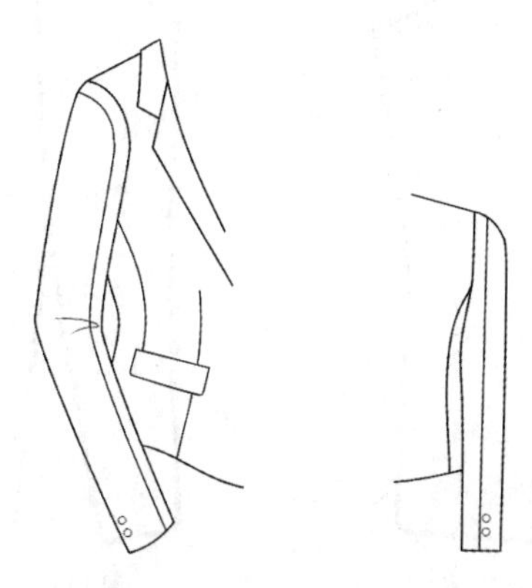

图11-17　断缝变体袖款式图

利用AutoCAD 2014绘制断缝变体袖结构图，步骤如下。

01 打开AutoCAD 2014，在菜单栏中执行【文件/打开】命令，打开省缝合体袖结构图。使用【删除】工具，进行相应的删除，得到的效果如图11-18所示。

02 使用【打断于点】工具，将袖底边线于袖中心线处进行打断。

03 使用【直线】工具，以省缝线的左起点，过省尖点至袖底边线的1/2点绘制直线。以省缝线的右端点为起点，绘制一根垂线至袖底边线。

04 使用【偏移】工具，将上一步绘制的直线向左偏移1cm。使用【直线】工具，连接关键点，绘制出图11-19所示的线段。

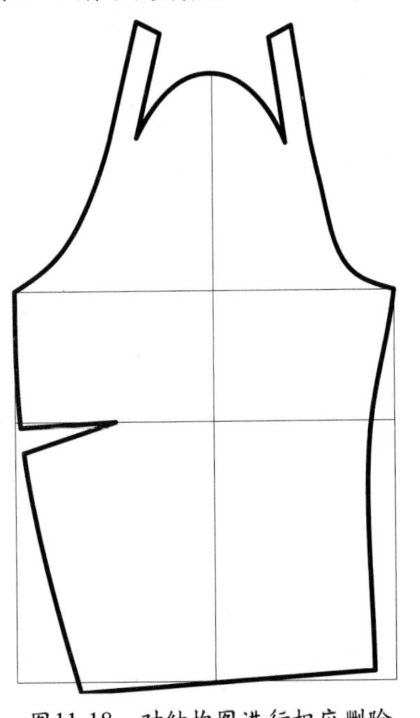

图11-18　对结构图进行相应删除

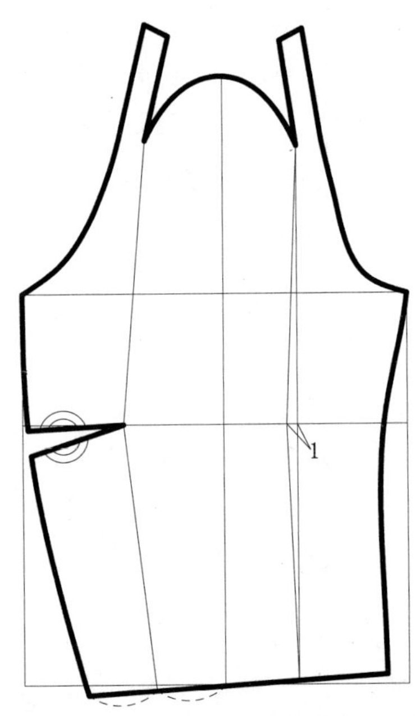

图11-19　绘制袖片分割线

05 合并肘省。使用【旋转】工具，将肘省进行旋转，直至省边线相重合，得到的效果如图11-20所示。

06 使用【样条曲线】工具，连接各关键点，绘制出新的袖边线，得到的效果如图11-21所示。

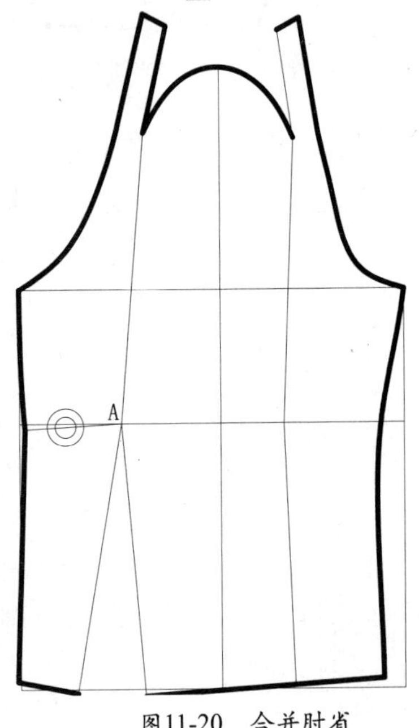

图11-20　合并肘省

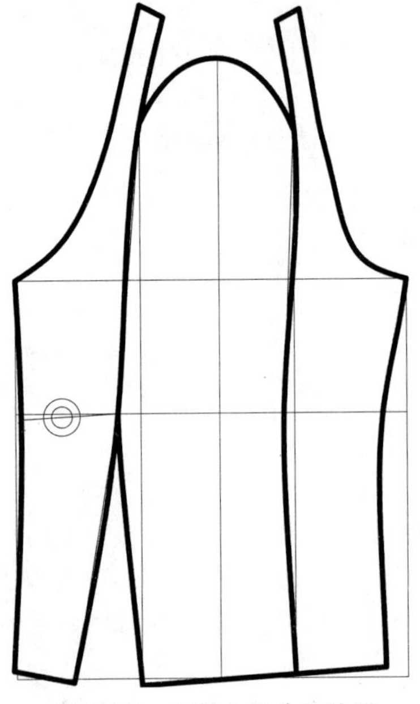

图11-21　绘制各袖片袖边线

07 绘制袖衩。使用【圆】工具，分别以袖边线与袖底边线的交点为圆心，绘制半径值为10cm的圆。将底边线延长2cm。

08 使用【直线】工具，以10cm圆与袖边线的交点为起点，绘制长2cm的直线。按Enter键重复该命令，连接2cm线的端点，完成袖衩绘制，得到的效果如图11-22所示。

09 绘制扣位线。使用【偏移】工具，将袖边线向右偏移1.5cm；将袖底边线向上偏移3.5cm，即第一粒扣位；将第一粒扣位线向上偏移1.8cm，即第二粒扣位线，得到的效果如图11-23所示。

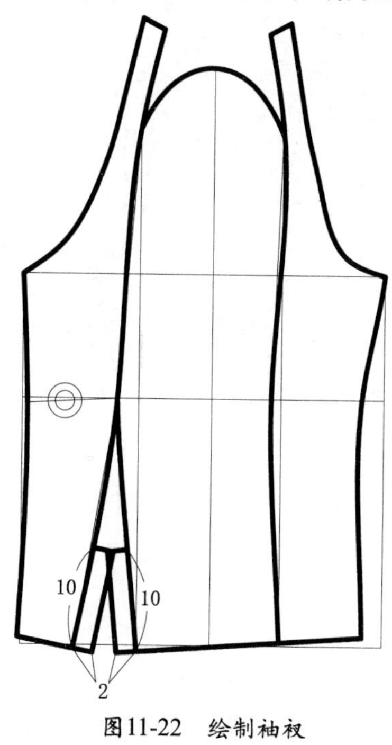

图11-22　绘制袖衩

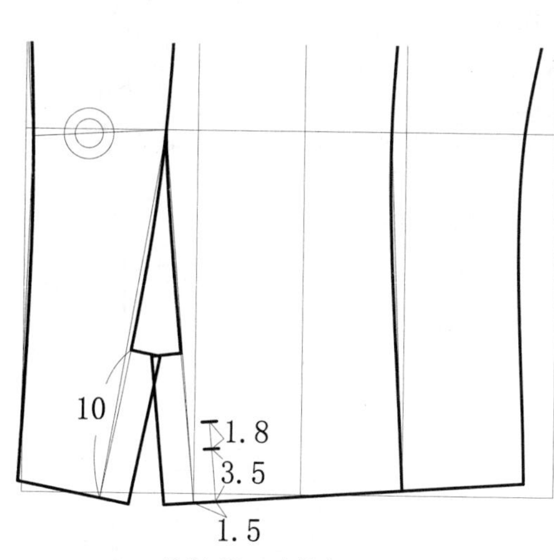

图11-23　绘制扣位线

11.2.4　肩泡合体袖

肩泡合体袖的设计主要在于肩部，肩泡量的大小对肩部外形有影响，但对其贴身度没有影响。在施褶的时候，如果直接在袖山上增加褶量，则容易引起变形。要将袖中线的袖山部进行裁剪、分离，使袖顶部到切点止点形成“V”字型张角。该张角越大，褶量越多，袖山的外隆越明显；反之，褶量越少，袖山造型越平整。

肩泡合体袖款式图如图11-24所示。

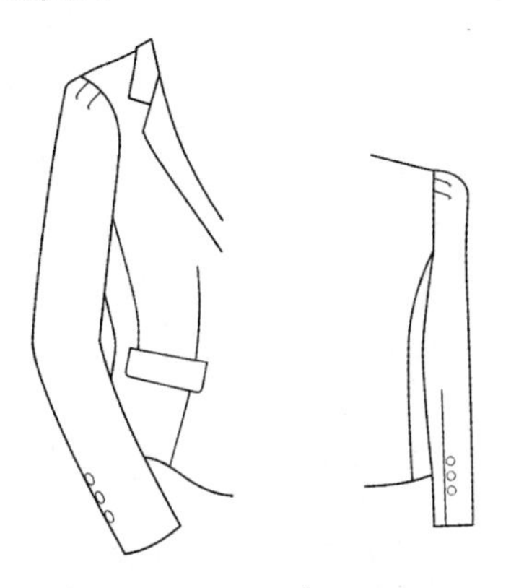

图11-24　肩泡合体袖款式图

利用AutoCAD 2014绘制肩泡合体袖结构图，步骤如下。

01 打开AutoCAD 2014，打开一片合体袖结构图。使用【删除】工具，进行相应的删除。

02 分离袖山。使用【偏移】工具，将袖中线分别向左、向右偏移6cm（袖山张开量12cm）。

03 使用【旋转】工具，选中图中的虚线图形，以袖肥线的左端点为基点进行旋转，直至袖山顶点交于6cm线，得到的效果如图11-25所示。

04 使用上述相同的方法，将另一边袖山进行旋转分离。使用【样条曲线】工具，连接分离的两个袖山顶点，绘制出图11-26所示圆顺的袖窿弧线。

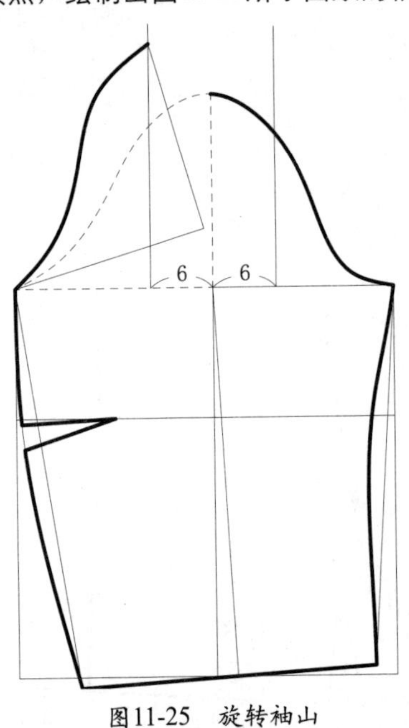

图11-25 旋转袖山

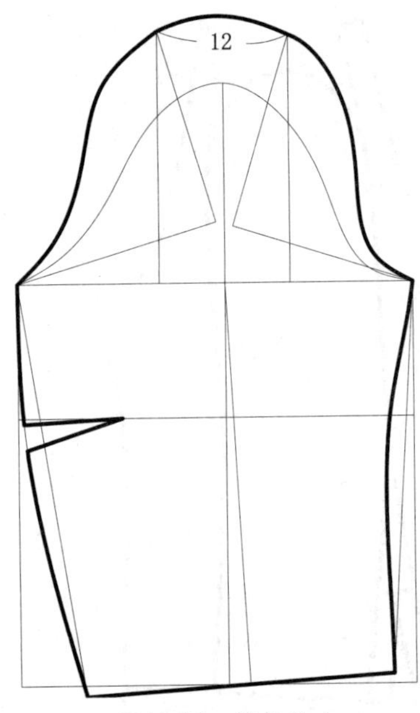

图11-26 旋转袖山

05 绘制肩褶（袖山高的分离量为12cm，加上原袖本身2cm的缩容量，共14cm的褶量，所以每个褶量为14/4=3.5cm）。使用【延伸】工具，以新的袖窿弧线为边线，对袖中线进行旋转。

06 使用【圆】工具，以袖山顶点为圆心，绘制半径值为2.5cm的圆。按Enter键重复命令，以刚绘制的圆与袖窿弧线的交点为圆心，绘制以平均褶量为半径的圆。

07 使用【直线】工具，如图11-27所示，绘制出垂直于袖窿弧线的褶宽线。

08 确定褶位。使用【打断于点】工具，将袖底边线于与袖中线相交的点进行打断。

09 使用【直线】工具，将光标在打断的袖底边线上移动，裆线上出现一个三角形时，为该线段的1/2点。以该点为起点，连接至肘省的省尖点，即褶位线，如图11-28所示。

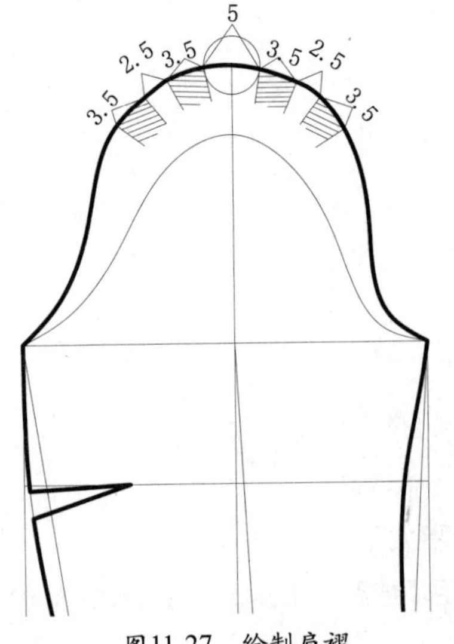

图11-27 绘制肩褶

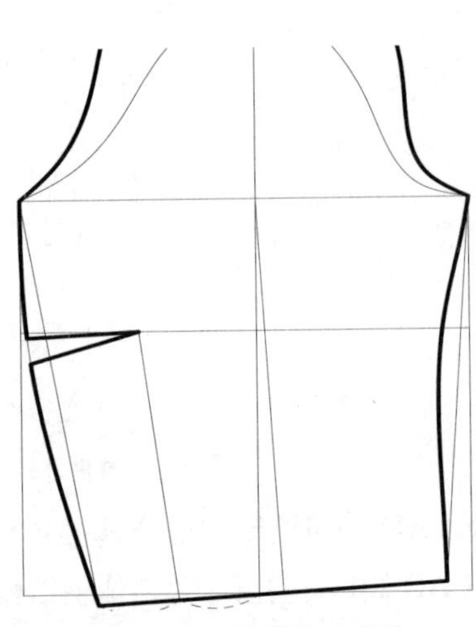
图11-28 绘制袖口褶位

10 合并肘省。使用【打断于点】工具，将袖底边线于与褶线相交的点进行打断。

11 使用【旋转】工具，以肘省省尖点为基点，进行旋转，直至省宽线相重合，得到的效果如图11-29所示。

12 绘制袖底边线和扣位线。使用【样条曲线】工具，连接各关键点，绘制出新的袖底边线。

13 绘制扣位线。使用【偏移】工具，将右边的褶线向右偏移1.5cm。使用【圆】工具，以偏移的线与袖底边线的交点为圆心，绘制半径值为3.5cm的圆，交于偏移的直线，即第一粒扣位。

14 使用【偏移】工具，将第一粒扣位线向上偏移1.8cm，即第二粒扣位；按Enter键重复该命令，将第二粒扣位向上偏移1.8cm，即第三粒扣位，得到的效果如图11-30所示。

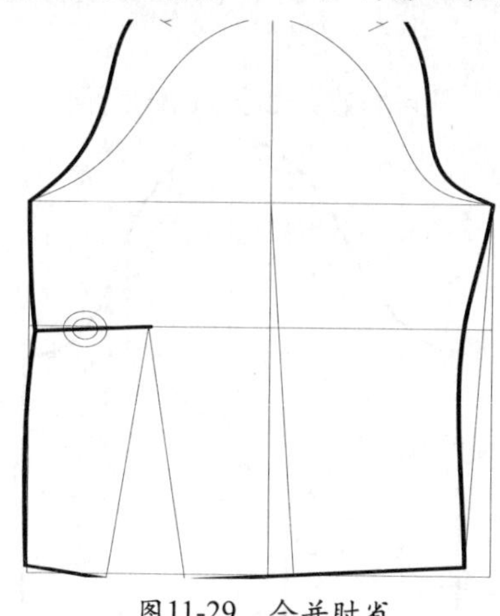

图11-29 合并肘省

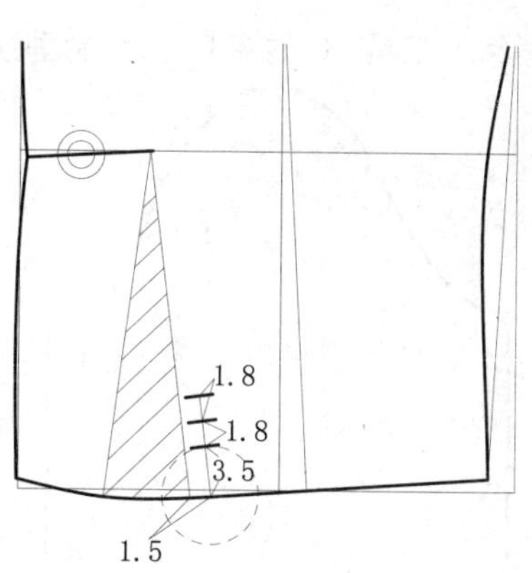

图11-30 绘制扣位线

11.3 宽松袖体

宽松袖结构简单，这种袖体多使用轻薄的面料。宽松袖一般不采用一片袖和两片袖的贴身结构。常见的宽松褶右喇叭袖、灯笼袖，以及泡泡袖等，这些袖体多采用缩褶和波形褶的结构处理。

11.3.1 款式（一）：自然褶宽松袖体

自然褶宽松袖体款式图如图11-31所示。

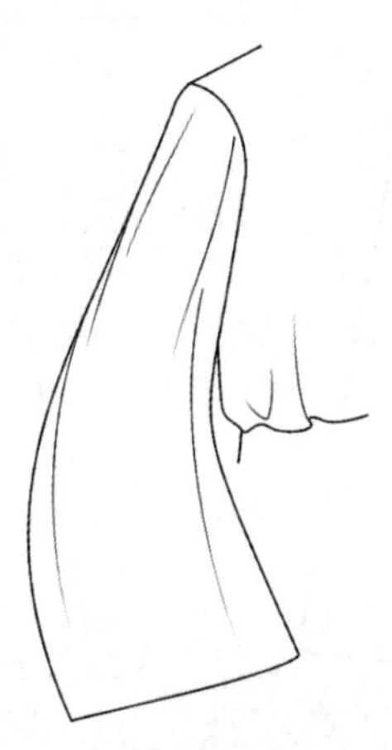

图11-31 自然褶宽松袖体款式图

利用AutoCAD 2014绘制肩泡合体袖结构图，步骤如下。

01 打开AutoCAD 2014，打开女衬衫结构图。参考合体一片袖的第1、2、3步，进行绘制。

02 绘制底边。使用【偏移】工具，将底边向上偏移0.5cm；按Enter键重复命令，再向上偏移1cm。

03 使用【打断于点】工具，将底边于袖中线处进行打断。

04 在命令行输入“DIV”命令，按Enter键确定，执行【定数等分】命令，分别将打断的两根底边等分为2等份。

05 使用【样条曲线】工具，连接各关键点，绘制出图11-32所示的底边。

06 绘制褶位线。使用【打断于点】工具，将袖肘线于袖中线处进行打断。

07 在命令行输入“DIV”命令，按Enter键确定，执行【定数等分】命令，分别将打断的两根袖肘线等分为4等份。

08 使用【直线】工具，过各1/4点绘制垂线，即褶线，得到的效果如图11-33所示。

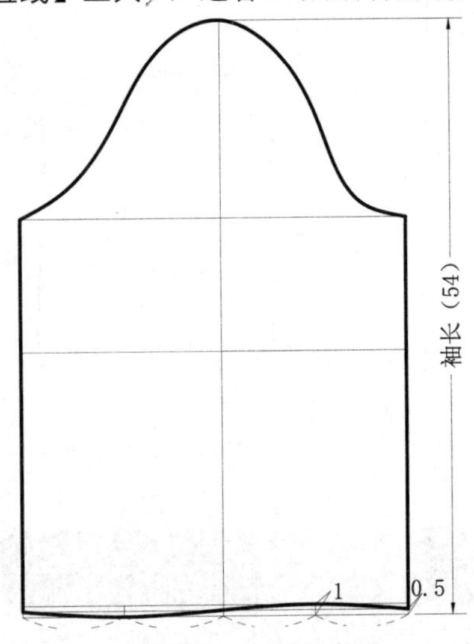

图11-32　绘制袖底边

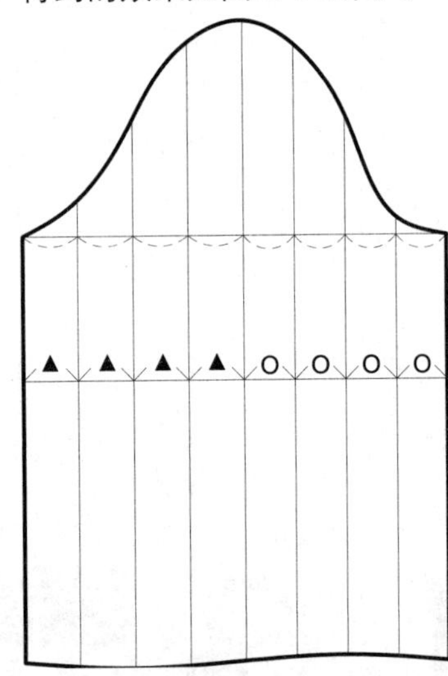

图11-33　绘制褶位线

09 将褶进行展开。使用【打断于点】工具，将褶线与袖窿弧线、袖肘线和底边线的交点进行打断。

10 使用【旋转】工具，以褶线与袖窿弧线的交点为基点，参考图11-34所示的数据进行旋转。

11 修正底边。使用【样条曲线】工具，连接底边各关键点，绘制出图11-35所示的底边，完成自然褶宽松袖体的绘制。

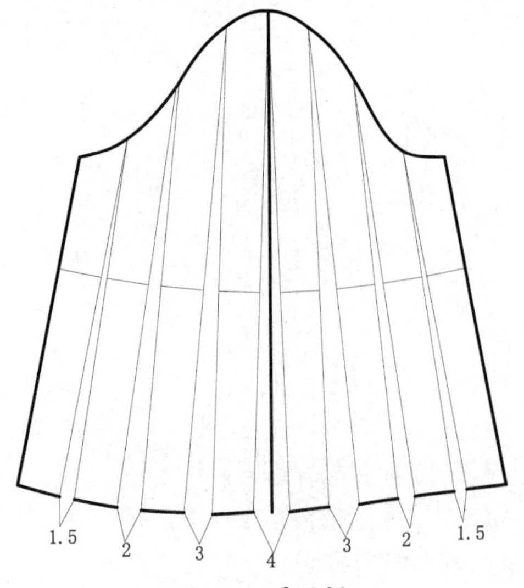

图11-34　展开褶

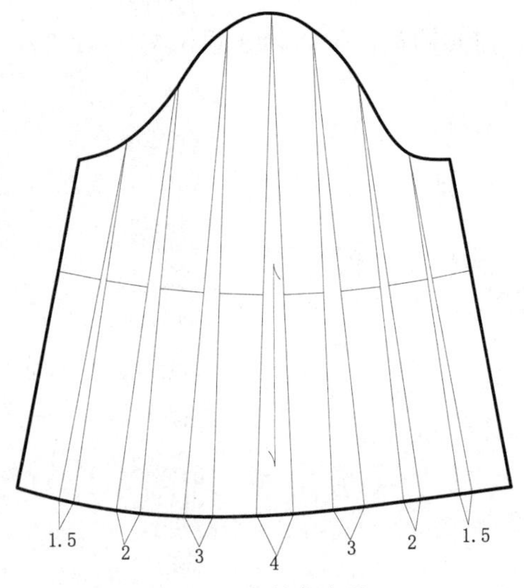

图11-35　绘制底边线

11.3.2 款式（二）：灯笼袖

灯笼袖款式图如图11-36所示。

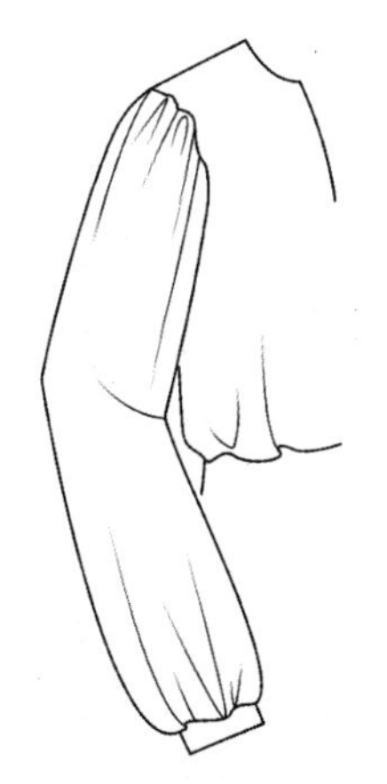

图11-36 灯笼袖款式图

利用AutoCAD 2014绘制肩泡合体袖结构图，步骤如下。

01 打开AutoCAD 2014，重复自然褶宽松袖体的第1～8步绘制，得到的效果如图11-37所示。

02 将褶进行平移、展开。使用【打断于点】工具，将褶线与袖窿弧线、袖肘线和底边线的交点进行打断。

03 使用【移动】工具，将褶线分割的每个区域进行平移。首先将最外边的分割区域向右平移7cm（总褶量14cm，平均每个褶2cm），得到的效果如图11-38所示。

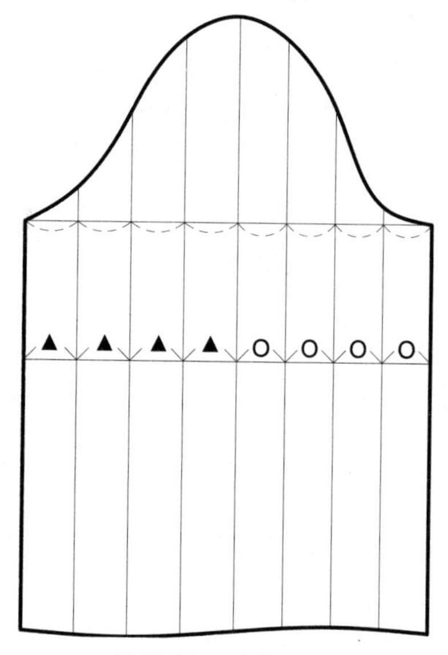

图11-37 绘制袖褶线

图11-38 平移分割块

提示

在进行平移时，按F8键，打开正交模式。

04 使用上述相同的方法，对剩余分割块进行平移，得到的效果如图11-39所示。

05 修正袖窿弧线和底边线。使用【直线】工具，以袖边线的任一端点为起点，连接至另一端点。

06 选中左起第三块分割块的褶线，将其向下拉长2cm。

07 使用【样条曲线】工具，连接各关键点，绘制出图11-40所示的袖窿弧线和底边线。

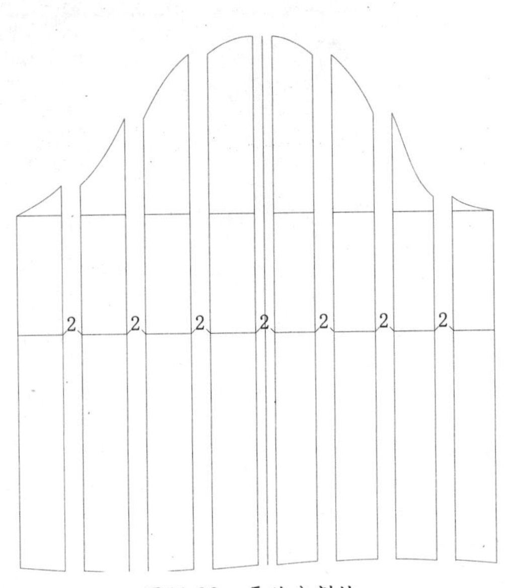

图11-39 平移分割块

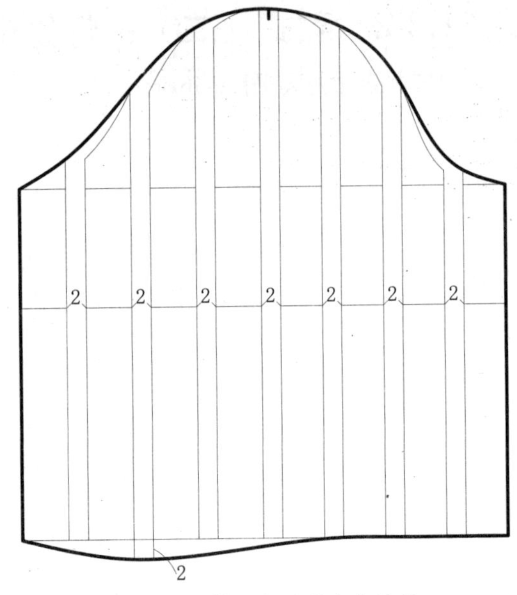

图11-40 绘制袖窿弧线和底边线

08 绘制袖克夫。使用【矩形】工具，绘制出以手腕围+3为长，3cm为宽的矩形。

09 使用【分解】工具，框选中矩形，按Enter键确定，将矩形进行分解。

10 使用【偏移】工具，将袖克夫的右宽线向左偏移1.5cm。

11 使用【直线】工具，在偏移的直线的1/2处，绘制一根水平直线（扣位线），得到的效果如图11-41所示，即完成灯笼袖结构图的绘制。

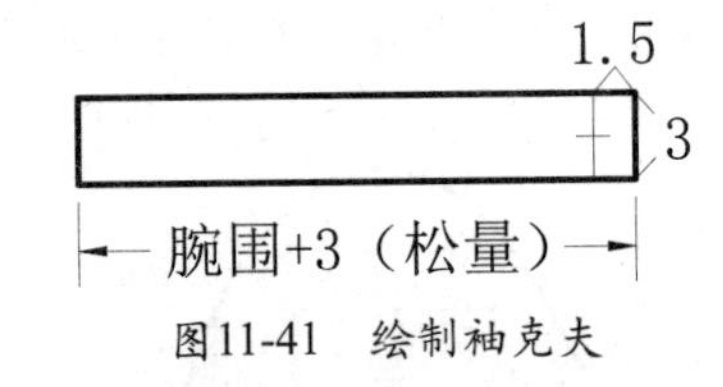

图11-41 绘制袖克夫

11.4 连身袖体

连身袖，即袖子和衣身的某些部位是连在一起的。在连身袖的结构设计中，其袖子的贴体程度，除了受到袖山高的影响，还受到了袖中线与肩点的角度的影响。

11.4.1 一般插肩袖结构图设计

一般插肩袖款式图如图11-42所示。

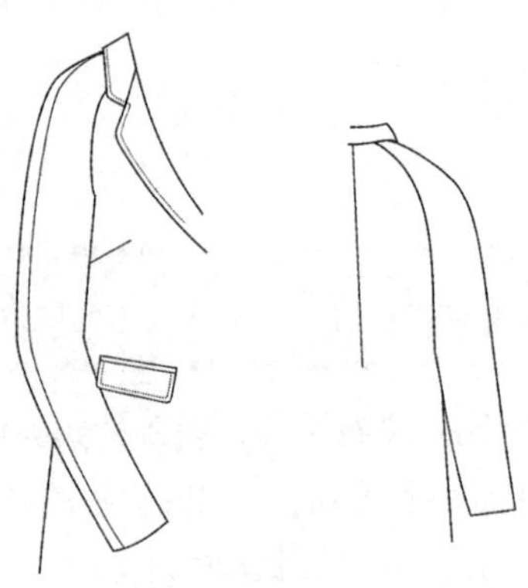

图11-42 一般插肩袖款式图

利用AutoCAD 2014，绘制一般插肩袖结构图，步骤如下。

01 打开AutoCAD 2014，在菜单栏中执行【文件/打开】命令，打开女上装原型结构图。使用【删除】工具，进行相应的删除。

02 确定袖边线位置，绘制袖山深。使用【直线】工具（按F8键，打开正交模式），以前片肩点为起点，分别向左、向下绘制10cm长的直线。按F8键取消正交模式，连接两根10cm线的端点。

03 使用【圆】工具，以刚绘制的斜线的中点为圆心，绘制半径值为1cm的圆；按Enter键重复命令，以前片肩点为圆心，绘制半径值为AH/3（袖山深）的圆。

04 使用【直线】工具，以肩点至1cm圆与斜线的交点绘制直线。

05 使用【延伸】工具，以大圆为边线，将上一步绘制的直线延伸至该圆，即袖山深，得到效果如图11-43所示。

06 绘制袖长、袖肥线和袖口线。使用【圆】工具，以肩点为圆心，绘制半径值为54cm（袖长）的圆。使用【延伸】工具，将袖山深线延伸至圆边，即袖长。

07 使用【直线】工具，绘制出垂直于修边线的袖肥线和袖口围（B/10+4），得到的效果如图11-44所示。

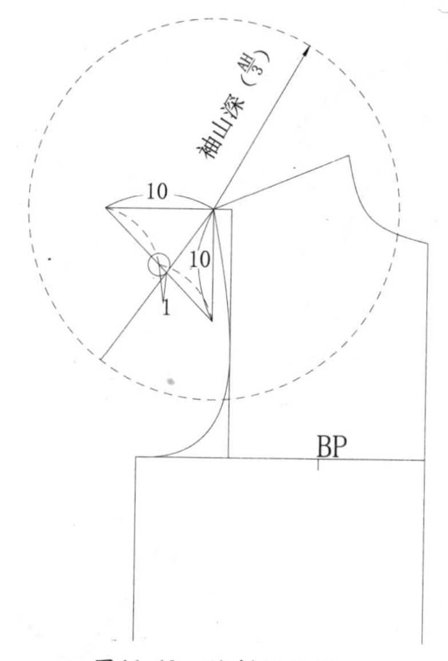

图11-43 绘制袖山深

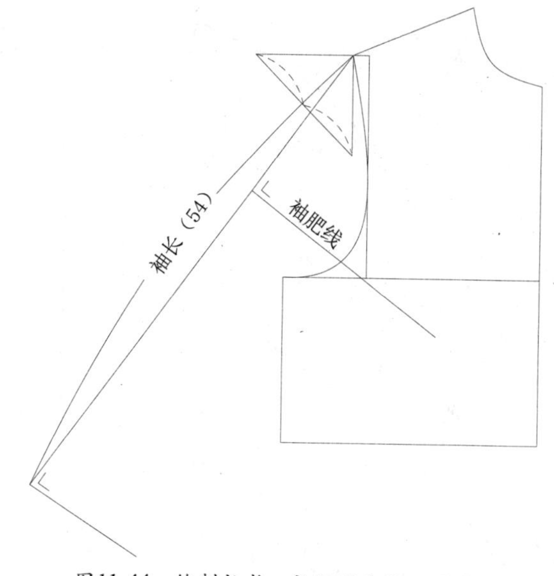

图11-44 绘制袖长、袖肥线和袖口围线

08 绘制插肩袖在前片纸样上的连身线。使用【圆】工具，以肩颈点为圆心，绘制半径值为4cm的圆。在命令行输入“DIV”命令，执行【等数等分】命令，将胸宽线等分为3等份。

09 使用【样条曲线】工具，连接各关键点，绘制出图11-45所示的连身线（自1/3点以下，袖窿弧线的长度与连身线过1/3点以下的曲线相等）。

10 绘制袖肘线。使用【偏移】工具，将袖肥线向上偏移3cm。

11 使用【打断于点】工具，将袖边线于偏移3cm的位置进行打断。在命令行输入“DIV”命令，执行【等数等分】命令，将打断的袖肥线等分为2等份。

12 使用【圆】工具，以1/2点为圆心，绘制半径值为1.5cm的圆。使用【直线】工具，以刚绘制的圆与袖边线的交点为起点，绘制一根垂直于袖边线的垂线，即袖肘线；按Enter键重复命令，连接连身线的端点和袖围线的端点，得到的效果如图11-46所示。

13 绘制袖子的内缝线。使用【圆】工具，以袖肘线的右端点为圆心，绘制半径值为1.5cm的圆。

14 使用【样条曲线】工具，连接各关键点，绘制出图11-47所示的袖内缝线。

15 使用上述的相同方法，在后片绘制出插肩袖结构，得到的效果如图11-48所示。

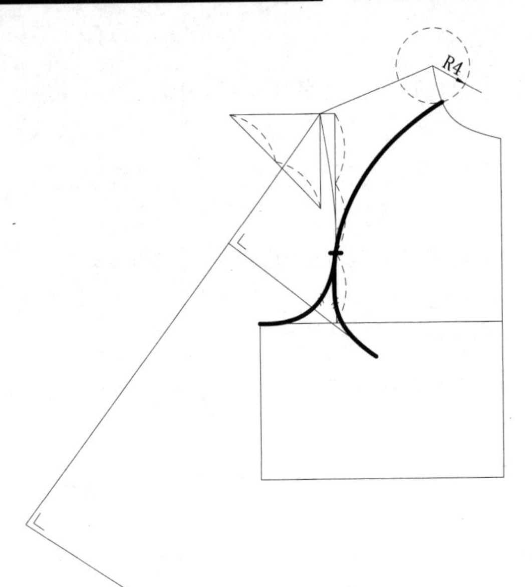

图11-45 绘制连身线

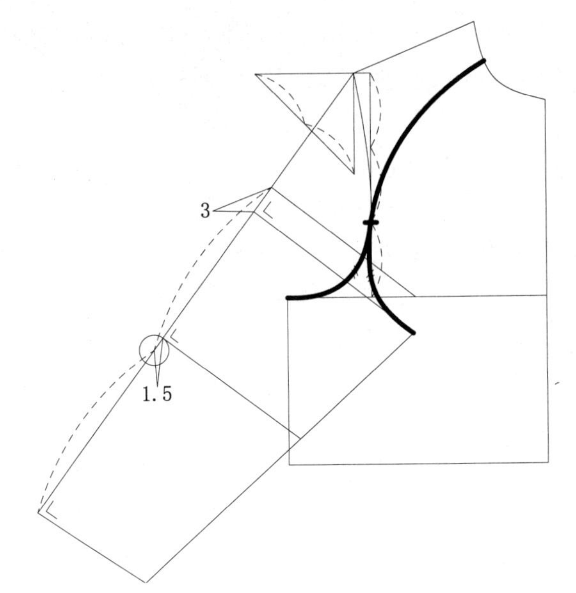

图11-46 绘制袖肘线

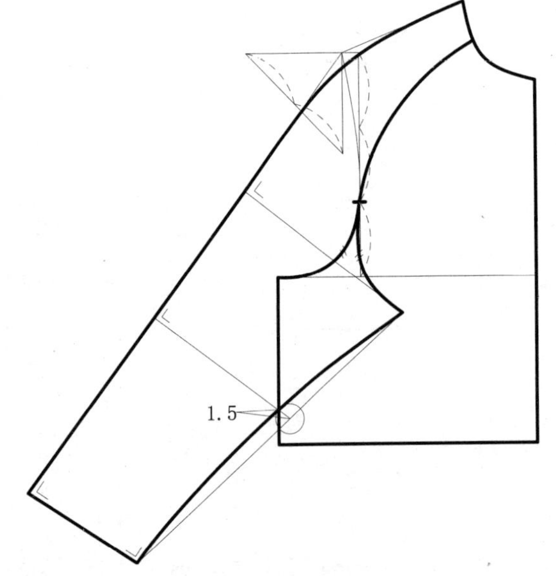

图11-47 绘制内缝线

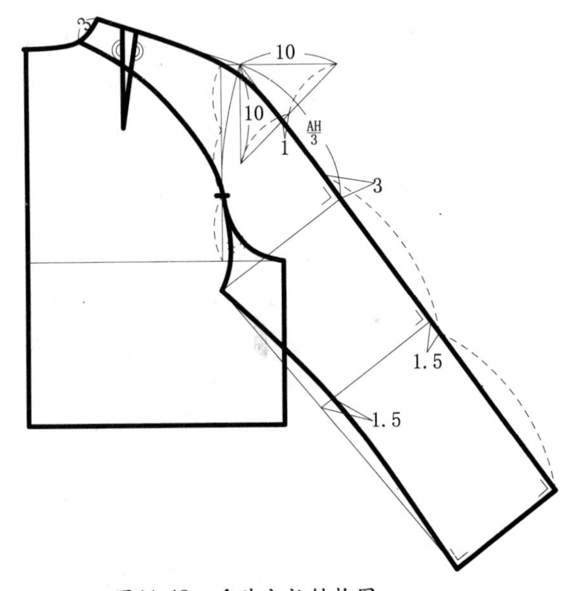

图11-48 后片衣袖结构图

16 合并肩省。使用【旋转】工具，选中图形的虚线图形，以省尖点为基点进行旋转，直至省宽线相重合，得到的效果如图11-49所示。

17 修正连身线。使用【样条曲线】工具，重新绘制出圆顺的连身线，即完成插肩袖的绘制，得到的效果如图11-50所示。

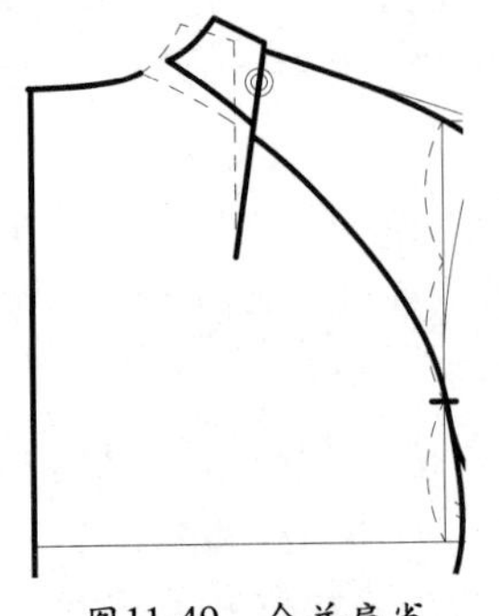

图11-49 合并肩省

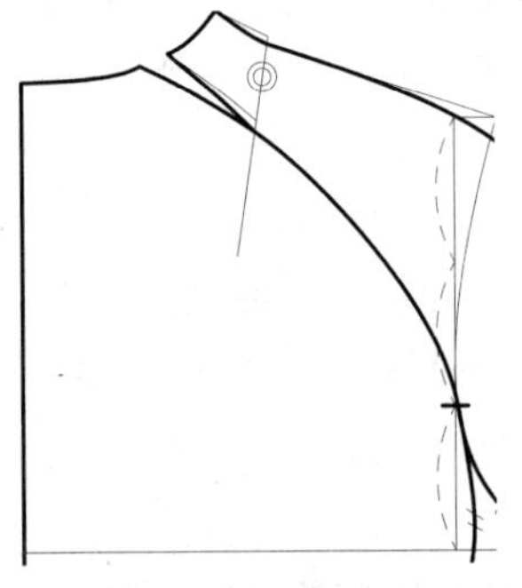

图11-50 修正袖边线

11.4.2 蝙蝠袖结构图设计

蝙蝠袖款式图如图11-51所示。

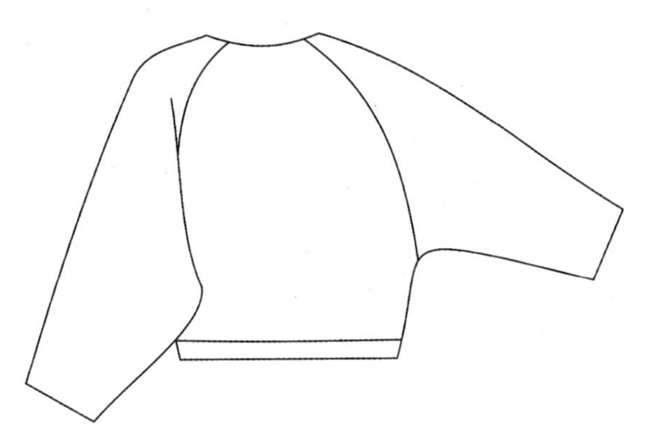

图11-51 蝙蝠袖款式图

利用AutoCAD 2014绘制蝙蝠袖结构图，步骤如下。

01 打开AutoCAD 2014，在菜单中执行【文件/打开】命令，打开女上装原型结构图。使用【删除】工具，进行相应的删除。

02 绘制连身线。使用【圆】工具，以前片肩颈点为圆心，绘制半径值为4cm的圆。使用【偏移】工具，将胸围线向下偏移10cm。

03 使用【样条曲线】工具，连接关键点，绘制出图11-52所示的连身线。

04 绘制袖边线。在菜单栏中执行【标注/角度】命令，分别单击上平线和肩斜线，测量出这两根线之间的角度。

05 使用【直线】工具，以肩颈点为为起点，将鼠标向左移动，输入袖边线长度值（肩斜线+袖长），按Tab键，交替到角度值编辑，输入角度值（肩斜线与桑上平线的夹角/2），按Enter键确定，完成袖边线的绘制，得到的效果如图11-53所示。

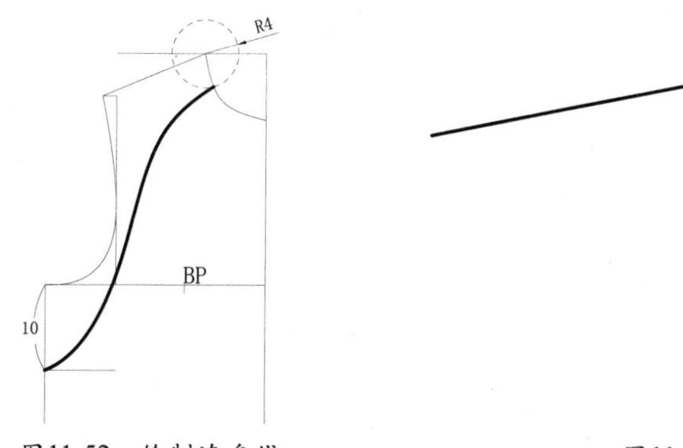

图11-52 绘制连身线

图11-53 绘制袖长

06 绘制袖肥线。使用【圆】工具，以肩颈点为圆心，绘制半径值为（肩斜线+（袖山深-10））的圆。

07 使用【直线】工具，以上一步绘制的圆与袖边线的交点为起点，绘制一根垂直于袖边线的线，即袖肥线，得到的效果如图11-54所示。

08 绘制连身线。使用【样条曲线】工具，绘制出图11-55所示的连身线。

09 绘制袖口围和袖内缝线。使用【直线】工具，以袖边线的端点为起点，绘制一根垂直于袖边线，长13cm（B/10+4）的直线，即袖口围。按Enter键重复命令，连接袖肥线的端点至袖口围。

10 修正袖口围和袖内缝线。使用【样条曲线】工具，绘制出图11-56所示的内缝线和袖口围。

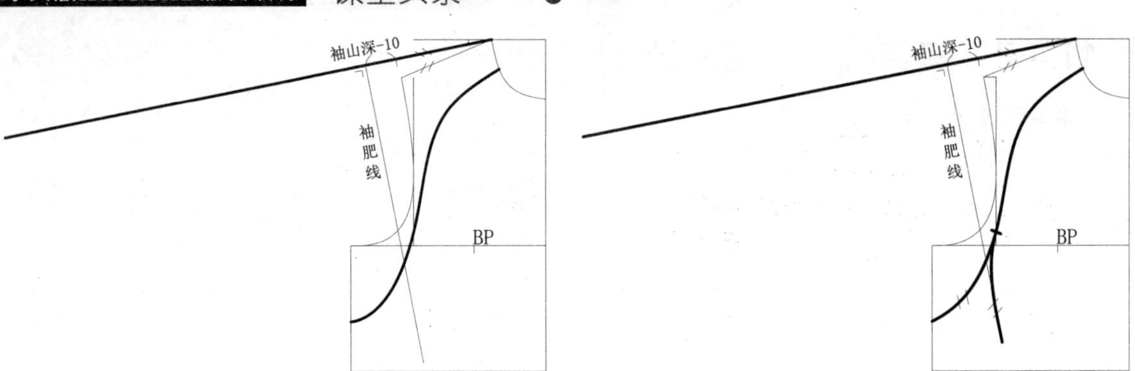

图11-54 绘制袖肥线　　图11-55 绘制连身线

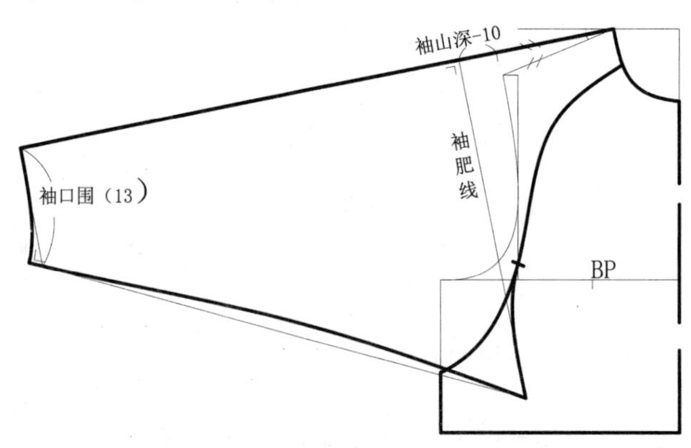

图11-56 绘制袖口线和内缝线

11 合并后片肩省。使用【旋转】工具，旋转右省宽线和肩斜线，以省尖点为基点进行旋转，直至省宽线相重合。

12 修正肩斜线。使用【直线】工具，连接后片肩颈点和肩点，即新的肩斜线。使用【样条曲线】工具，绘制出新的袖窿弧线，得到的效果如图11-57所示。

13 使用上述前片袖子的结构绘制，绘制出后片衣袖结构，如图11-58所示。

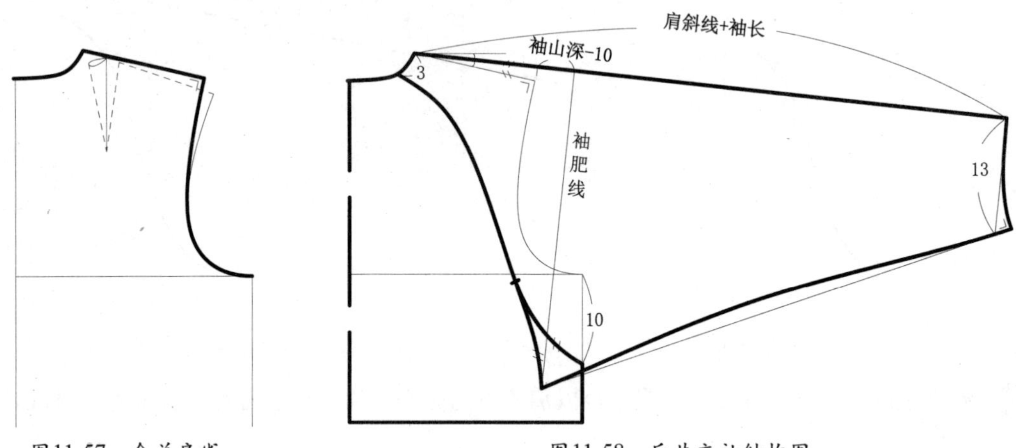

图11-57 合并肩省　　图11-58 后片衣袖结构图

14 合并前、后袖片。使用【移动】工具，将前、后袖片单独移动出来。按Enter键重复命令，选中前片袖片或后片袖片，以肩颈点为基点进行移动，直至两个肩颈点重合，得到的效果如图11-59所示。

15 合并袖边线。使用【旋转】工具，选中前袖片或后袖片，以肩颈点为基点进行旋转，直至袖边线重合，即完成蝙蝠袖结构绘制，得到的效果如图11-60所示。

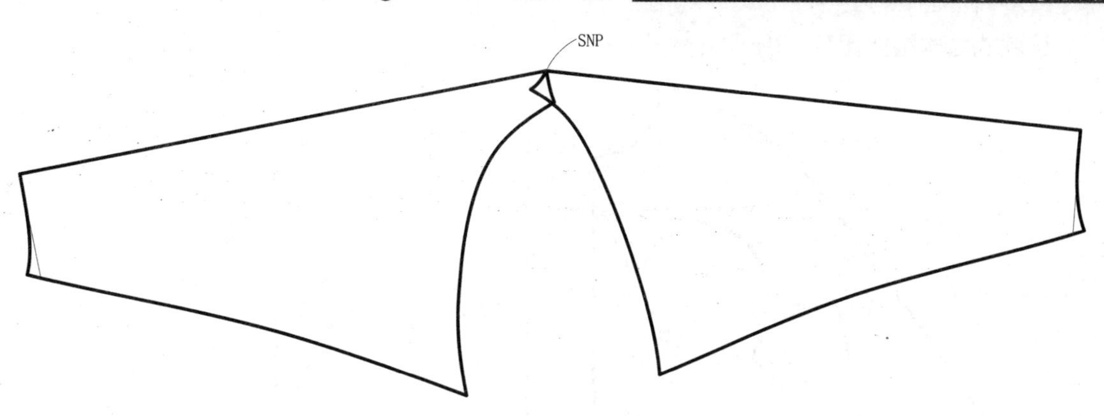

图11-59 移动前、后袖片

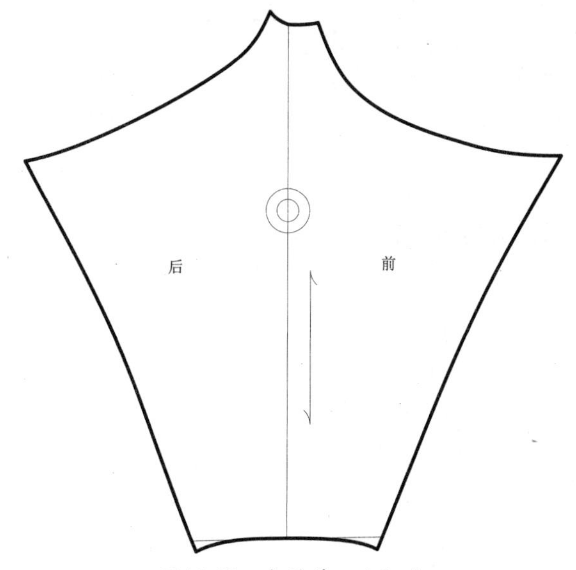

图11-60 合并前、后袖片

11.5 连身袖变化款式结构图（2～3款）

变化款式（一），如图11-61所示。

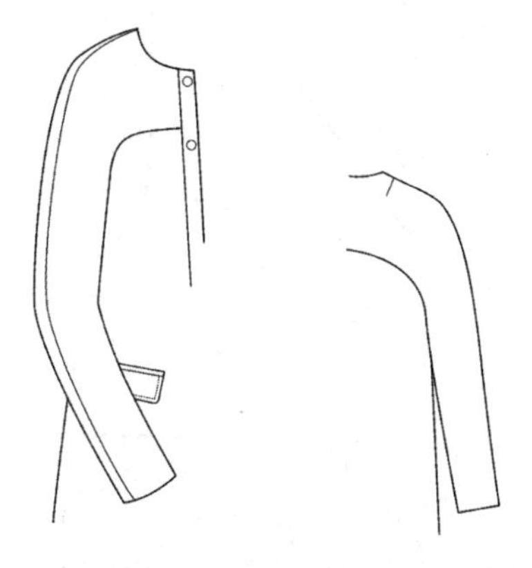

图11-61 连身袖变化款式

该款式结构图如图11-62所示。

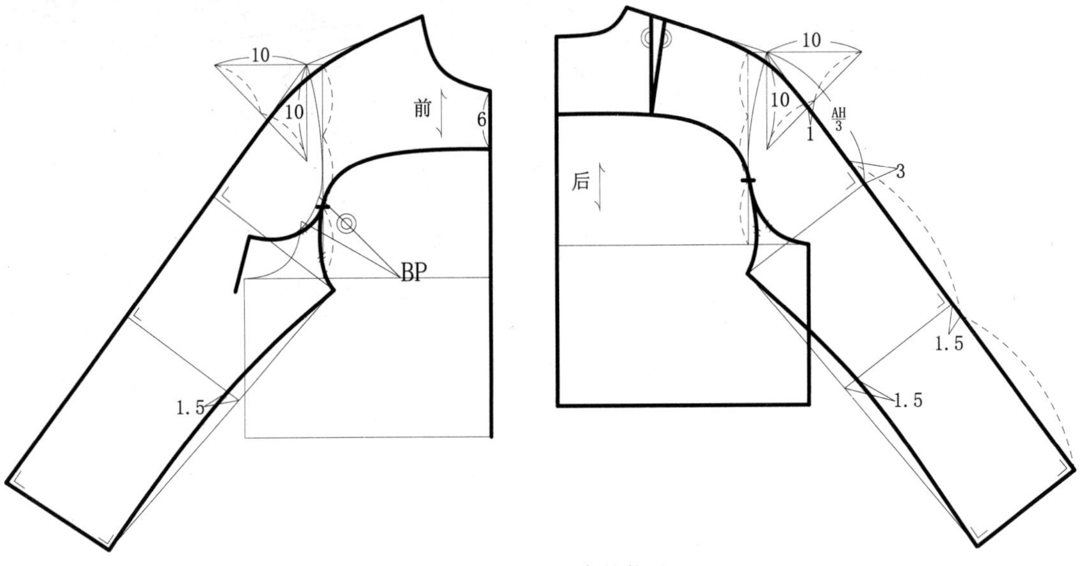

图11-62 变化款式结构图

变化款式（二），如图11-63所示。

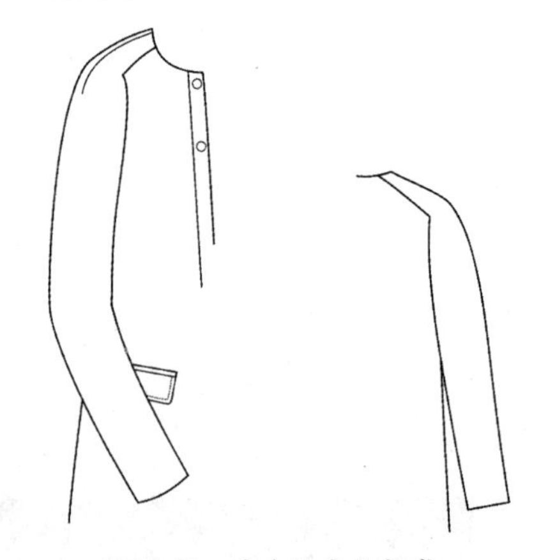

图11-63 连身袖变化款式

该款式结构图如图11-64所示。

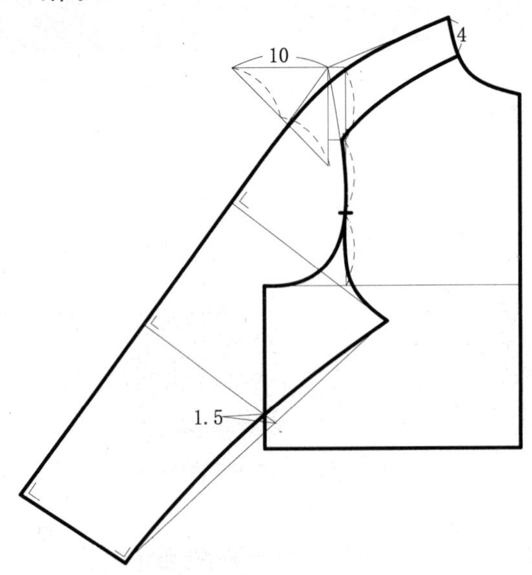

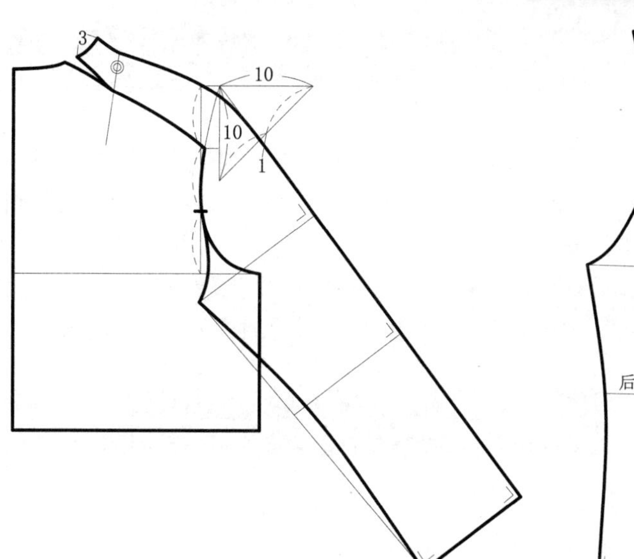

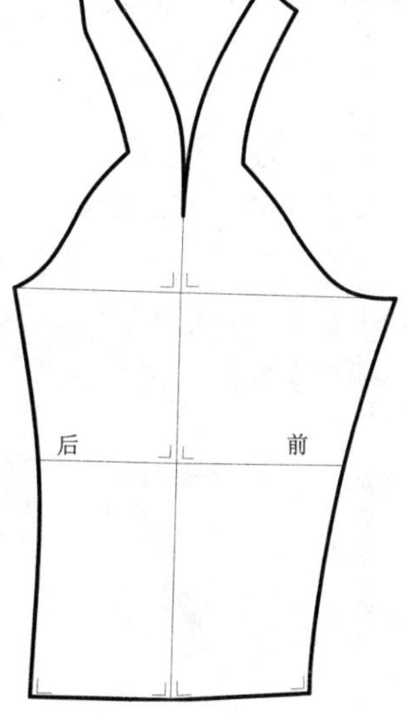

图11-64　变化款式结构图

变化款式（三），如图11-65所示。

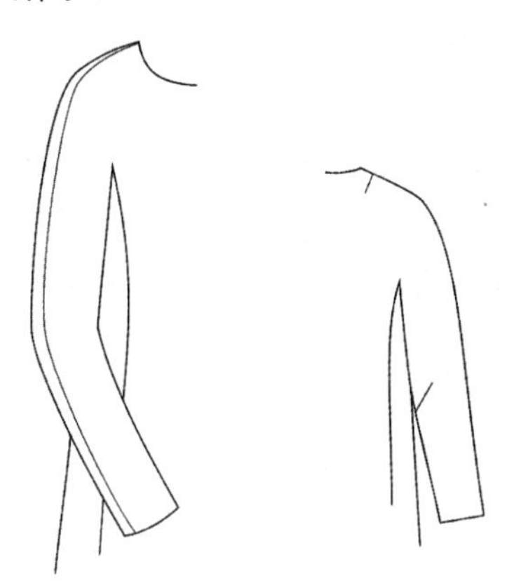

图11-65　连身袖变化款式

该款式结构图如图11-66所示。

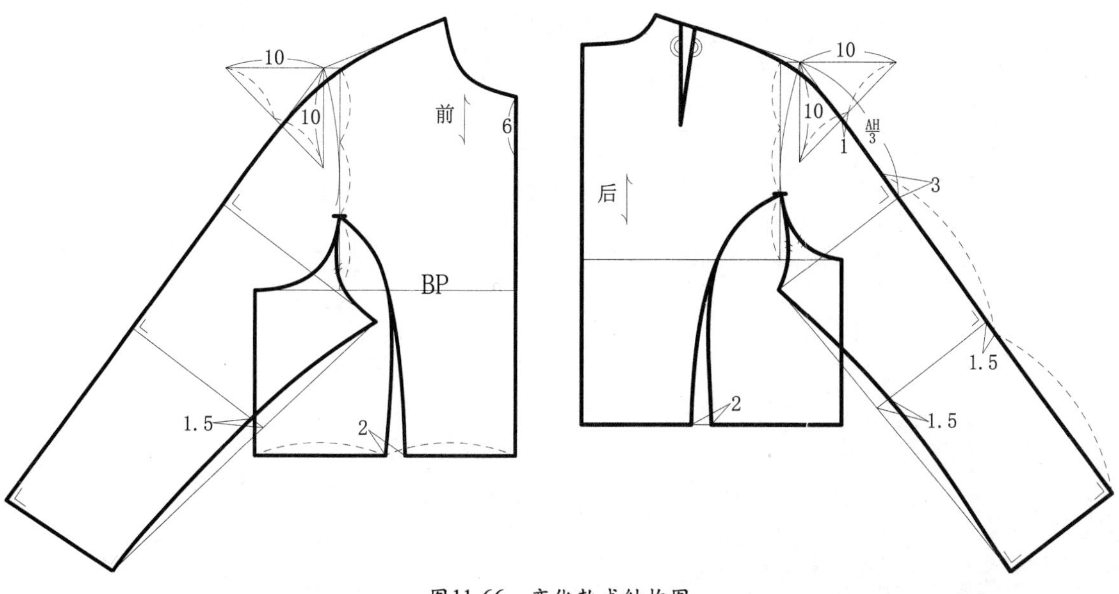

图11-66　变化款式结构图

11.6 本课小结

本课主要讲解了合体袖、宽松袖，以及插肩袖等几种袖体的结构设计，其中包括了省缝合体袖、断缝合体袖、肩泡合体袖、灯笼袖、自然褶宽松袖等结构图的绘制，以及不同款式变化的插肩袖结构图。

通过本课的学习，读者能深入地了解到袖子的结构变化，以及影响袖体结构的主要因素，能灵活地运用袖体各部位键的关系，快速、任意地绘制出不同款式袖子的结构图。

11.7 课后练习

落肩袖体结构绘制

该练习的款式图，如图11-67所示。

步骤提示如下。

01 打开落肩袖体结构制图，使用【删除】工具，进行相应的删除。

02 利用【直线】工具和【圆】工具，绘制袖长和落肩线。

03 利用【移动】工具和【直线】工具，对分割袖块进行展开。

04 利用【矩形】工具绘制袖口。

图11-67　落肩袖体款式图

第12课
纸样的放缝和标注

在绘制出服装结构图之后，对结构图进行放缝。即依照结构净样板的外轮廓线，向外加放出缝头、折边等所需的宽度，再连接起来，即毛样板的外轮廓线。在绘制完的毛样板上编辑出该款服装结构图的基本信息，其中包括了号型、品名、数量和服装经向，进行裁片时即是按照毛样的轮廓进行裁剪。

【本课知识】

★ 了解放缝

★ 掌握AutoCAD对女士衬衫和男士西装进行放缝

★ 利用【偏移】工具，对裁剪线进行放缝

★ 利用【延伸】工具，对放缝线进行相应的延伸，使其相交

★ 了解放码，以及推档的结构档差

★ 掌握AutoCAD对女士衬衫、男士西装和男士西裤进行结构放码

12.1 放缝

进行放缝时关键要掌握各部位的缝头加放量。其中加放量包括了许多的因素，像底边就要考虑到向上折边等。全面考虑到各种因素，根据服装的结构关系、款式的要求，以及工艺制作等多种因素，绘制出最合理的缝份。

12.1.1 女士衬衣放缝

利用AutoCAD 2014，对女士衬衣进行放缝，步骤如下。

01 打开AutoCAD 2014，执行【文件/打开】命令，打开女士衬衫结构图（净样版），如图12-1所示。

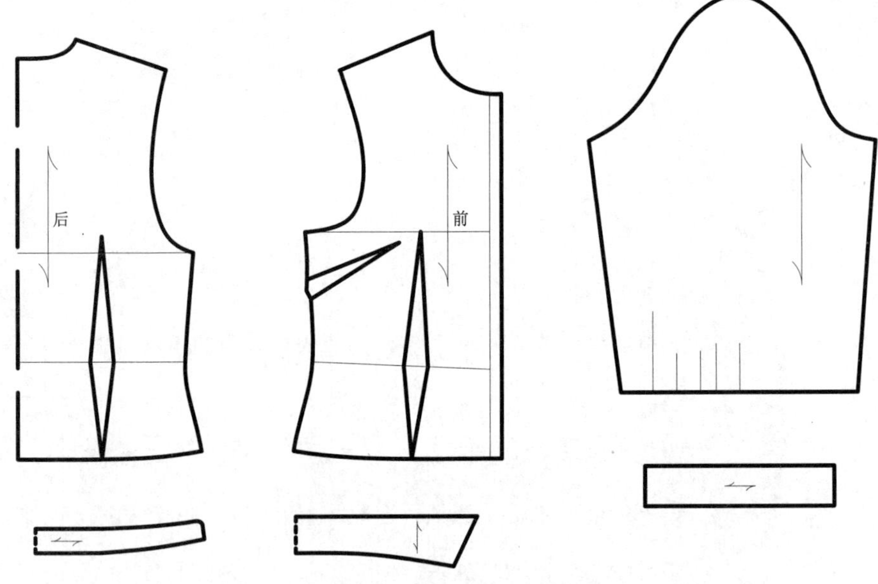

图12-1 女士衬衫净样结构图

02 使用【偏移】工具，依照各部位的放缝量进行偏移（衣领、领弧、侧缝、门襟，以及袖窿弧线这些部位放缝1cm，前、后片底边放缝3cm），得到的效果如图12-2所示。

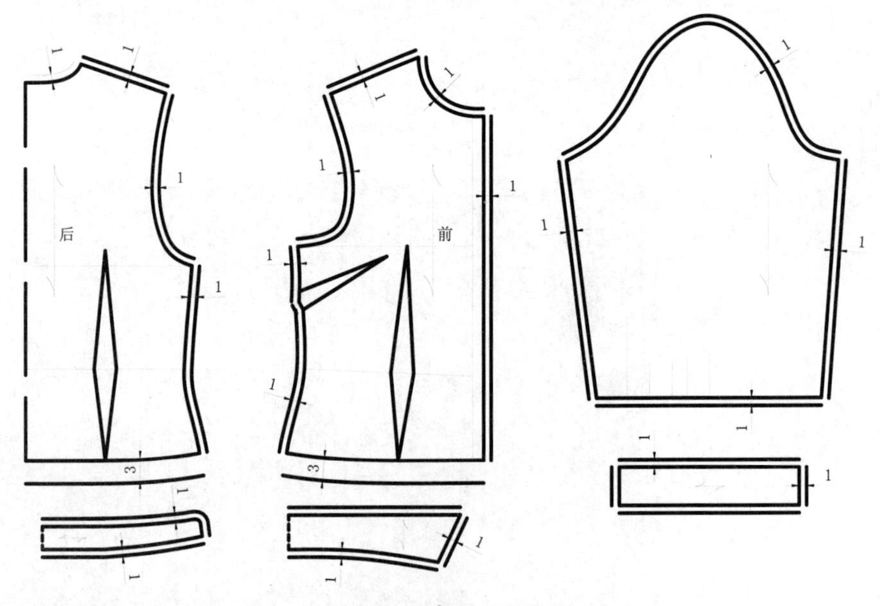

图12-2 各部位进行放缝

03 使用【延伸】工具，延伸各部位放缝线，使其相交，如图12-3所示。

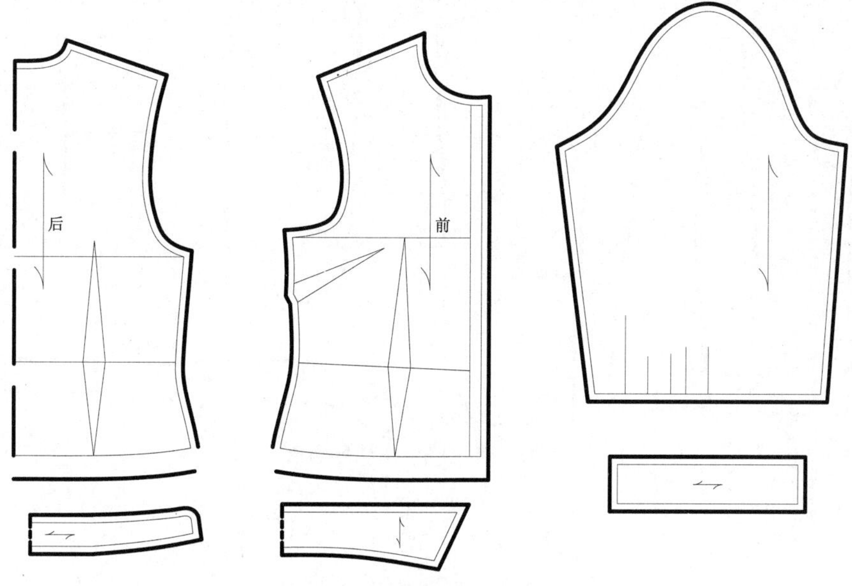

图12-3 延伸放缝线

04 绘制底边放缝线（底边的缝量因为是要向上翻折，所以底边的缝头的边线要依着侧缝的变化而变化）。使用【圆】工具，以底边的右端点为圆心，绘制半径值为3cm（底边放缝量）的圆，交于侧缝线。使用【直线】工具，以该交点为起点绘制一根垂直于底边，交于缝头边线的直线。

05 使用【圆】工具，以上一步绘制的直线与缝头的交点为圆心，绘制半径值为1cm的圆。

06 使用【直线】工具，连接侧缝的放缝线下端点至1cm圆与底边放缝线的交点，即完成底边放缝线的绘制，得到的效果如图12-4所示。

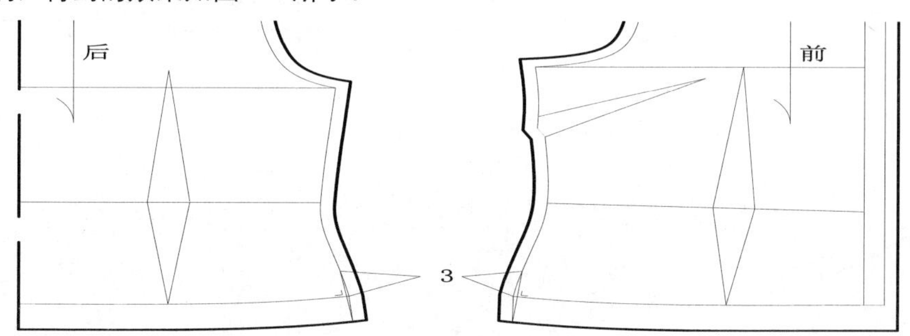

图12-4 绘制底边放缝线

12.1.2 男士西装放缝

利用AutoCAD 2014，对女士衬衣进行放缝，步骤如下。

01 打开AutoCAD 2014，执行【文件/打开】命令，打开男士西装结构图（净样版），如图12-5所示。

02 使用【偏移】工具，对各部位进行偏移（领弧线和袖窿弧线放缝0.8cm，前、后片底边放缝4cm，袖子底边放缝3cm），得到的效果如图12-6所示。

03 使用【延伸】工具和【修剪】工具，对放缝线进行相应的延伸和裁剪。参考女衬衫的第4、5、6步，绘制出男西装前、后片底边，以及衣袖底边的放缝线，得到的效果如图12-7所示。

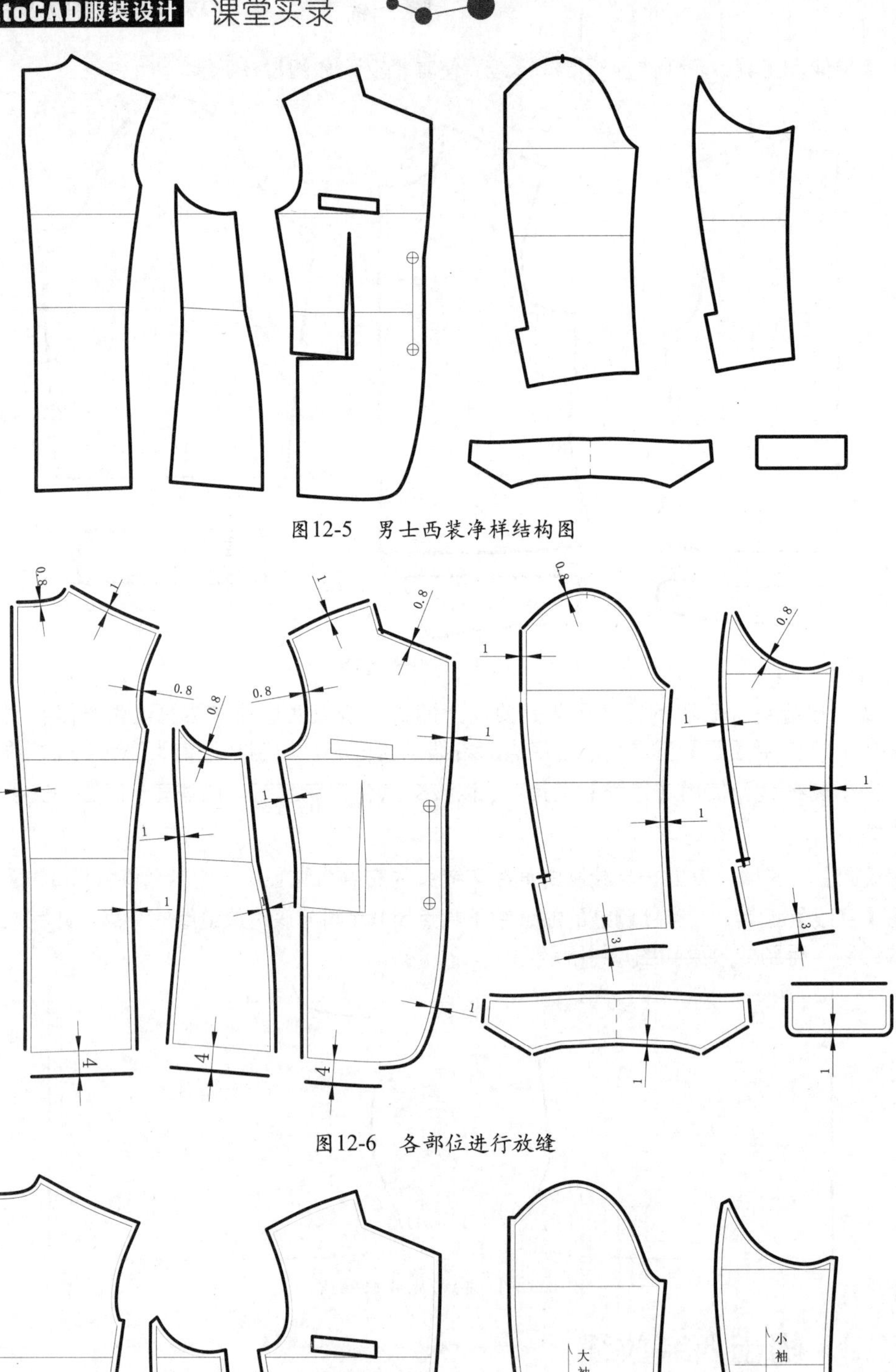

图12-5　男士西装净样结构图

图12-6　各部位进行放缝

图12-7　对放缝线进行相应的裁剪和放缝

12.2 纸样的放码

放码一般以M码为标准体进行缩放，快速推出S码、L码等。放码也被称为服装推板。

12.2.1 放码的依据

放码以国家颁布的服装号型标准为依据，根据服装号型中各部位的规格档差值，对标准版进行放码。其中身高以5cm一档，胸围以4cm一档的为5-4系列；身高以5cm一档，胸围以2cm一档的为5-2系列。而5-4系列多用于款式变化快速的时装类服装，5-2系列则多用于正装类梳妆的放码。

下面表12-1～表12-3分别介绍5-4系列男、女装的基本样板放码档差取值。

表12-1 女装5、4系列的基本样板缩放档差说明 （单位：cm）

序号	部位名称	缩放系数	推挡差依据
1	衣长	2	0.4的号
2	腰节	1	0.2的号
3	1/4胸围	1	胸围号型档差4厘米的1/4
4	前领宽	0.16	领围号型档差0.8厘米的1/5
5	前领深	0.16	领围号型档差0.8厘米的1/5
6	后领宽	0.16	领围号型档差0.8厘米的1/5
7	1/2肩宽	0.5	肩宽号型档差的1/2
8	1/2背宽	0.6	肩宽号型档差的1/2加0.1厘米
9	1/2胸宽	0.6	肩宽号型档差的1/2加0.1厘米
10	袖笼深	0.5-0.6	腰节档差1厘米的1/2或1.5B/10
11	袖笼宽	0.8	胸围档差减背宽档差余数的1/2
12	省尖点	0.3	胸围档差的1/2
13	口袋高线	0.6	衣长档差的1/3
14	袖长	长袖1.5 短袖0.5	长袖0.3的号 短袖0.1的号
15	袖山深	0.5	袖肥档差的1/2
16	袖肘线	1	0.2的号
17	袖口宽	0.5	袖口号型基本档差

表12-2 男装5、4系列的基本样板缩放档差说明 （单位：cm）

序号	部位名称	缩放系数	推挡差依据
1	衣长	2	0.4的号
2	腰节	1.2	1/4的号减0.05厘米
3	1/4胸围	1	胸围号型档差4厘米的1/4
4	前领宽	0.2	领围号型档差的1/5
5	前领深	0.2	领围号型档差的1/5
6	后领宽	0.2	领围号型档差的1/5

（续表）

序号	部位名称	缩放系数	推挡差依据
7	1/2肩宽	0.6	肩阔号型档差1.2厘米的1/2
8	1/2背宽	0.65	肩宽号型档差的1/2加0.05厘米
9	1/2胸宽	0.65	肩宽号型档差的1/2加0.05厘米
10	袖笼深	0.6	腰节档差1厘米的1/2
11	袖笼宽	0.7	胸围档差减背宽档差余数的1/2
12	省尖点	0.3	胸围档差的1/2
13	口袋高线	0.6	衣长档差的1/3
14	袖长	长袖1.5	长袖0.3的号
15	袖山深	0.6	与袖笼深档差同增减
16	袖肥宽	0.6-0.8	0.2的号
17	袖口宽	0.5	袖口号型基本档差

表12-3 男西裤前片推挡档距的分配及计算方法

序号	纵向档距缩放计算法	纬向档距缩放计算法
1	0.5直档档差	0.17腰围档差的1/4减0.33
2	0.5直档档差	0.33腰围档差的1/4减0.33
3	0.17直档档差的1/3	0.23臀围档差的1/4减0.17
4	0公共线	0.23挺缝两端相等
5	1.25裤长减直档档差的1/2	4点的0.24与6点之和1/2
6	2.5裤长档差减直档档差	0.25脚口档差的1/2
7	2.5裤长档差减直档档差	0.25脚口档差的1/2
8	1.25裤长档差减直档档差的1/2	0.24相同5点
9	0公共线	0.23臀围档差的0.04加0.17
10	0.17同3点	0.17臀围档差的1/4减0.23

12.2.2 女士衬衫结构放码

女上装基本型结构推码方法（计算方法）见表12-4。

表12-4 规格系列表：160/84A 为中间标准体（5-4系列） （单位：cm）

部位	衣长	胸围	肩宽	前胸宽	后背宽	腰节	袖长
规格档差	2	4	1.2	0.6	0.6	1	1.5
前肩颈点	横档差	领围的规格档差为1，使用比例为0.2衣领=0.2					
	纵档差	为零					
肩宽	横档差	1/2肩宽规格档差=0.6					
	纵档差	为零					
前胸宽	横档差	1/2胸围档差1					
	纵档差	0.67					
后背宽	横档差	1/2胸围档差1					
	纵档差	6/胸围规格档差=0.67					

（续表）

袖窿	横档差	与肩宽同步
	纵档差	为零
前腰节	横档差	其使用比例与胸围同步=0.6
	纵档差	其使用比例为腰节规格档差1
后肩颈点	横档差	领围的规格档差为1，使用比例为0.2衣领=0.2
	纵档差	为零
袖长	横档差	其使用比例与袖口同步
	纵档差	袖长规格档差=1.5
袖口	横档差	其使用比例为1/10胸围规格档差=0.4
	纵档差	袖长规格档差=1.5
袖肘	横档差	其使用比例与袖口同步
	纵档差	其使用比例为1/2袖长规格档差=0.75

利用AutoCAD 2014进行女士衬衫结构放码，步骤如下。

01 打开AutoCAD 2014，执行【文件/打开】命令，打开女士衬衫结构图（160/84A M码）。在进行推码之前，首先确定基线。这里将上平线和前、后中心线为基线，上平线不动，向下进行推码。

02 推出前片L码的肩颈点和肩点。根据上表的数据，使用【直线】工具（按F8键打开正交模式），以肩颈点为起点向左绘制一根长0.2cm的直线。按Enter键重复命令，以肩点为起点，向右绘制一根长0.6cm的直线。重复命令，连接刚绘制的两根直线的左端点，即L码的肩斜线，如图12-8所示。

03 依照上述步骤，参考上表提供的数据，完成对女士衬衫的结构推码。图12-9所示为前片以M码为基础版推出的S、L码，图中提供的标示数据为L码数据，其余部分如图12-10～图12-12所示。

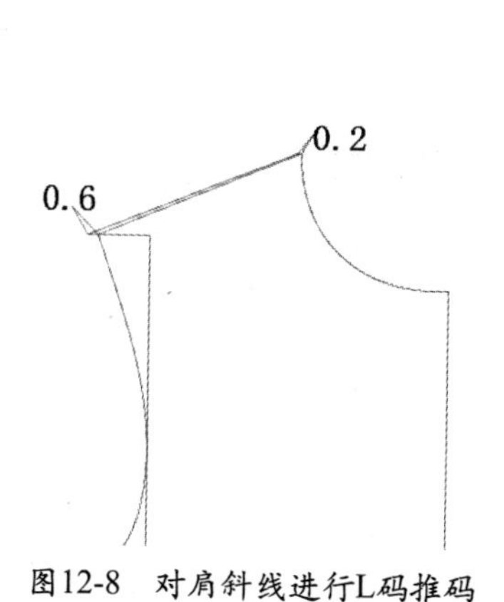

图12-8 对肩斜线进行L码推码

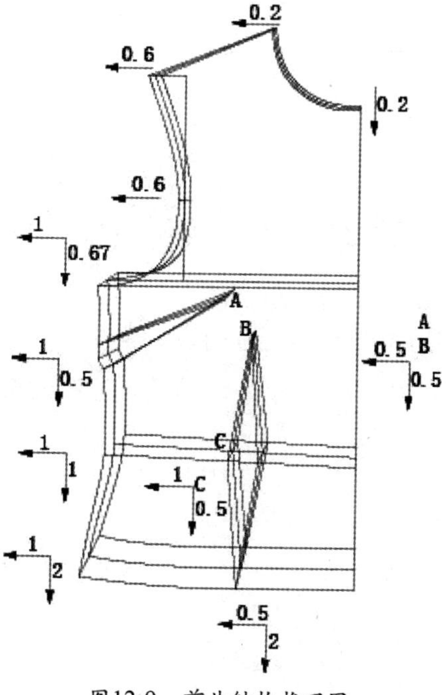

图12-9 前片结构推码图

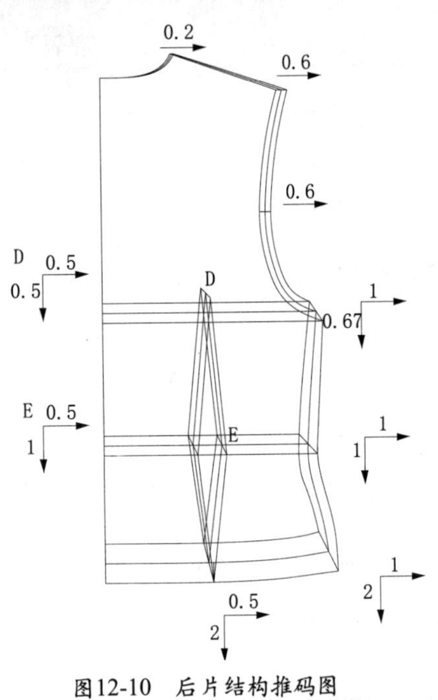

图12-10　后片结构推码图

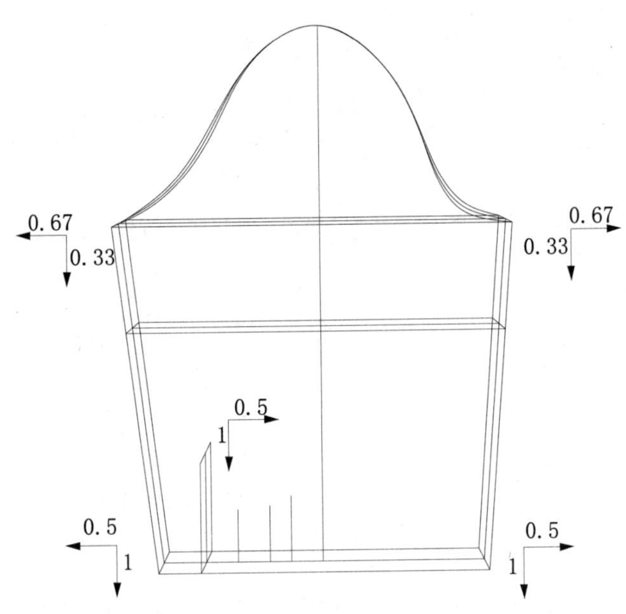

图12-11　衣袖结构推码图

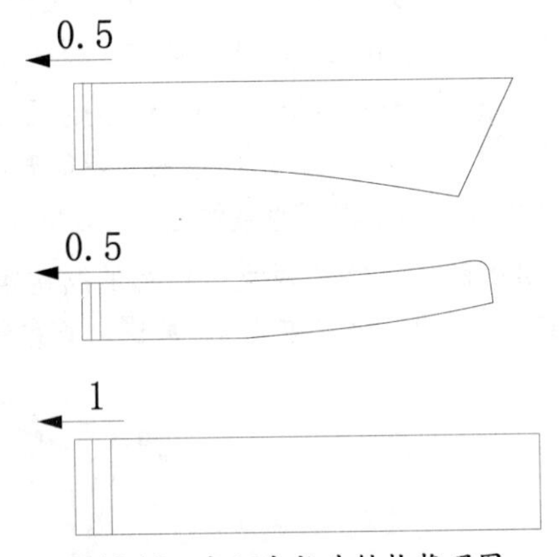

图12-12　衣领和袖头结构推码图

12.2.3 男士西装结构放码

男士西装结构推码档差计算方法

男士西装结构推码档差系列表见表12-5。

表12-5 规格档差系列表（170/88A 为标准体）（单位：cm）

部位	衣长	胸围	肩宽	腰节	领围	袖长	袖口
规格档差	2	4	1.2	1	1	1.5	0.5
各部位档差计算方法							
部位名称	横档差			纵档差			
肩颈点	0.2领围规格档差=0.2			为零			
肩宽	1/2肩宽规格档差=0.6			为零			
袖窿	与肩宽同步			为零			
大前胸宽	1/2胸围档差*50%-0.1=0.9			6/胸围规格档差=0.67			

（续表）

各部位档差计算方法		
小前胸宽	1/2胸围档差*20%，取0.45	6/胸围规格档差=0.67
后背宽	1/2胸围档差*30%，取0.67	6/胸围规格档差=0.67
腰节	与大前档差同步	腰节规格档差1
前腰省	相应位移	相应位移
下摆	与大前胸宽同步	衣长规格档差2
袖口	1/10胸围规格档差=0.4	与袖长同步
袖肘	与袖口同步0.4	1/2袖长规格档差=0.75
袖衩	与袖口同步0.4	与袖长同步1.5
翻领	1/2领围档差=0.5	为零

男士西装结构推码图如图12-13～图12-18所示，图中所表示的数据为L码推档数据。

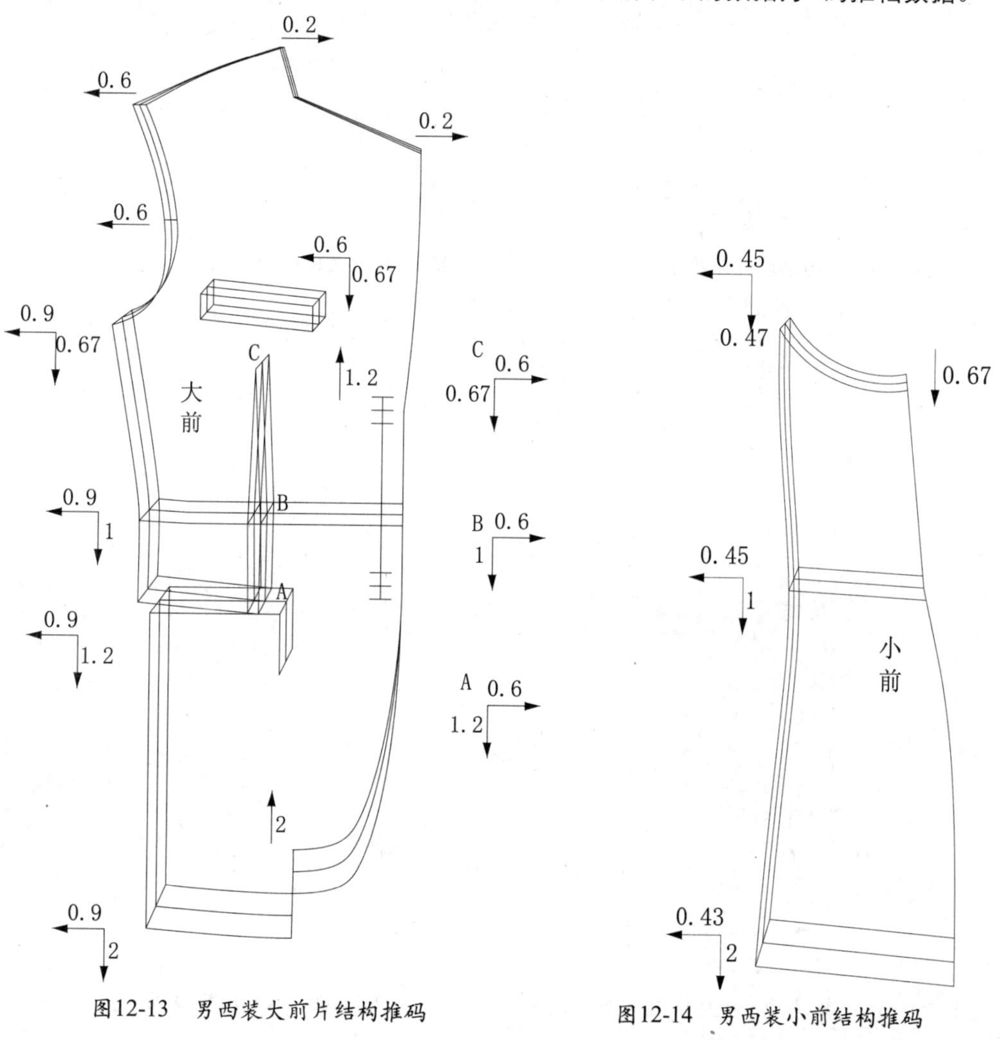

图12-13 男西装大前片结构推码

图12-14 男西装小前结构推码

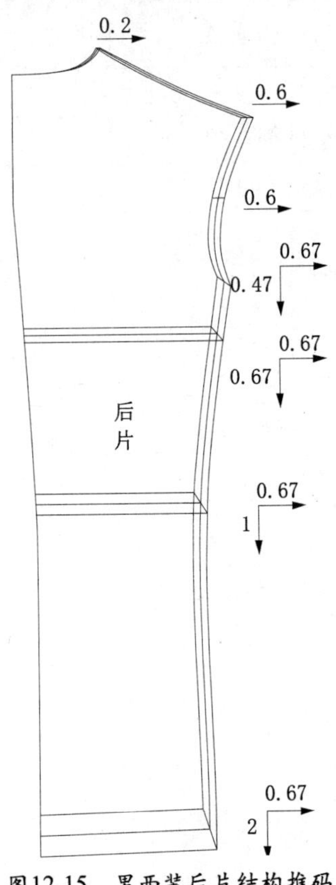

图12-15 男西装后片结构推码

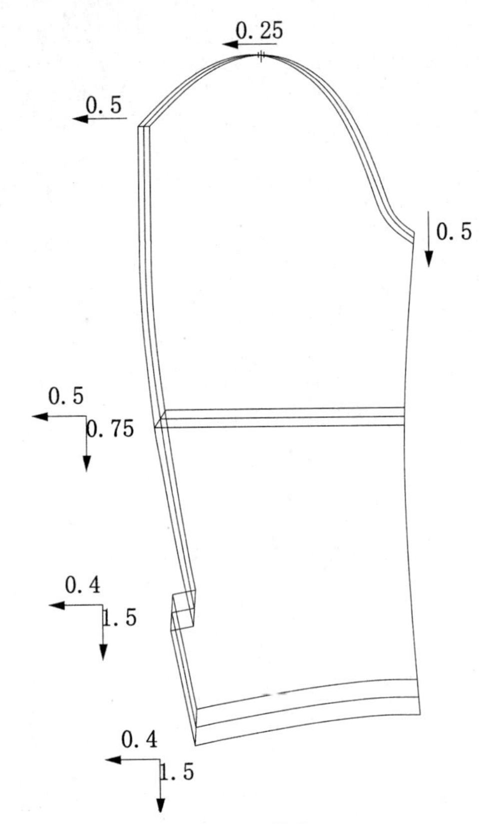

图12-16 大袖结构推码

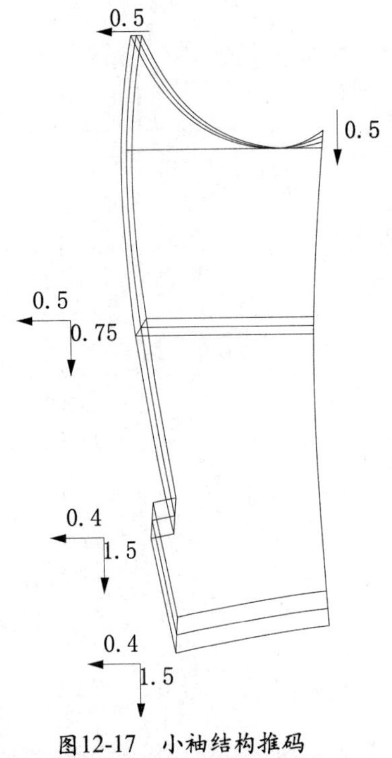

图12-17 小袖结构推码

0. 5

图12-18 衣领结构推码

12.2.4 男士西裤结构放码

男士西裤结构推码档差计算方法

男士西裤结构档差系列表见表12-6。

表12-6 规格档差系列表（170/88A 为标准体） （单位：cm）

部位	裤长	腰围	臀围	立裆	横裆	中裆	脚口
规格档差	3	4	4	0.5	2	0.5	1
各部位档差使用比例							
各部位名称		横档差			纵档差		
前腰围（门襟）		腰围档差*0.4=0.4			为零		
前腰围（侧缝）		腰围档差*0.6=0.6			为零		
前臀围		立裆规格档差+0.1=0.6			1/3立裆规格档差=0.17		
前横裆（侧缝）		1/4横裆档差=0.5+0.1=0.6			立裆档差0.5		
前横裆（门襟）		1/4横裆档差=0.5+0.04=0.54			立裆档差0.5		
前脚口		1/2脚口规格档差=0.5			裤长规格档差3		
前中裆		与脚口档差同步			1/2裤长=1.5		
后片腰省		与腰围同步，相应移位			与腰围同步，相应移位		

男士西裤结构推码图如图12-19和图12-20所示，图中所标注的数据为L码移位数据。

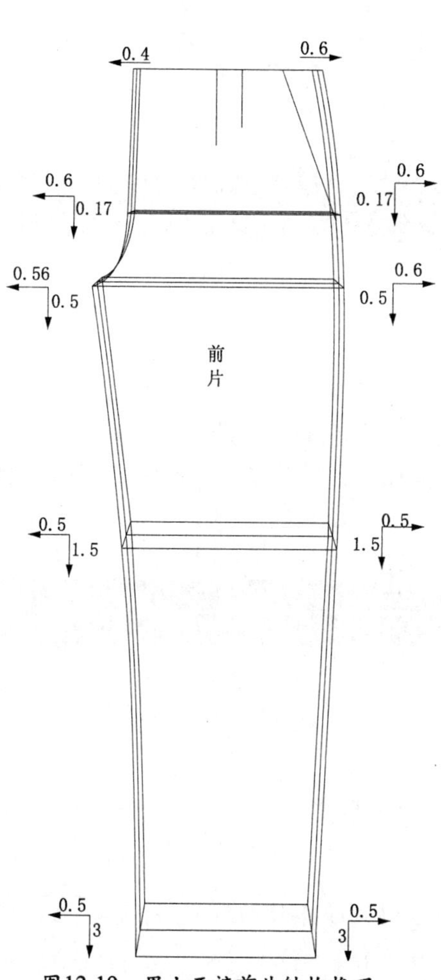

图12-19 男士西裤前片结构推码

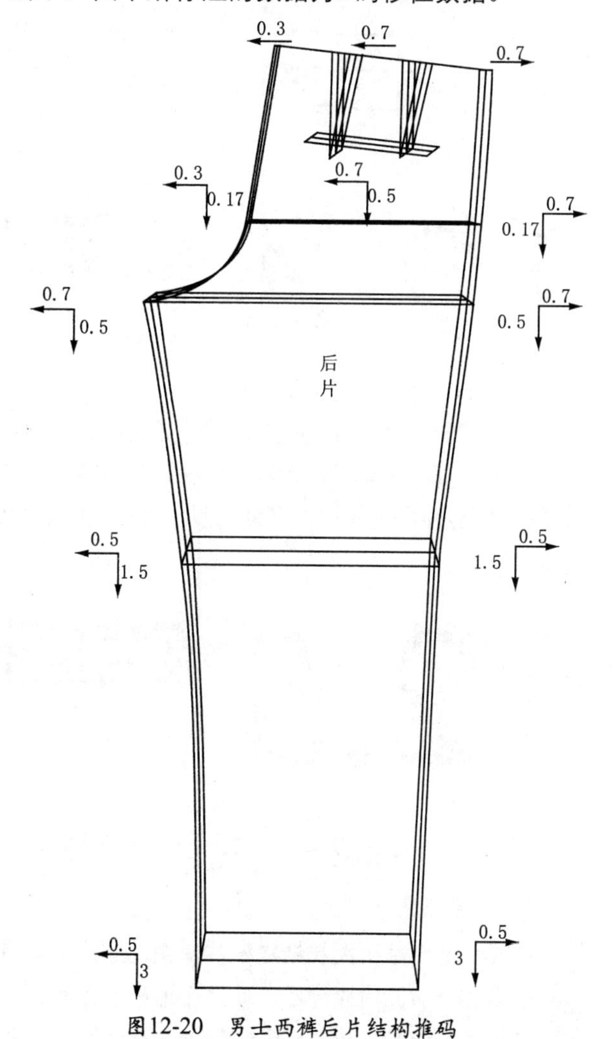

图12-20 男士西裤后片结构推码

12.3 纸样中的文字标注

在完成结构绘制及放缝之后，在毛样上利用AutoCAD 2014编辑文字，其中包括了品名、编号、号型，以及所需数量等信息，完成毛样板的绘制。

女士衬衫毛样文字标记，如图12-21所示。

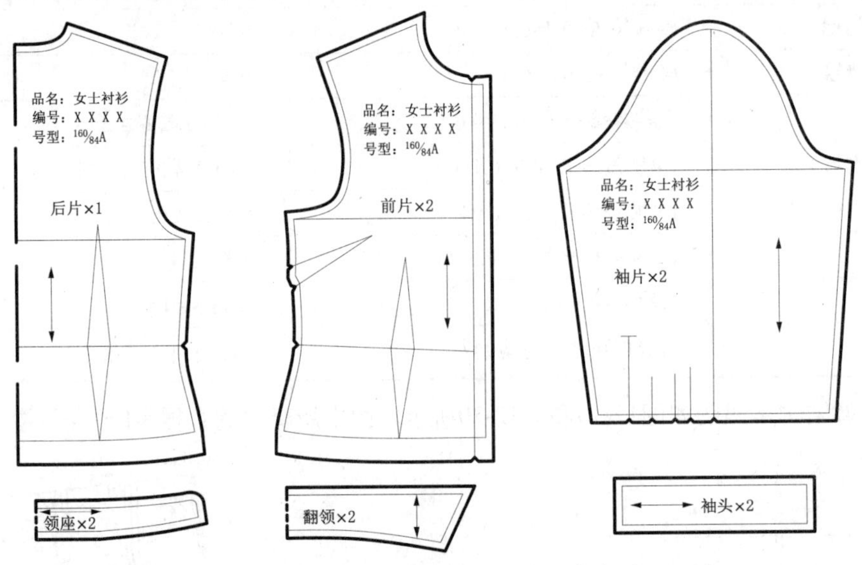

图12-21　型号160/84A女士衬衫规格标注

12.4 本课小结

本课以女士衬衫、男士西装为核心案例，详细讲解了样板的放缝、推码，以及文字标注等。

服装制版与推板都是非常费时费工的，但随着计算机在服装领域的应用，大大提高了制版与推板的效率。读者通过学习本课，利用AutoCAD 2014进行服装放缝及推码，不仅能了解到放缝、推板的原理知识，还可以大大提高读者的服装专业素质，让其具备较高的综合素质、综合能力。

12.5 课后练习

12.5.1 练习一：对女士双排扣大衣进行放缝

步骤提示如下。

01 打开女士双排扣大衣结构图，使用【删除】工具，将其删除为净样板。

02 确定每个部位的放缝量，使用【偏移】工具，进行相应的偏移。

03 使用【延伸】工具，对放缝线进行延伸，直至相交。

12.5.2 练习二：对女士西装马甲进行放码

步骤提示如下。

01 打开女士西装马甲结构图，使用【删除】工具，将其删除为净样板。

02 将该结构图放缝为毛样板，开始放码。

03 使用【直线】工具，按F8键打开正交模式，依照放码数据进行绘制。

04 使用【直线】工具和【样条曲线】工具，连接放码点，完成放码。